国家科学技术学术著作出版基金资助出版

中国科学院中国孢子植物志编辑委员会　编辑

中 国 海 藻 志

第五卷　硅藻门

第四册　羽纹纲 III

舟形藻科（II）

高亚辉　陈长平　程兆第　主编

国家自然科学基金重大项目
国家科技基础性工作专项
(国家自然科学基金委员会　科技部　资助)

科 学 出 版 社

北 京

内 容 简 介

本册收入了我国海产硅藻门羽纹纲舟形藻目中隶属于舟形藻科的 12 个属（胸隔藻属、舟形藻属、伯克力藻属、对纹藻属、短纹藻属、等半藻属、曲解藻属、海氏藻属、泥生藻属、普氏藻属、鞍眉藻属、半舟藻属），合计 289 种（含 1 亚种）和 43 变种（变型）。详细描述了每种的形态特征、生态特性和地理分布等信息，并附有照片和/或绘图。书后附有各种类的中名和学名索引。

本册将为从事生物学、植物学、藻类学、水域生态学、生物地层学等方面工作的教学和科研人员提供有益的资料。可供大专院校海洋系、生物系、环境科学系、水产系、地质系师生，以及从事这方面工作的科技人员阅读及参考。

图书在版编目（CIP）数据

中国海藻志. 第五卷. 硅藻门. 第四册，羽纹纲. III 舟形藻科.
II / 高亚辉，陈长平，程兆第主编. -- 北京 : 科学出版社，2025. 3.
ISBN 978-7-03-081113-4

Ⅰ. Q949.208

中国国家版本馆 CIP 数据核字第 2025HM1359 号

责任编辑：韩学哲　赵小林 / 责任校对：郑金红
责任印制：肖　兴 / 封面设计：刘新新

科学出版社 出版

北京东黄城根北街 16 号
邮政编码：100717
http://www.sciencep.com

北京中科印刷有限公司印刷
科学出版社发行　各地新华书店经销

*

2025 年 3 月第 一 版　开本：787×1092　1/16
2025 年 3 月第一次印刷　印张：15　插页：36
字数：350 000

定价：268.00 元
（如有印装质量问题，我社负责调换）

Supported by the National Fund for Academic Publication in Science and Technology

CONSILIO FLORARUM CRYPTOGAMARUM SINICARUM
ACADEMIAE SINICAE EDITA

FLORA ALGARUM MARINARUM SINICARUM

TOMUS V BACILLARIOPHYTA

NO. IV PENNATAE III

NAVICULACEAE（II）

REDACTORES PRINCIPALES

Gao Yahui   Chen Changping   Cheng Zhaodi

A Major Project of the National Natural Science Foundation of China
A Science & Technology Fundamental Research Program of the Ministry
of Science and Technology of China
（Supported by the National Natural Science Foundation of China,
and the Ministry of Science and Technology of China）

Science Press

Beijing

《中国海藻志》第 五 卷

硅 藻 门

第四册 羽纹纲 III

舟形藻科（II）

主 编

高亚辉 陈长平 程兆第

编著者

高亚辉 陈长平 程兆第 刘师成 王大志

孙 琳 梁君荣 李雪松 李 扬 齐雨藻

REDACTORES PRINCIPALES

Gao Yahui Chen Changping Cheng Zhaodi

REDACTORES

Gao Yahui Chen Changping Cheng Zhaodi Liu Shicheng

Wang Dazhi Sun Lin Liang Junrong Li Xuesong Li Yang

Qi Yuzao

序

　　中国孢子植物志是非维管束孢子植物志，分《中国海藻志》、《中国淡水藻志》、《中国真菌志》、《中国地衣志》及《中国苔藓志》五部分。中国孢子植物志是在系统生物学原理与方法的指导下对中国孢子植物进行考察、收集和分类的研究成果；是生物物种多样性研究的主要内容；是物种保护的重要依据，对人类活动与环境甚至全球变化都有不可分割的联系。

　　中国孢子植物志是我国孢子植物物种数量、形态特征、生理生化性状、地理分布及其与人类关系等方面的综合信息库；是我国生物资源开发利用、科学研究与教学的重要参考文献。

　　我国气候条件复杂，山河纵横，湖泊星布，海域辽阔，陆生和水生孢子植物资源极其丰富。中国孢子植物分类工作的发展和中国孢子植物志的陆续出版，必将为我国开发利用孢子植物资源和促进学科发展发挥积极作用。

　　随着科学技术的进步，我国孢子植物分类工作在广度和深度方面将有更大的发展，对于这部著作也将不断补充、修订和提高。

中国科学院中国孢子植物志编辑委员会

1984 年 10 月·北京

中国孢子植物志总序

中国孢子植物志是由《中国海藻志》、《中国淡水藻志》、《中国真菌志》、《中国地衣志》及《中国苔藓志》所组成。至于维管束孢子植物蕨类未被包括在中国孢子植物志之内，是因为它早先已被纳入《中国植物志》计划之内。为了将上述未被纳入《中国植物志》计划之内的藻类、真菌、地衣及苔藓植物纳入中国生物志计划之内，出席 1972 年中国科学院计划工作会议的孢子植物学工作者提出筹建"中国孢子植物志编辑委员会"的倡议。该倡议经中国科学院领导批准后，"中国孢子植物志编辑委员会"的筹建工作随之启动，并于 1973 年在广州召开的《中国植物志》、《中国动物志》和中国孢子植物志工作会议上正式成立。自那时起，中国孢子植物志一直在"中国孢子植物志编辑委员会"统一主持下编辑出版。

孢子植物在系统演化上虽然并非单一的自然类群，但是，这并不妨碍在全国统一组织和协调下进行孢子植物志的编写和出版。

随着科学技术的飞速发展，人们关于真菌的知识日益深入的今天，黏菌与卵菌已被从真菌界中分出，分别归隶于原生动物界和管毛生物界。但是，长期以来，由于它们一直被当作真菌由国内外真菌学家进行研究；而且，在"中国孢子植物志编辑委员会"成立时已将黏菌与卵菌纳入中国孢子植物志之一的《中国真菌志》计划之内并陆续出版，因此，沿用包括黏菌与卵菌在内的《中国真菌志》广义名称是必要的。

自"中国孢子植物志编辑委员会"于 1973 年成立以后，作为"三志"的组成部分，中国孢子植物志的编研工作由中国科学院资助；自 1982 年起，国家自然科学基金委员会参与部分资助；自 1993 年以来，作为国家自然科学基金委员会重大项目，在国家基金委资助下，中国科学院及科技部参与部分资助，中国孢子植物志的编辑出版工作不断取得重要进展。

中国孢子植物志是记述我国孢子植物物种的形态、解剖、生态、地理分布及其与人类关系等方面的大型系列著作，是我国孢子植物物种多样性的重要研究成果，是我国孢子植物资源的综合信息库，是我国生物资源开发利用、科学研究与教学的重要参考文献。

我国气候条件复杂，山河纵横，湖泊星布，海域辽阔，陆生与水生孢子植物物种多样性极其丰富。中国孢子植物志的陆续出版，必将为我国孢子植物资源的开发利用，为我国孢子植物科学的发展发挥积极作用。

中国科学院中国孢子植物志编辑委员会

主编　曾呈奎

2000 年 3 月　北京

Foreword of the Cryptogamic Flora of China

Cryptogamic Flora of China is composed of *Flora Algarum Marinarum Sinicarum*, *Flora Algarum Sinicarum Aquae Dulcis*, *Flora Fungorum Sinicorum*, *Flora Lichenum Sinicorum*, and *Flora Bryophytorum Sinicorum*, edited and published under the direction of the Editorial Committee of the Cryptogamic Flora of China, Chinese Academy of Sciences (CAS). It also serves as a comprehensive information bank of Chinese cryptogamic resources.

Cryptogams are not a single natural group from a phylogenetic point of view which, however, does not present an obstacle to the editing and publication of the Cryptogamic Flora of China by a coordinated, nationwide organization. The Cryptogamic Flora of China is restricted to non-vascular cryptogams including the bryophytes, algae, fungi, and lichens. The ferns, a group of vascular cryptogams, were earlier included in the plan of *Flora of China*, and are not taken into consideration here. In order to bring the above groups into the plan of Fauna and Flora of China, some leading scientists on cryptogams, who were attending a working meeting of CAS in Beijing in July 1972, proposed to establish the Editorial Committee of the Cryptogamic Flora of China. The proposal was approved later by the CAS. The committee was formally established in the working conference of Fauna and Flora of China, including cryptogams, held by CAS in Guangzhou in March 1973.

Although myxomycetes and oomycetes do not belong to the Kingdom of Fungi in modern treatments, they have long been studied by mycologists. *Flora Fungorum Sinicorum* volumes including myxomycetes and oomycetes have been published, retaining for *Flora Fungorum Sinicorum* the traditional meaning of the term fungi.

Since the establishment of the editorial committee in 1973, compilation of Cryptogamic Flora of China and related studies have been supported financially by the CAS. The National Natural Science Foundation of China has taken an important part of the financial support since 1982. Under the direction of the committee, progress has been made in compilation and study of Cryptogamic Flora of China by organizing and coordinating the main research institutions and universities all over the country. Since 1993, study and compilation of the Chinese fauna, flora, and cryptogamic flora have become one of the key state projects of the National Natural Science Foundation with the combined support of the CAS and the National Science and Technology Ministry.

Cryptogamic Flora of China derives its results from the investigations, collections, and classification of Chinese cryptogams by using theories and methods of systematic and evolutionary biology as its guide. It is the summary of study on species diversity of cryptogams and provides important data for species protection. It is closely connected with human activities, environmental changes and even global changes. Cryptogamic Flora of

China is a comprehensive information bank concerning morphology, anatomy, physiology, biochemistry, ecology, and phytogeographical distribution. It includes a series of special monographs for using the biological resources in China, for scientific research, and for teaching.

China has complicated weather conditions, with a crisscross network of mountains and rivers, lakes of all sizes, and an extensive sea area. China is rich in terrestrial and aquatic cryptogamic resources. The development of taxonomic studies of cryptogams and the publication of Cryptogamic Flora of China in concert will play an active role in exploration and utilization of the cryptogamic resources of China and in promoting the development of cryptogamic studies in China.

C.K. Tseng
Editor-in-Chief
The Editorial Committee of the Cryptogamic Flora of China
Chinese Academy of Sciences
March, 2000 in Beijing

《中国海藻志》序

中国有一个很长的海岸线,大陆沿岸 18 000 多公里,海岛沿岸 14 200 多公里和 300 万平方公里的蓝色国土,生长着三四千种海藻,包括蓝藻、红藻、褐藻及绿藻等大型底栖藻类和硅藻、甲藻、隐藻、黄藻、金藻等小型浮游藻类,分布在暖温带、亚热带和热带三个气候带,包括北太平洋植物区和印度西太平洋植物区两个区系地理区。中国的底栖海藻多为暖温带、亚热带和热带海洋植物种类,但也有少数冷温带及极少数的北极海洋植物种类。

中国底栖海藻有 1000 多种。最早由英国藻类学家 Dawson Turner (1809) 在他的著名著作《墨角藻》(Fuci) 一书里就发表了中国福建和浙江生长的 Fucus tenax,即现在的一种红藻——鹿角海萝,福建本地称之为赤菜 Gloiopeltis tenax (Turn.) Decaisne。Turner (1808) 还发表了 Horner 在中国与朝鲜之间水域中采到的 Fucus microceratium Mert.,即 Sargassum microceratium (Mertens) C. Agardh,现在我们认为是海蒿子 Sargassum confusum C. Agardh 的一个同物异名。在 Dawson Turner 之后,外国科学家继续报道中国海藻的还有欧美的 C. Agardh (1820),C. Montagne (1842),J. Agardh (1848,1889),R. K. Greville (1849),G. V. Martens (1866),T. Debeaux (1875),B. S. Gepp (1904),A. D. Cotton (1915),A. Grunow (1915,1916),M. A. Howe (1924,1934),W. A. Setchell (1931a,1931b,1933,1935,1936),V. M. Grubb (1932) 和日本的有贺宪三 (1919),山田幸男 (1925,1942,1950),冈村金太郎 (1931,1936),野田光造 (1966)。

最早采集海藻标本的中国植物学家是厦门大学的钟心煊教授。钟教授在哈佛大学学习时就对藻类很感兴趣,20 世纪 20 年代初期到厦门大学教书时,他继续到福建各地采集标本。在采集中,他除了注意他专长的高等植物之外,还采集了所遇到的藻类植物,包括海藻类和淡水藻类。但钟教授只是限于采集标本和把标本寄给国外的专家,特别是美国的 N.L.Gardnar 教授,他从来不从事研究工作。最早开展我国底栖海藻分类研究的是曾呈奎。他在 1930 年担任厦门大学植物系助教时就开始调查采集海藻,第一篇论文发表于 1933 年初。南京金陵大学焦启源于 1932 年夏天到厦门大学参加暑期海洋生物研究班,研究了厦门大学所收集的海藻标本,包括冈村金太郎定名的有贺宪三所采集的厦门标本,于 1933 年也发表了一篇厦门底栖海藻研究的论文,可惜的是他在这篇文章发表之后便不再继续海藻研究而进行植物生理学研究了。第三个采集和研究中国底栖海藻的中国人是李良庆教授。李教授 1933~1934 年间在青岛和烟台采集了当地的海藻标本,并把标本寄给曾呈奎,以后两人共同发表了"青岛和烟台海藻之研究"一文 (1935)。此后,李教授继续他的淡水藻类的分类研究,但海藻的分类研究便停止了。因此,在 20 世纪 30 年代到 40 年代一直从事中国海藻分类的研究者只有曾呈奎一人。20 世纪 40 年代后期,曾呈奎从美国回到了在青岛的国立山东大学担任植物系教授兼系主任,有两个得力助手张峻甫和郑柏林,共同从事底栖海藻分类研究。20 世纪 50 年代,张峻甫同曾呈奎一起到中国科学院海洋研究所(及其前身中国科学院水生生物研究所青岛海洋生物研究室)工作，继续进行海藻的分类研究。郑柏林则在山东大学及后来的山东海洋学院、青岛海洋大学(现名中国海洋大学)进行我国底栖海藻的分类研究。同期，朱浩然和周贞英教授也回国参加工作，朱浩然进行海洋蓝藻分类研究，周贞英进行红藻分类研究。50年代我国台湾还有两位海藻分类学者即江永棉和樊恭炬，这两位教授都是美国著名海藻分类学家George Papenfuss的学生。樊恭炬后来回到大陆工作。因此，在20世纪50年代进行中国底栖海藻分类研究的中国藻类学家除了曾呈奎以外，还有朱浩然、周贞英、张峻甫、郑柏林、江永棉、樊恭炬6人，共7位专家。从50年代后期起，有更多的年轻人参加进了海藻分类研究中来，如周楠生、张德瑞、夏恩湛、夏邦美、王素娟、项思端、董美玲和郑宝福。60年代以后开始进行底栖海藻分类研究的还有陆保仁、华茂森、周锦华、李伟新、王树渤、陈灼华、王永川、潘国瑛、蒋福康、杭金欣、孙建章、刘剑华、栾日孝和郑怡等。我国前后从事大型底栖海藻分类研究的人员有30多人。

我国海洋浮游藻类及微藻类有2000多种。1932年倪达书在王家楫先生的指导下，开展了这项工作，当年发表了"厦门的海洋原生动物"一文，其中有20页是关于甲藻类的，当时甲藻是作为原生动物研究的。从1936年起倪达书单独发表了几篇关于海南岛甲藻的文章；新中国成立后，倪达书把工作转到了鱼病方面。金德祥从1935年开始进行浮游硅藻类的研究，两三年后正式发表论文，以后也进行底栖硅藻的分类研究。20世纪50年代朱树屏和郭玉洁参加浮游硅藻类分类研究，以后参加硅藻分类研究的还有程兆第、刘师成、林均民、高亚辉、钱树本和周汉秋。参加甲藻分类研究工作的还有王筱庆、陈国蔚、林永水、林金美等。参加浮游藻类分类研究工作的前后也有十几人。

中国孢子植物志的五个志中，《中国海藻志》的进展较慢。这是因为《中国海藻志》的编写不但开始的时间较晚而且最基本的标本采集工作也最为困难。要采集底栖海藻标本，必须到海边，不仅在潮间带而且在潮下带，一直到几十米深处才能采到所要的标本。采集浮游藻类标本，问题就更大了。在许多情况下，船只是必需的。如果只采集海边的种类，利用小船则可，但要采集近海及远海的浮游植物就必须动用海洋调查船且只能作为海洋调查的一个部分，费用必然加大。

我国从20世纪50年代中期开展海洋调查，共进行全国海洋普查三到四次，还有几次海区性的调查。如近几年来的南沙群岛海洋调查迄今已有三次，每次都采集了大量的浮游海藻标本。大型底栖海藻的调查，北起鸭绿江口，南至海南岛，西沙群岛、南沙群岛沿海及其主要岛、礁都有我们采集人员的足迹。参加过海洋底栖和浮游藻类调查的工作人员有好几十人。近年来，浮游藻类已从微型的发展到超微型的微藻研究，如焦念志小组已开展了水深100米以下的种类研究，最近在我国东海黑潮暖流区发现了超微原核的原绿球藻 *Prochlorella*，十几年前在我国南海也有发现。单就中国科学院海洋研究所一个单位而言，四十几年来采到的标本就有18万多号，其中底栖海藻腊叶标本12万多号，浮游藻类液浸标本6万多号。

微藻还是养殖鱼虾苗种的良好饵料。在20世纪50年代，张德瑞及其助手发表了扁藻的一个新变种——青岛大扁藻 *Platymonas helgolandica* var. *tsingtaoensis* Tseng et T. J. Chang，但由于研究微藻分类的确比较困难，同时其他工作也很紧张，所以微藻的分类研究没有继续下来。20世纪80年代后期，曾呈奎感到饵料微藻类的分类研究很重要，说服了陈椒芬进行这项工作，前后发表了两个新种——突起普林藻 *Prymnesium papillatum*

Tseng et Chen(1986)和绿色巴夫藻 *Pavlova viridis* Tseng，Chen et Zhang(1992)，但不久，这项工作又停了下来。海洋微藻是一个很重要的化学宝库，特别是其中含有不饱和脂肪酸、EPA、DHA 等。李荷芳和周汉秋发表了几种微藻的化学成分。我相信，随着海洋研究的深入，海洋微藻及饵料微藻类的分类工作必将再次提到日程上来。

早在 2000 年前，我们的祖先就有关于大型海藻经济价值的论述。在《本草纲目》和各沿海县的县志中记载了许多种经济海藻，如食用的紫菜、药用的鹧鸪菜、制胶用的石花菜、工业用的海萝等。近年来对微藻的研究也包括了饵料用的种类以及自然生长的种类，这些都是富含 EPA、DHA，鱼类吃了就产生"脑黄金"的种类，对人类非常有益。中国人研究海藻 70 多年了，发表了好几百篇分类研究论文。我们认为现在是将我们的研究成果集中起来形成《中国海藻志》的时候了。因此，我们提出中国孢子植物志的编写应包括《中国海藻志》。

在《中国海藻志》中，大型底栖海藻有四卷，包括第一卷蓝藻门、第二卷红藻门、第三卷褐藻门、第四卷绿藻门；浮游及底栖微藻三卷，包括第五卷硅藻门、第六卷甲藻门和第七卷隐藻门、黄藻门及金藻门等。我们根据种类的多少，每卷有若干册，每册记载大型海藻 100 种以上或微藻 200 种以上的种类。毫无疑问，每卷册出版以后仍将继续发现未报道过的种类。因此，一段时间以后还得作必要的修改和补充。

知识是不断地在扩大的，科学也是在不断地发展的。今天，我们的海洋微藻类，除了硅藻类和甲藻类材料比较丰富以外，其他的知道得还很少。由于海洋调查的范围在不断地扩展，调查方法也不断地改善，必然会加速超微型藻类的发现，大型海藻也会有新发现。我们关于海藻分类的知识也不断地在扩大。我们希望 10 年、20 年后，第二版《中国海藻志》会出现。

中国孢子植物志编辑委员会主编　　曾呈奎

2000 年 3 月 1 日　青岛

Flora Algarum Marinarum Sinicarum
Preface

China has a long coastline of more than 18,000 kilometers, coastline of the islands of more than 14, 200 kilometers and 3 million square kilometers of blue territory, in which are found 3 to 4 thousand species of macroscopic, benthic marine algae, including blue-green algae, red algae, brown algae and green algae, and microscopic planktonic algae including diatoms, dinoflagellate and other microalgae occurring in three climatic zones, warm temperate, subtropical and tropical zones, and two biogeographic regions, the Indo-west Pacific region and the Northwest Pacific region; there are very few cold temperate species and even arctic species.

There are more than 1000 species of benthic marine algae in China. One of the earliest reported species is *Fucus tenax* published by Dawson Turner in 1809, a red algal species, now known under the name *Gloiopeltis tenax* (Turn.) Decaisne, collected from Fujian and Zhejiang provinces. A year earlier, Turner reported *F. microceratium* Mert., collected from somewhere between China and Korea. This is now known as *Sargassum microceratium* (Mert.) C. Agardh, currently regarded by us as synonymous with *S. confusum* C. Agardh. After Turner, there are quite a few foreigners reporting marine algae from China, such as C. Agardh (1820) C. Montagne (1842), J. Agardh (1848, 1889), R. K. Greville (1849), G. V. Martens (1866), T. Debeaux (1875), B. S. Gepp (1904), A. D. Cotton (1915), A. Grunow (1915, 1916), M. A. Howe (1924, 1934), W. A. Setchell (1931a, 1931b, 1933, 1935, 1936), V. M. Grubb (1932) and the Japanese K. Ariga (1919), Y. Yamada (1925, 1942, 1950), K. Okamura (1931, 1936) and M. Noda (1966). The first Chinese who collected algal specimens is Prof. H. S. Chung at Amoy (now Xiamen) University in the early 1920s. Prof. Chung, a plant taxonomist, while a student at Harvard University was already interested in algae, although he was a taxonomist of seed plants. As a botanical professor, he had to collect plants from Fujian province for his teaching work; he collected also various kinds of algae, both freshwater and marine. He was unable to determine the species of the algae and had to send the specimens abroad to Prof. N. L. Gardner of U. S. for determining the species names. The first Chinese who collected and studied the seaweeds is Prof. C. K. Tseng, a student of Prof. Chung. He started collecting seaweeds in 1930 when he served as an assistant in the Botany Department. Amoy (Xiamen) University. He published his first paper "Gloiopeltis and the Other Economic Seaweeds of Amoy" in 1933, the first paper on Chinese seaweeds by a Chinese, when he was a graduate student at Lingnan University, Guangzhou (Canton). The second Chinese studying Chinese seaweeds was Prof. C. Y. Chiao of Jinling University, Nanking. Chiao came to Amoy in the summer of 1932 and studied the algal specimens deposited at the herbarium of Amoy University, including specimens collected by the Japanese K. Ariga and identified by Okamura. He studied these specimens and published a paper, "The Marine Algae of Amoy", in late 1933. This was the second paper on Chinese seaweeds by a Chinese. Unfortunately Chiao did not continue his work on seaweeds and turned to become a plant physiologist. The third Chinese who was involved in studies on Chinese seaweeds was Prof. L. C. Li who collected seaweeds in Qingdao and Chefoo in 1933~1934 and cooperated with Tseng on an article "Some Marine Algae of Tsingtao and Chefoo, Shantung" (1935). Prof. Li continued his work on taxonomy of China freshwater algae, and gave up his study of Chinese seaweeds. Thus in the 1930s and 1940s, only a single Chinese, C. K. Tseng, consistantly stuck to the study of Chinese seaweeds. In the late 1940s, when C. K. Tseng returned to China and took up the professorship and chairmanship of the Botany Department at the National Shandong University in Qingdao, two assistants, Zhang Jun-fu and Zheng Bai-lin took up seaweed taxonomy as their research topic. In the 1950s, Zheng Bai-lin remained in Shandong University, now Qingdao Ocean University and Zhang Jun-fu moved to the Institute of Oceanology with C. K. Tseng. Since the early 1950s, both Zheng Bai-lin and Zhang Jun-fu continued their research work on seaweed taxonomy. Professor Chu (Zhu) Hao-ran, participated in the taxonomy of cyanophyta and Prof. R. C. Y. Chou (Zhou) kept on her work on Rhodophyta. Both returned from the U. S. to China. There are two phycologists from Taiwan, Chiang Young Meng and Fan Kang Chu, both students of the American phycologist, George Papenfuss. Later, Fan Kang Chu returned to the mainland. There are, therefore, seven phycologists in the early 1950s working on taxonomy of seaweeds. In the late 1950s there are a few more workers on marine phycology, such as N. S. Zhou, D. R. Zhang, E. Z. Xia, B. M. Xia, S. J. Wang, S. D. Xiang, M. L. Dong and B. F. Zheng who eventually turned to taxonomic research. In and after the 1960s, a few more phycological workers are involved in taxonomic studies of seaweeds such as B. R. Lu, M. S. Hua, J. H. Zhou, W. X. Li, S. B. Wang, Z. H. Chen, Y. C. Wang, G. Y. Pan, F. K. Jiang, J. X. Hang, J. Z. Sun, J. H. Liu, R. X. Luan, L. P. Ding and Y. Zheng. Dr. Su-fang Huang is also active in phycological work in Taiwan. There are altogether more than thirty persons involved in the collecting and research on Chinese benthic marine algae.

There are more than 2 thousand species of planktonic marine algae in China. It was started by Professor Wang Chia-Chi, the famous Chinese Protozoologist and his student Prof. Ni Da-Su; they studied the marine protozoas of Amoy and published in 1932 a paper, including many species of dinoflagellates which they treated as protozoas. Prof. Ni Da-Su published a series of papers on Hainan dinoflagellates beginning with 1936. Taxonomic studies of the diatoms was initiated by Professor T. S. Chin (Jin) who started the research in 1935 and published his first paper in 1936. In the 1950s, Prof. S. P. Chu (Zhu) and his student, Y. C. Guo started their research on diatoms. In the sixties and afterwards, participating in the collecting and research on diatoms are Z. D. Zheng, Y. H. Gao, J. M. Lin, S. C. Liu, S. B. Qian and H. Q. Zhou, and on dinophyceous algae are G. W. Chen, Y. S. Lin, J. M. Lin and X. Q.

Wang. Altogether, there are more than 10 persons involved in research on the taxonomy of planktonic algae.

In the five floras of the Cryptogamic Flora of China, the *Marine Algal Flora* was initiated the latest, and progress the slowest, because collecting of the algal specimens involves lots of difficulties. Collections of benthic seaweeds will have to wait until low tides when the rocks on which the seaweeds attach are exposed or by diving to a depth of 5~10 meters for these seaweeds. For planktonic algae, one needs a boat and the necessary equipment for the coastal collection and for collecting planktonic algae in far seas and oceans, one has to employ ocean going expeditional ships. The cost is enormous.

China has initiated oceanographic research on the China seas in the late 1950s and early 1960s, which provide opportunity for phytoplankton workers to obtain samples from the various seas of China. Collection of benthic seaweeds extended from Dalian, Chefoo and Qingdao in the Yellow Sea in the north to Jiangsu, Zhejiang and Fujian coastal cities in the East China Sea and Guangdong, Guangxi, Hainan provinces, including Xisha (Paracel) Islands and Nansha (Spratley) Islands in the South China Sea in the south. For the last fifty years, the staff members of the Institute of Oceanology, CAS, collected more than one hundred twenty thousand numbers of dry specimens, and sixty thousand number of preserved specimens.

From more than 2000 years ago to recent time China has already quite a few records of seaweeds and their economic values in herbals and district records, for instance, the purple laver or Zicai (*Porphyra*) for food, Zhegucai (*Caloglossa*) as an anthelmintic drug, Shihuacai (*Geldium*) for making agar, Hailuo (*Gloiopeltis*) for industrial uses etc. In recent years, microalgae are found to contain good quantities of valuable substances, such as EPA, DHA. For the last seventy something years, Chinese phycologists have been devoted to study their own algae and have published hundreds of scientific papers on algal taxonomy dealing with the Chinese marine algae. We believe now is the time for them to publish *Marine Algal Flora*. Therefore when we have decided to publish Cryptogamic Flora of China, we insist that we should include our *Marine Algal Flora*. We have decided to publish the *Marine Algal Flora* in 7 volumes, 4 volumes on benthic macroscopic marine algae, or seaweeds, and 3 volumes on microscopic planktonic marine algae, namely, Vol. 1. Cyanophyta, Vol. 2. Rhodphyta, Vol. 3. Phaeophyta, Vol 4. Chlorophyta, Vol. 5. Baccilariophyta, Vol 6. Dinophyta and Vol. 7. Cryptophyta, Xanthophyta, Chryeophyta and other microalgae. On the basis of the number of species in the group, the volumes may be divided into a few numbers, when necessary and each number will deal with about 100 or more macroscopic species and 200 or more microscopic species. There is no question that after the publication of a group, more species will be reported in the group.

Knowledge is always in the course of increasing and science also in the course of growing. Today, our study on microalgae is very limited, with the exception of the diatoms and to a less extent, the dinoflagellates. With the increase of microalgae investigations, and the improvement of the collecting methods, discovery of more microalgae, especially the piccoplanktonic algae, such as *Prochlorella* discovered by Jiao Nian-zhi in China, will be made. New benthic seaweeds will also be reported. Our knowledge of the taxonomy of marine algae will keep on increasing. We hope in the next 10 or 20 years, the second edition of *Flora Algarum Marinarum Sinicarum* will appear.

C. K. Tseng in Qingdao
March 1, 2000

前　言

　　硅藻是海洋浮游植物中的主要类群，是海洋生态系统中的主要初级生产者，具有种类多、数量大、繁殖快等特点，在海洋生态系统的物质循环和能量流动中起着极其重要的作用，它们的盛衰直接或间接地影响着整个海洋生态系统的生产力，并最终影响渔业产量。因此，海洋硅藻与渔业资源、水产养殖、环保、地质等密切相关。另外，海洋硅藻本身营养丰富，且富含具有重要营养和医疗保健作用的不饱和脂肪酸、多糖、蛋白质、类胡萝卜素等生物活性物质，在保健食品、药物、化妆品、生物农药、生物燃料、生物材料等方面均展现出了广泛的应用前景。在海洋硅藻的研究和开发利用中，硅藻种类的分类和鉴定具有基本的学术和实际意义。

　　硅藻的分类从 1788 年 Gmelin 第一个把看到的标本定为 *Bacillaria paradoxa* Gmelin 到现在已有 200 多年的历史。早期的分类主要是根据光学显微镜下观察到的细胞形态特征，如 Agardh（1824）发表的 *Systema Algarum*，把硅藻作为一个目 Diatomeae，目之下则根据外部形态分为 3 科：Cymbelleae、Stylarieae 和 Fragilarieae，共 9 属。Kützing 于 1883 年根据有无中央节分为 3 类 72 属。比较重要的一个分类系统是 Karsten（1928）重订 Schutt 的分类系统，把硅藻分为中心目 Centrales 和羽纹目 Pennales，后者又分为 Araphideae 亚目（无壳缝）、Raphidioideae 亚目（有壳缝）、Monoraphideae 亚目（单壳缝）和 Biraphideae 亚目（双壳缝）。Karsten 于 1928 年已将硅藻作为门，订为 Bacillariophyta，只有一个纲 Ditomales（=Bacillariales），纲里分两个目，即 Centrales 和 Pennales，我国硅藻学工作者则把这两个目提升为纲，分别是中心纲 Centricae Schutt, 1896 和羽纹纲 Pennatae Schutt, 1896。纲下直接用目、科、属，不用群组之称（金德祥，1990）。

　　近年来，国外在一些藻类学著作中不赞同硅藻作为一个门，而把硅藻作为金藻门下的一个纲（硅藻纲 Bacillariophyceae）（Bold and Wynne，1978）或异鞭毛藻门（Heterokontophyta）中的一个纲（硅藻纲）（Van den Hoek et al.，1995），或棕色藻门（Ochrophyta）和杂色藻门（Chromophyta）中的硅藻（diatom）（Graham and Wilcox，2000）。但是为了维护本系列志的连续性，我们仍然把硅藻作为一个门来处理。

　　值得一提的是，Round 等于 1992 年在 *The Diatoms: Biology & Morphology of the Genera* 一书中，把硅藻作为一个门，门下分三个纲：Coscinodiscophyceae Round et Craford（圆筛藻纲）、Fragilariophyceae Round（脆杆藻纲）、Bacillariophyceae Haeckel（硅藻纲）。其中前两个纲是作为新纲提出的。圆筛藻纲为中心硅藻类，下设 8 个亚纲；脆杆藻纲为无壳缝羽纹硅藻类，纲下只有 1 个亚纲 Fragilariophycidae Round；硅藻纲为有壳缝羽纹硅藻类，下设 2 个亚纲：Eunotiophycidae D. G. Mann 和 Bacillariophycidae D. G. Mann。由于该分类系统尚有很多需要进一步讨论的地方，因此，我们在本册中仍然采用把硅藻门分为中心纲和羽纹纲的系统。

　　金德祥教授是我国海洋硅藻研究的先驱，他于 1935 年开始我国海洋硅藻的研究，

1965 年金德祥等撰写的《中国海洋浮游硅藻类》，记载了我国沿海的主要浮游硅藻 228 种；金德祥等于 1982 年撰写的《中国海洋底栖硅藻类》（上卷），1992 年撰写的《中国海洋底栖硅藻类》（下卷），这些专著中均包括中心纲和羽纹纲硅藻的分类研究，特别是在底栖硅藻类中对我国海洋羽纹纲硅藻种类有系统的报道。

本海洋硅藻志的分类系统主要根据金德祥等 1982 年在《中国海洋底栖硅藻类》（上卷）一书内发表的分类系统，该系统在 1978 年中国藻类会议上提出，同年在杭州召开的"中美海洋工作讨论会"上宣读，并于 1980 年在青岛召开的中美藻类会议上宣读进一步的修改稿。该系统根据壳面花纹排列方式的不同，把硅藻门分为中心纲（Centricae）和羽纹纲（Pennatae）两大类，中心纲壳面花纹辐射对称，羽纹纲壳面花纹左右对称。羽纹纲下则根据壳缝的特征分为 6 个目：舟形藻目（Naviculales）、等片藻目（Diatomales）、曲壳藻目（Achnanthales）、短缝藻目（Eunotiales）、褐指藻目（Phaeodactylales）、双菱藻目（Surirellales）。

中国海藻志第五卷（硅藻门）把硅藻门分为中心纲（第一册）和羽纹纲（第二至五册）两大部分，其中海洋中心纲硅藻（第一册）已经于 2003 年出版（郭玉洁主编）。由于海洋羽纹纲硅藻种类繁多，在一书中不能统统归纳进去，因此将海洋羽纹纲硅藻志分为 4 册，第二册为羽纹纲I：等片藻目（Diatomales）的波纹藻科（Cymatosiraceae）和等片藻科（Diatomaceae）；曲壳藻目（Achnanthales）的卵形藻科（Cocconeidaceae）和曲壳藻科（Achnanthaceae）；褐指藻目（Phaeodactylales）的褐指藻科（Phaeodactylaceae）和短缝藻目（Eunotiales）的短缝藻科（Eunotiaceae）。第三册为羽纹纲II：舟形藻目（Naviculales）中的舟形藻科（Naviculaceae）（除了胸隔藻属 Mastogloia Thwaites、舟形藻属 Navicula Bory 等 12 属）、桥弯藻科（Cymbellaceae）、耳形藻科（Auriculaceae）和异极藻科（Gomphonemaceae）。第四册为羽纹纲III：舟形藻科（II），收录了第三册羽纹纲II舟形藻科中未收录的胸隔藻属、舟形藻属等 12 属。第五册为羽纹纲IV：双菱藻目（Surirellales）的窗纹藻科（Epithemiaceae）、菱形藻科（Nitzschiaceae）和双菱藻科（Surirellaceae）。其中，海洋羽纹纲硅藻志的前两册（硅藻门第二册羽纹纲I和硅藻门第三册羽纹纲II）已经分别于 2012 年和 2013 年出版（程兆第、高亚辉主编）。本册（硅藻门第四册羽纹纲III）是硅藻门羽纹纲I、II的续篇，编入本册的是 1922-2023 年记录于我国近海（包括西沙群岛和中沙群岛附近海域）的羽纹纲（Pennatae）舟形藻目（Naviculales）舟形藻科（Naviculaceae）中的胸隔藻属（Mastogloia Thwaites）、舟形藻属（Navicula Bory）、伯克力藻属（Berkeleya Greville）、对纹藻属（Biremis Mann et Cox）、短纹藻属（Brachysira Kützing）、等半藻属（Diadesmis Kützing）、曲解藻属（Fallacia Stickle et Mann）、海氏藻属（Haslea Simonsen）、泥生藻属（Luticola Mann）、普氏藻属（Proschkinia Karayeva）、鞍眉藻属（Sellaphora Mereschkowsky）和半舟藻属（Seminavis Mann）的种类，共 289 种（含 1 亚种）和 43 变种（变型）。未收入本册的个别种类，将在最后一册（第五册羽纹纲IV）的补遗中一起补充。

胸隔藻属主要是生活于热带、亚热带水域的底栖性种类，在大型藻类和潮间带附着物里可以采到。其主要特征是细胞内具隔室，隔室的多少、形状是分类的依据。本册记录 11 组，127 种和 17 变种（变型）。

舟形藻属是羽纹纲硅藻中一个较大的属，根据 Van Landingham（1967-1979）统计，约 1850 种，Cleve（1894-1895）和 Cleve-Euler（1953）分为 20 亚属。本册记录 17 亚属，140 种和 26 变种。

伯克力藻属常附着于石头或植物上。本册记录 2 种。

对纹藻属多附着于沙质沉积物上，壳面具独特的条纹结构。本册记录 1 种。

短纹藻属主要生活在淡水或半咸水中。本册记录 1 种。

等半藻属个体较小，多生活在淡水中。本册记录 2 种和 1 亚种。

曲解藻属的主要特征是壳缝两侧具有竖琴状或"H"形的下陷无纹区结构，壳面点条纹具分隔肋纹。本册记录 4 种。

海氏藻属的典型特征是壳面内外花纹不一样，外壳面上表现为贯穿壳面纵轴的细长裂缝，内壳面上则为方形或长方形的孔纹，每个孔纹对应在细长条带上。本册记录 2 种。

泥生藻属由舟形藻属的一些种类修订而来，本属种类多生活于泥土中。本册记录 2 种。

普氏藻属的主要特征是外壳面有纵向排列的硅质肋纹，肋纹隆起成圆柱状，具"Y"或十字形中节。本册记录 1 种。

鞍眉藻属最早由舟形藻属的若干种类修订而来，主要特征是具 1 个"H"形的原生质体，点条纹由小而圆形的单排孔纹组成。本册记录 5 种。

半舟藻属是由双眉藻属的若干种类独立出来而成立的，主要特征是壳面为半披针形或半舟形，环面观时壳缝直，壳面点纹为典型的裂开状纵向长条形，单排排列。本册记录 1 种。

本工作是在中国科学院中国孢子植物志编辑委员会的统一领导和部署下进行的。编入本册的材料主要是基于金德祥、程兆第、刘师成、林均民、高亚辉、郭玉洁、周汉秋、陈长平、李扬、孙琳等以往调查采集保存的材料和发表的专著、论文，以及 B. W. Skvortzow 和 M. Voigt 等发表的记录于我国海区的种类。《中国海洋底栖硅藻类》（上卷）、《中国海洋底栖硅藻类》（下卷）、《福建沿岸微型硅藻》《西沙群岛附近海域羽纹硅藻分类研究I》《硅藻彩色图集》《厦门海域常见浮游植物》等为编写本编著的主要资料。中国台湾及其附近海域记录的羽纹纲硅藻是根据黄穰（Rang Huang）和李家维（Chia-Wei Li）发表的数篇论文。《南海晚第四纪沉积硅藻》中所描述的种类没有编入，但在编写中仿了其中的少量图。在各个属、种下的参考文献中凡列有我国学者的则基本上尽可能地采用该学者的文字描述及仿照该学者的图绘制手描图。属名订立过程的描述，大多数是根据 Fourtanier 和 Kociolek（1999）发表在 *Diatom Research* 上的论文。为了减少篇幅，在各个属、种的描述中就不一一注释。

本册的硅藻分类系统按目、科、属检索表所示。为了查找、阅读方便，所有的属、亚属中的种类都按学名的第一个字母 A、B、C、……先后顺序编排。属、种的序号和图版及图的编号延续海洋羽纹纲硅藻志的前两册（硅藻门第二册羽纹纲I和硅藻门第三册羽纹纲II）连续编号。图版中标尺长度见每册的第一个图版下所示。

在本册出版之前，我们深切缅怀已故的著名海洋硅藻学家、厦门大学硅藻研究室创始人金德祥教授，他是指导我们从事硅藻研究的恩师。我们深切怀念已故厦门大学生命科学学院程兆第教授，他本着科学工作者为国家服务和为科学事业献身的精神，在退休和病重期间仍然不辞辛苦，潜心编研，是他的努力和辛勤劳动才使海洋羽纹纲硅藻志的工作得以顺利进行。黎尚豪院士生前对我国硅藻志的出版给予很大的关注，作者表示深切怀念。

我们衷心感谢已故第三世界科学院和中国科学院院士曾呈奎教授，他曾是《中国孢子植物志》和《中国海藻志》的主编，对海洋羽纹纲硅藻志的工作给予了大力支持和鼓励，并对初稿提出了宝贵的意见。感谢中国科学院海洋研究所夏邦美研究员和中国海洋大学钱树本教授为海洋羽纹纲硅藻志部分初稿提出了宝贵的修改意见。感谢两位匿名审稿人对本册书稿的审阅和提出的详细修改意见。

本册的编研工作和出版同时得到国家自然科学基金（42076114）、国家科学技术学术著作出版基金的部分资助。

在本册编写过程中，我们得到厦门大学和生命科学学院有关领导和同仁的大力支持，杨心宁、周茜茜、骆巧琦、陈杨航、林惠娜、郭怡忆、薛词等协助部分文字录入、校对工作和手绘图绘制，谨表谢意。感谢在本册编研、出版等过程中给予关心、支持和帮助的所有同仁和朋友们。

由于各种条件和我们的水平、经验所限，书中难免存在不足之处，敬请读者不吝赐教。

编著者

2023 年 8 月

目　录

舟形藻目 NAVICULALES

舟形藻科 NAVICULACEAE

两壳均具壳缝。壳面左右对称，舟形至椭圆形，少数呈"S"形。

在《中国海藻志 第五卷 硅藻门 第三册 羽纹纲 II 舟形藻目 舟形藻科 桥弯藻科 耳形藻科 异极藻科》（程兆第和高亚辉，2013）中，舟形藻科已介绍 20 属，本册介绍 12 属。

舟形藻科 NAVICULACEAE 分属检索表

（64）胸隔藻属 Mastogloia Thwaites

Thwaites in W. Smith, 1856, p. 63.

壳面椭圆形、菱形、舟形或棍形。壳端楔圆形至钝圆，成尖或延长的头状或嘴状端。中轴区狭。壳缝直至强烈波浪状。中节圆，中央区扩大成半月形或 "H" 形的侧区（无纹或异纹）。点纹粗至细，呈二向或三向排列。点纹间有时有横肋或空隙，并由于点纹的排列而形成斜的、直的或波浪状的纵列。色素体 2 个。

成熟的细胞上下壳面两侧各有 1 片由隔室组成的隔片，隔室 1 至多个，有时布满全壳缘，大小相等或不等。细胞分裂后，在子细胞的新壳里没有完整的隔片，仅在顶端有端刺。两列隔室是在细胞成熟并繁殖之前才出现的。

当隔室不明显或未见其隔室时，本属常与卵形藻属（*Cocconeis*）和舟形藻属（*Navicula*）相混淆。

本属多数生活在海水或半咸水中，少数见于淡水里。主要产于亚热带或热带海区。一般分泌胶质附着于水中石块或其他物体上，在海洋底栖动物（如海参）的消化道通常也可以找到它。

本属已报道 260 多种。Boyer（1927）、Voigt（1942，1952，1956，1963）、Cleve-Euler（1952）、Hustedt（1933）、Patrick 和 Reimer（1966）对本属做了很多分类工作。其中，Voigt（1942，1952，1963）先后在我国沿海（厦门、海南岛和威海）采到 45 种。本册记录 127 种和 17 变种（变型）。

本属模式种为 *Mastogloia danseyi* (Thwaites) Thwaites ex W. Smith 1856。

胸隔藻属 *Mastogloia* 分组检索表

1. 栖息于淡水或含盐的内陆水中 ·· **A. 内陆组 Binnensee**
1. 栖息于海水中 ··· 2
　2. 隔室带离壳缘有明显的距离 ··· **B. 奇异组 Paradoxae**
　2. 隔室带贴近细胞壁 ··· 3
3. 一列隔室内其隔室大小明显不相等且互相穿插 ························· **C. 不等组 Inaequales**
3. 一列隔室内的隔室大小没有明显的差异 ··· 4
　4. 壳面呈典型的椭圆形，两端宽圆或少有仅见的嘴状突 ············ **D. 椭圆组 Ellipticae**
　4. 壳面多少披针形或椭圆形并有明显的嘴状突 ··· 5
5. 点纹或孔纹三向交叉（小的种类这种交叉常不明显） ············ **E. 交叉组 Decussatae**
5. 点纹或孔纹被直的或多少波浪状的纵纹所交叉 ··· 6
　6. 壳缘有 1 个或 2 个强的波浪状 ··· **F. 深陷组 Constrictae**
　6. 壳缘无或有非常轻微的波浪状 ··· 7
7. 壳面两侧有沟（异纹区），通常由中央区将其相连成 "H" 形侧区 ··········· **G. 具槽组 Sulcatae**
7. 壳面两侧无沟 ··· 8
　8. 壳缝两侧伴有强的硅质肋 ··· **H. 细尖组 Apiculatae**

A. 内陆组 Binnensee 分种检索表

B. 奇异组 Paradoxae 分种检索表

C. 不等组 Inaequales 分种检索表

D. 椭圆组 Ellipticae 分种检索表

E. 交叉组 Decussatae 分种检索表

F. 深陷组 Constrictae

壳缘有 1 个或 2 个强的波浪状。

G. 具槽组 Sulcatae 分种检索表

H. 细尖组 Apiculatae 分种检索表

1. 壳面线形，两侧缘几乎平行 ·· **460. 拉布胸隔藻** *M. labuensis*
1. 壳面菱舟形，两端嘴状突明显延长 ······························· **528. 西沙胸隔藻** *M. xishaensis*
1. 壳面椭圆至舟形 ··· 2
　　2. 壳缝直或轻微波浪状 ··· 3
　　2. 壳缝明显至强烈波浪状 ·· 9
3. 壳面横点条纹每间隔 3-8 行有 1 横的空隙 ····················· **445. 束纹胸隔藻** *M. fascistriata*
3. 壳面横点条纹排列均匀，其间无间隙 ·· 4
　　4. 壳面点条纹粗，横点条纹 10 μm 不多于 20 条 ·········· **409. 细尖胸隔藻** *M. apiculata*
　　4. 壳面点条纹细，横点条纹 10 μm 多于 20 条（约 25 条）··································· 5
5. 隔室窄，长方形 ·· **469. 平滑胸隔藻** *M. levis*
5. 隔室略宽，方形 ·· 6
　　6. 两端嘴状不明显 ·· 7
　　6. 两端缢缩成嘴状 ·· 8
7. 壳面两端略呈嘴状 ······················· **403. 微尖胸隔藻原变种** *M. acutiuscula* var. *acutiuscula*
7. 壳面两端圆钝 ···························· **微尖胸隔藻维拉变种** *M. acutiuscula* var. *vairaensis*
　　8. 隔室 10 μm 4 个，室内缘平 ······························· **466. 线咀胸隔藻** *M. laterostrata*
　　8. 隔室 10 μm 5-7 个，室内缘凸 ····························· **506. 萨韦胸隔藻** *M. savensis*
9. 壳面宽舟形，端楔形，横点条纹 10 μm 16 条 ··················· **504. 粗状胸隔藻** *M. robusta*
9. 壳面舟形，端圆，横点条纹略呈斜的平行，10 μm 22-24 条 ····· **454. 模仿胸隔藻** *M. imitatrix*
9. 壳面宽椭圆形，两端呈嘴状突，横点条纹 10 μm 18 条 ··········· **421. 柑桔胸隔藻** *M. citrus*

I. 波浪组 Undulatae 分种检索表

1. 纵线强烈波浪状，点条纹三向交叉 ··· 2
1. 纵线略呈波浪状，点条纹非三向交叉 ·· 5
　　2. 壳面菱舟形 ··· 3
　　2. 壳面舟形 ··· 4
　　2. 壳面舟形，两端突然缢缩成嘴状 ·························· **499. 细点胸隔藻** *M. punctifera*
3. 纵线（纵沟）不明显 ·· **503. 裂缝胸隔藻** *M. rimosa*
3. 纵线强烈波浪状 ·· **413. 巴哈马胸隔藻** *M. bahamensis*
　　4. 横点条纹略会聚或平行，10 μm 19-20 条，隔室很窄（0.5-1 μm），10 μm 2.5-3 个，室内缘凸
　　　 ··· **478. 生壁胸隔藻** *M. muralis*
　　4. 横点条纹在中部平行，两端略会聚，隔室很宽（4-4.5 μm），10 μm 9-12 个，室内缘平 ··········
　　　 ··· **526. 毒蛇胸隔藻** *M. viperina*
5. 纵线多，10 μm 多于 10 条 ··· 6
5. 纵线不多，10 μm 不多于 10 条 ·· 7
　　6. 点条纹 10 μm 21-22 条，中央区旁有 1 眼点 ············· **431. 圆圈胸隔藻** *M. cyclops*

J. 小嘴组 Rostellatae

K. 披针组 Lanceolatae 分种检索表

402. 似曲壳胸隔藻原变种（图版 LXXXI：831；图版 CVIII：1149-1152）

Mastogloia achnanthioides Mann var. **achnanthioides** 1925, p. 87, 18/7; Hustedt, 1933, p. 509, 937a-c; Van Landingham, 1967-1979, p. 2133; Ricard, 1975b, p. 55, III/17-22; Jin et al. (金德祥等), 1992, p. 94, 89/1077-1078.

壳面曲壳藻形，两端渐尖成嘴状，中部略缢缩，长 48.7-68.8 μm，宽 20-23.8 μm（金德祥等，1992：长 25-84 μm，宽 14-22 μm）；壳缝略波浪状；中轴区狭；点条纹细珠状，在中节两侧略呈射出状，近端亦略呈射出状，10 μm 12-13 条，纵线 16-18 条；隔室小，1.5-2.5 μm 宽，大小相等，通达全缘，10 μm 8-14 个，内缘平。

Mann 指出本种与缢缩胸隔藻 *M. constricta* 相似（Hustedt，1933），但后者壳面比前者狭，中部缢缩较深，而且点纹更细，10 μm 21 条。本种也与假胸隔藻 *M. fallax* 相似（Hustedt，1933），但后者椭圆形，壳面中部不缢缩。本种与波浪胸隔藻 *M. undulata* 也很相似，但后者壳面中部不缢缩，纵纹多而明显。

生态：海水生活。

分布：采自海南海藻洗液（8月），海南西沙群岛永兴岛（3月）及其海军水上靶木的海藻。此外，菲律宾，印度尼西亚的刺参属动物消化道和婆罗洲（加里曼丹岛），吉尔伯特群岛，图瓦卢，塔希提岛也有记录。

似曲壳胸隔藻椭圆变种（图版 LXXXI：832；图版 CVIII：1153，1154）

Mastogloia achnanthioides var. **elliptica** Hustedt 1933, p. 509, f. 937-d; Van Landingham, 1967-1979, p. 2133; Jin et al. (金德祥等), 1992, p. 94, 89/1079.

本变种与原变种的差异是：前者壳面短椭圆形，中央不缢缩；后者曲壳藻形，中部略缢缩。我们的样品长 59.6-75 μm，宽 25.6-33.5 μm。

生态：海水，底栖生活。

分布：采自海南海藻洗液（8月），海南西沙群岛永兴岛（3月）低潮带的海藻洗液。此外，斐济，萨摩亚，坦桑尼亚也有记录。

403. 微尖胸隔藻原变种（图版 LXXXI：833；图版 CIX：1155，1156）

Mastogloia acutiuscula Grunow var. **acutiuscula** in Cleve, 1883, p. 495; Hustedt, 1959, p. 515, f. 947a, b; Ricard, 1975b, p. 53, II/14-16; Van Landingham, 1967-1979, p. 2133; Jin et al. (金德祥等), 1992, p. 86, 87/1046.

壳面舟形，两端突然缢缩成嘴状；壳面长 31.3-37.9 μm，宽 11-12.1 μm（Hustedt，1959：长 30-50 μm，宽 10-12 μm；金德祥等，1992：长 30-54 μm，宽 10-15 μm，长宽比为 3-3.6∶1）；壳缝直；纵肋直；点条纹平行或略射出状，10 μm 22-24 条；隔室不达壳端，每列 11-13 个，10 μm 5-7 个（Hustedt，1930：5-6 个），方形，室宽约 1.5 μm，室内缘凸。

生态：海水生活。

分布：采自海南海藻洗液（8月），海南西沙群岛永兴岛低潮带的海兔消化道和福建厦门潮间带的海藻洗液。此外，印度洋的塞舌尔，约旦的利桑和大洋洲的塔希提岛也有记录。

微尖胸隔藻维拉变种（图版 LXXXI：834）

Mastogloia acutiuscula var. **vairaensis** Ricard 1975, p. 210, III/31; Jin et al. (金德祥等), 1992, p. 87, 88/1047.

本变种与原变种的差异是：前者壳面两端钝圆，不呈嘴状，长 15-30 μm，宽 11-16 μm；点条纹略射出状，10 μm 22 条（Ricard，1975：18-20 条）。后者两端突然缢缩成嘴状。

生态：海水生活。

分布：采自海南西沙群岛永兴岛（3月）低潮带的海龟消化道、琛航岛（3月）低潮带的网胰藻（*Hydroclathrus clathratus*）体表。此外，大洋洲的塔希提岛也有记录。

404. 亚得里亚胸隔藻（图版 LXXXI：835）

Mastogloia adriatica Voigt 1963, p. 111, 21/1-3; Witkowski et al., 2000, VII, p. 237, pl. 79: 1, 2.

壳面椭圆披针形，长 27-58 μm，宽 10-16 μm，长宽比为 2-3.6∶1，端钝或略嘴状，壳缘略波浪状；中轴区窄；中央区小；横点条纹在中部平行，10 μm 约 20 条，而后略射出状；隔室通达近端，大小等型，室宽 1.2-1.5 μm，10 μm 5-7 个。

本种与劲直胸隔藻 *M. recta* 相近，但后者壳缝两侧有纵肋。

生态：海水生活。

分布：采自海南西沙群岛的海藻洗液，也曾记录于亚得里亚海。

405. 肯定胸隔藻（图版 LXXXI：836）

Mastogloia affirmata (Leuduger-Fortmorel) Cleve 1892 in Schmidt et al., 1874-1959, 188/19-31, 358/10, 11; Cleve, 1895, p. 155; Hustedt, 1933, p. 528, f. 962; Van Landingham, 1967-1979, p. 2134; Jin et al. (金德祥等), 1992, p. 91, 88/1065, 1066.

壳面宽椭圆舟形至菱舟形，两端略呈缢缩至明显的嘴状；壳面长 28-85 μm，宽 17-40 μm；壳缝强烈波浪状；中轴区窄；中央区呈不对称舟形；横点条纹粗，射出状，10 μm 12-14 条；纵纹明显波浪状，10 μm 8-12 条；隔室宽 2.5-4 μm，大小几乎相等，扁，10 μm 9-12 个，室内缘平。

本种与考锡胸隔藻 *M. corsicana* 非常相似，但前者隔室宽 2.5-4 μm，10 μm 9-12 个，室内缘平；后者隔室宽 1.5-2 μm，10 μm 6-8 个，内缘凸，两种常同时出现。

生态：海水，底栖生活。

分布：采自海南西沙群岛琛航岛（3 月）低潮带的网胰藻体表。此外，太平洋，印度洋，中美洲的大西洋热带至亚热带沿岸，死海和地中海沿岸均有出现。

406. 厦门胸隔藻（图版 LXXXI：837）

Mastogloia amoyensis Voigt 1942, p. 4, 1/1; Van Landingham, 1967-1979, p. 2134; Podzorski and Hakansson, 1987, p. 67, 27/13, 14; Kemp and Paddock, 1990, p. 312, f. 1-24; Jin et al. (金德祥等), 1992, p. 63, 80/946; Liu and Cheng (刘师成和程兆第), 1997, p. 252, 1, 1/1-3.

光镜：壳面舟形，两端略尖；壳面长 28-40 μm，宽 8-9.6 μm，长宽比为 3.5-4∶1；中央区小；中轴区很窄；壳缝直；点条纹平行，10 μm 25-30 条，点纹延长，纵线略呈波浪状；隔室不等，远离两端，中央的 2-3 个较大。

本种似矮小胸隔藻原变种 *M. pumila* var. *pumila*，但在外观上后者较前者更菱形，也没有"H"形侧区。

电镜：壳面宽舟形，圆至头状端；壳面长 19-28 μm，宽 7-9 μm，长宽比为 2.9-3∶1；壳缝直；中轴区狭；中央区小；横点条纹平行，10 μm 25-30 条，纵线围绕中节弯曲；每边有 5 个（或 6-7 个）隔室，中央隔室最大，邻隔室较小，最末端的隔室大于邻隔室但小于中央的隔室；隔室内缘凸，室管长，开口在隔室环外。

生态：海水生活。

分布：采自海南西沙群岛琛航岛（3 月）低潮带的网胰藻体表，福建厦门（Voigt，1942）也有记录。此外，印度尼西亚的勿拉湾，百慕大，地中海，克基拉岛，菲律宾和澳大利亚也有记录。

407. 角胸隔藻（图版 LXXXI：838）

Mastogloia angulata Lewis 1861, p. 65, 2/4; Schmidt et al., 1874-1959, 197/4, 11; Boyer, 1927, p. 334; Hustedt, 1933, p. 465, f. 885; Proschkina-Lavrenko, 1950, p. 121, 41/12; Cleve-Euler, 1953, p. 58, f. 605; Van Landingham, 1967-1979, p. 2135; Stephens and Gibson, 1980b, p. 355, f. 1-9; Navarro, 1982, p. 37, XXV/5-6; Podzorski and Hakansson, 1987, p. 70, 27/2-3, 6, 13, 14; Paddock and Kemp, 1990, p. 76, f. 4, p. 87, f. 49a, b; Jin et al. (金德祥等), 1992, p. 62, 80/841, 942; Liu and Cheng (刘师成和程兆第), 1997, p. 251, 1/4.

壳面宽舟形，两端呈不明显的嘴状；壳面长 35-80 μm，长宽比为 1.4-2.5∶1；中节圆；壳缝直；中轴区狭；点条纹粗，三向排列；横点条纹略射出状，10 μm 10-12 条，斜点条纹 10 μm 也是 10-12 条；中央两个隔室较大，10 μm 1.5-2 个；隔室除两端外通达全缘。

生态：海水生活，近岸，温带至热带性种类。

分布：采自海南石岛的海藻洗液，永兴岛低潮带的海龟消化道，海南岛三亚天涯高、中潮带的沙滩上。此外，印度尼西亚苏拉威西岛的海参消化道，澳大利亚斯旺河口（很少），印度，地中海沿岸（常见），黑海，里海，咸海，科威特，坦桑尼亚，美国佛罗里达印第安河海草体表，波多黎各，长岛海峡都有记录并有化石记载。

408. 渐窄胸隔藻（图版 LXXXI：839）

Mastogloia angusta Hustedt 1933, p. 512, f. 940; Liu and Cheng (刘师成和程兆第), 1996, p. 284, f. 3-4.

壳面披针形，两端渐窄，嘴状端不明显；壳面长 28 μm，宽 6.5 μm，长宽比约 4.3∶1；壳面略波状；点条纹细，射出状，10 μm 约 23 条，但在光镜下难以分辨；隔室宽约 1 μm，离两端略有距离，室内缘凸，10 μm 约 7 个（Hustedt，1933：4 个）。

生态：海水生活。

分布：采自我国海南西沙群岛琛航岛低潮带的网胰藻的体表（3 月）。曾记录于美国康涅狄格州的莫里斯湾

409. **细尖胸隔藻**（图版 LXXXI：840；图版 CIX：1157-1160）

Mastogloia apiculata W. Smith 1856, p. 65, 62/387; Schmidt et al., 1874-1959, 185/43, 186/23, 187/40; Cleve, 1896, p. 15; Hustedt, 1933, p. 515, f. 946; Proschkina-Lavrenko, 1950, p. 124, 42/11; Van Landingham, 1967-1979, p. 2136; Stephens and Gibson, 1980a, p. 144, f. 1-7; Navarro, 1983, p. 120, f. 1-7; Jin et al. (金德祥等), 1992, p. 86, 87/1044.

壳面椭圆形，两端圆或嘴状缢缩；壳面长 18.3-47.9 μm，宽 8.7-19.7 μm（Cleve，1896：长 50-90 μm，宽 23 μm；Hustedt，1933：长 40-90 μm，宽 17-24 μm；金德祥等，1992：长 41 μm，宽 19 μm，长宽比约 2∶1）；壳缝直或轻微波浪状（Stephens and Gibson，1980b：波浪状）；横点条纹射出状，10 μm 不多于 20 条（Cleve，1896：15-19 条）；隔室大，方形，内缘平，10 μm 7-8 个，不通达两端。

本种与微尖胸隔藻 *M. acutiuscula* 相似，但后者隔室的内缘凸。

生态：海水生活。

分布：采自海南海藻洗液（8 月），海南西沙群岛琛航岛（3 月）低潮带的网胰藻体表、水下实验挂板；Cleve（1895）也曾在我国南海采到。此外，远东海域，澳大利亚的汉普郡和盐湖，印度尼西亚，吉布提，坦桑尼亚，地中海沿岸，美国佛罗里达印第安河海草体表也有记录。Hustedt（1933）报道本种从热带到温带都有分布。

410. **粗胸隔藻原变种**（图版 LXXXI：841）

Mastogloia aspera Voigt var. **aspera** 1942, p. 5, f. 31; Hustedt, 1959, p. 480, f. 901; Van Landingham, 1967-1979, p. 2136; Stephens and Gibson, 1980a, p. 144, f. 1-2; Jin et al. (金德祥等), 1992, p. 71, 84/993, 994.

壳面椭圆披针形，长 30-58 μm，宽 20-27 μm，长宽比为 1.5-2.3∶1（Hustedt，1933：长 30-50 μm，宽 20-27 μm）；壳端突然缢缩成嘴状；壳缝略波浪状；中节略圆，大小一般；孔纹粗，有次级结构（在相差显微镜下可见似蜂窝状六角形孔纹，其间还有一点状结构），中部横点条纹平行或略射出状排列，10 μm 11-13 条（Voigt，1942：未述；Hustedt，1933：13 条）；隔室除两端连接处外通达全缘，大小相等，10 μm 4-5 个；室内缘直。

本种与粗糙胸隔藻 *M. asperula* 和似粗胸隔藻 *M. asperuloides* 相似。Voigt（1942）曾讨论了它们的区别：粗糙胸隔藻横点条纹放射状程度较本种强，特别在其中部；似粗胸隔藻的横点条纹比本种密，10 μm 17-20 条，而本种为 11-13 条。

生态：海水生活，沿岸暖水种。

分布：采自海南西沙群岛的海藻洗液、黑海参消化道。此外，马来西亚，印度尼西亚的苏拉威西岛，大洋洲的塔希提岛，地中海沿岸均有记录。

粗胸隔藻披针变型（图版 LXXXII：842）

Mastogloia aspera f. **lanceolata** Ricard 1975a, p. 210, 3/29; Jin et al. (金德祥等), 1992, p.

72, 84/995.

本变型与原变种的差异是：前者两端披针形，几无嘴状缢缩，长 40-46 μm，宽 22-24 μm。

本变型的点纹和隔室似拟砖胸隔藻 M. pseudolatericia，只是端略呈嘴状。

生态：海水，底栖生活。

分布：采自海南西沙群岛琛航岛（3 月）低潮带的网胰藻体表。此外，大洋洲的塔希提岛也有记录。

411. 粗糙胸隔藻（图版 LXXXII：843）

Mastogloia asperula Grunow in Cleve, 1892a, p. 161, pl. 23, f. 12; Voigt, 1942, p. 6, f. 32; Van Landingham, 1967-1979, p. 2136; Jin et al. （金德祥等），1992, p. 72, 84/998.

本种与粗胸隔藻原变种 M. aspera var. aspera 的区别是：前者点条纹射出状较明显，特别在壳面的中部；隔室内缘直。

生态：海水生活。

分布：采自海南西沙群岛的黑海参消化道和海藻洗液。此外，印度尼西亚的苏拉威西岛和巴基斯坦也有记录（Voigt，1942）。

412. 似粗胸隔藻（图版 LXXXII：844）

Mastogloia asperuloides Hustedt 1959, p. 482, f. 902; Voigt, 1942, p. 6; Van Landingham, 1967-1979, p. 2137; Jin et al. （金德祥等），1992, p. 72, 84/996.

本种与粗胸隔藻原变种 M. aspera var. aspera 的区别是：前者横点条纹较密，10 μm 17-20 条；后者 10 μm 11-13 条。

生态：海水生活，暖水种。

分布：采自海南西沙群岛的黑海参消化道，浙江的舟山。此外，婆罗洲（加里曼丹岛），大洋洲的萨摩亚群岛也有记录。

413. 巴哈马胸隔藻（图版 LXXXII：845；图版 CIX：1161）

Mastogloia bahamensis Cleve 1895, p. 155; Schmidt et al., 1874-1959, 188/20, 21; Boyer, 1927, p. 337; Hustedt, 1933, p. 530, f. 963; Van Landingham, 1967-1979, p. 2137; Yohn and Gibson, 1982b, p. 283, f. 37a. b; Jin et al. （金德祥等），1992, p. 88, 87/1053, 1054.

壳面宽菱舟形，端圆或略嘴状；壳面长 37.1 μm，宽 16.3 μm（金德祥等，1992：长 40-65 μm，宽 22-26 μm，长宽比为 1.8-2.5：1）；壳缝强烈波浪状；中轴区在靠近中节处略膨大；点纹粗，横向延长，略射出状，三向交叉，10 μm 10-13 条；纵线强烈波浪状，10 μm 6-10 条；隔室等大，宽 3-3.5 μm，10 μm 9-12 个，内缘平。

本种类似肯定胸隔藻 M. affirmata（Hustedt，1933），但前者纵纹强烈波浪状，后者纵纹直或轻微波浪状。

生态：海水，底栖生活。

分布：采自海南海藻洗液（8 月），海南西沙群岛琛航岛（3 月）低潮带的海藻体表；Voigt（1952）也曾记录本种是海南岛沿岸非常普通的种类。此外，菲律宾，印度尼西亚的北苏门答腊、苏拉威西岛，新加坡，中美洲的大西洋沿岸，美国佛罗里达，大巴哈马岛也有记录。

414. 巴尔胸隔藻（图版 LXXXII：846）

Mastogloia baldjikiana Grunow 1893 in Schmidt et al., 1874-1959, 188/1, 2; Cleve, 1895, p. 158, 2/11; Hustedt, 1933, p. 550, f. 981; Van Landingham, 1967-1979, p. 2137; Ricard, 1975b, p. 55, f. 26-27; Foged, 1978, p. 77, 19/1a-2b; Navarro, 1982, p. 38, XXVI/3, 4; Paddock and Kemp, 1990, p. 99, f. 127; Jin et al. (金德祥等), 1992, p. 84, 86/1037; Liu (刘师成), 1993a, p. 708, 4/1-3.

异名：*Mastogloia neogena* Pantocsek 1892；*Navicula orphei* Pantocsek 1905；*Mastogloia pethoi* Pantocsek 1905；*Mastogloia kinkeri* Pantocsek 1905。

壳面椭圆至几乎菱形，端钝至嘴状突；壳面长 18-45 μm，宽 10-20 μm；壳缝直或波浪状；中轴区窄；中央区（界限不明显）向两侧扩大成"H"形侧区；点条纹射出状，10 μm 20-24 条；隔室远离壳端，大小相等，10 μm 5-6 个，宽 1.5-2.5 μm，内缘凸。

本种与瘦小胸隔藻 *M. exilis* 相似，但前者隔室带弧形，特别是小的标本，而后者隔室带与顶轴近平行。

生态：海水生活。

分布：采自海南西沙群岛琛航岛（3 月）低潮带的海藻体表。澳大利亚斯旺河口，塔希提岛，菲律宾的波拉，印度尼西亚的加里曼丹岛，亚得里亚海和苏联也有记录。

415. 柏列胸隔藻

Mastogloia bellatula Voigt 1963, p. 112, 21/6-8.

壳面椭圆披针形；壳面长 20-22 μm，宽 7.5-8 μm；端钝亚嘴状；壳缝直或轻微波浪状；中轴区狭，呈明显的披针形；中央区小；横点条纹 10 μm 18-20 条，中部平行，近两端转为射出状；隔室宽 1.5-1.7 μm，10 μm 约 4 个。

本种小型，极似瘦小胸隔藻 *M. exilis*，但前者有明显的披针形空区包围着壳缝。

生态：海水生活。

分布：采自我国南海。此外，亚得里亚海也有记录。

备注：由于文献不足，仅提供文字描述，缺图。

416. 双细尖胸隔藻（图版 LXXXII：847）

Mastogloia biapiculata Hustedt 1927 in Schmidt et al., 1874-1959, 368/11; Hustedt, 1933, p. 513, f. 943; Van Landingham, 1967-1979, p. 2138; Jin et al. (金德祥等), 1992, p. 92, 88/1070.

壳面椭圆舟形，两端缢缩成嘴状；壳面长 33 μm，宽 14 μm（Hustedt，1933：长 28-35 μm，宽 12-13 μm）；壳缝直，轴区狭，中节小；横点条纹略射出状，10 μm 21 条；纵纹略波浪状，10 μm 约 16 条；隔室大小相等，到达近端，室宽 1.5-2.5 μm，近方形，10 μm 8 个（Hustedt，1933：6-14 个）；隔室内缘平。

生态：海水，底栖生活。

分布：采自海南西沙群岛琛航岛（3 月）低潮带的网胰藻体表。此外，婆罗洲（加里曼丹岛），印度洋的塞舌尔也有记录。

417. 双标胸隔藻原变种（图版 LXXXII：848）

Mastogloia binotata (Grunow) Cleve var. **binotata** 1895, p. 148; Hustedt, 1959, p. 470, f. 889; Van Landingham, 1967-1979, p. 2138; Foged, 1975, p. 29, 12/7, 8; Ricard, 1975b, p. 51, II/9-11; Montgomery, 1978, 70/A-D, 118/C-H; Li (李家维), 1978, p. 793, 8/6, 7; Jin et al. (金德祥等), 1982, p. 99, 29/260, 261; Podzorski and Hakansson, 1987, p. 68, 26/6, 53/4; Jin et al. (金德祥等), 1992, p. 65; Liu (刘师成), 1994, p. 100, 1/2, 3.

异名：*Cocconeis binotata* Grunow 1863；*Diplochaete solitaria* F. S. Collins 1901。

光镜：壳面小，椭圆形，长 25 μm，宽 17 μm，长宽比为 1.5：1；端圆；壳缝直；中央区向两侧扩大成横置的狭舟形无纹区；点条纹交叉成梅花状排列；横点条纹放射状，10 μm 14 条（Boyer，1927：12 条）；隔室每侧有一个。

电镜：外壳面可见到一个圆形开口的眼纹被硅质膜所中断并由 2 个或更多的硅质肋与眼纹的内缘相连；膜位于眼纹的底部，并朝内壳开口；壳缝很狭，几乎直，其末端膨大或成泪滴形，并贯通硅质底层，其中端与中央区及末端与壳端之间都有一定的距离。

生态：海水，底栖生活。

分布：本种从热带到温带都有记录。采自福建厦门，台湾澎湖列岛的石莼（5 月）、马尾藻（12 月），海南西沙群岛琛航岛（3 月）低潮带的网胰藻的体表。此外，日本的长崎，大洋洲的塔希提岛，澳大利亚，吉布提，坦桑尼亚和美国佛罗里达印第安河的海草体表，地中海，英国，法国，西印度群岛和南非的好望角等地都有记录。

双标胸隔藻稀纹变型（图版 LXXXII：849）

Mastogloia binotata f. **sparsipunctata** Voigt 1952, p. 440, 3/21; Van Landingham, 1967-1979, p. 2139; Jin et al. (金德祥等), 1992, p. 65, 81/957, 958.

本变型与原变种的差异是前者更小，点纹更密（壳面长 14-15 μm，宽 10-11 μm；点条纹 10 μm 16 条）；横置于中央的无纹区不如原变种明显。

生态：海水生活。

分布：采自海南西沙群岛琛航岛（3 月）低潮带的网胰藻体表；Voigt（1952）在西沙群岛也采到过。

418. 伯里胸隔藻 （图版 LXXXII：850）

Mastogloia bourrellyana Ricard 1975, p. 210, III/30; Jin et al. (金德祥等), 1992, p. 91, 88/1067.

　　壳面长舟形，两端圆钝；壳面长 43-47 μm，宽 10 μm，长宽比为 4.3-4.7：1；壳缝略波浪状；中轴区窄，中节小；横点条纹细，射出状，10 μm 30-35 条；隔室大小相等，通达全缘，方形，10 μm 13-15 个。

　　本种与 *M. chersonensis* 相似，但前者隔室大小相等，较窄，长宽比为 4.3-4.7：1；后者隔室在两端和中央的较小，较宽，长宽比为 3.3-4：1。

　　本种与帕拉塞尔胸隔藻 *M. paracelsiana* 相似（Voigt，1952），但后者壳缝直；点条纹较粗，几乎平行，10 μm 17-21 条。

　　生态：海水生活。

　　分布：采自海南西沙群岛琛航岛（3 月）低潮带的海藻体表，海南岛三亚（11 月）高中潮区的沙滩。此外，大洋洲的塔希提岛也有记录（Ricard，1975）。

419. 布氏胸隔藻原变种 （图版 LXXXII：851；图版 CX：1162）

Mastogloia braunii Grunow var. **braunii** 1863, p. 156, pl. 4, f. 2; Van Heurck, 1896, p. 156, 2/66; Skvortzow, 1927, p. 104, f. 5; Jin (金德祥), 1951, p. 89; Voigt, 1956, p. 190, 1/1; Patrick and Reimer 1966, p. 302, 20/18-19; Van Landingham, 1967-1979, p. 2139; Stephens and Gibson, 1980c, p. 221, f. 1-4; Jin et al. (金德祥等), 1982, p. 93, 27/215, 217; Liu (刘师成), 1993a, p. 708, 4/7-8.

　　壳面宽舟形，或橄榄形，壳端圆或略尖，长 27.1 μm，宽 12.2 μm（金德祥等，1992：长 41-69 μm，宽 13-22 μm，长宽比约为 3.1：1）；壳缝轻微波浪状或直；中节大，扁形；中央区向两侧扩大成"H"形侧区（有时不明显）；点条纹平行或略呈放射状，10 μm 16 条（Cleve，1895：18-22 条；Patrick and Reimer，1966：15-20 条）；隔室齿状，数目多变，每侧有 16-18 个，中部隔室略大、10 μm 4.5-6 个，愈近壳端愈小、10 μm 8-8.5 个，末端的一个隔室呈三角形。

　　生态：半咸水、海水生活，也有化石记载。

　　分布：采自海南海藻洗液（8 月），福建的东山（8 月）、厦门（2 月、10 月）的潮间带和海藻；天津（Skvortzow，1927），南海（Voigt，1952）也有记录。此外，日本，新加坡，菲律宾，红海，黑海，地中海，北海，波罗的海，挪威，瑞典，芬兰和美国的加利福尼亚等地也有记载。

布氏胸隔藻延长变型 （图版 LXXXIII：852）

Mastogloia braunii f. **elongata** Voigt 1956, p. 190, 1/5; Hustedt, 1959, p. 551, f. 982; Patrick and Reimer, 1966, p. 302, 20/18-19; Van Landingham, 1967-1979, p. 2140; Foged, 1978, p. 77; Jin et al. (金德祥等), 1982, p. 93, 27/218-223; Liu (刘师成), 1993a, p. 708, 4/6.

本变型与原变种的区别是：前者长舟形，长宽比为 4.8：1，后者椭圆形，长宽比约为 3.1：1。

生态：半咸水生活，也生活于海水中。

分布：采自福建厦门（2 月、10 月）和南海的海藻。此外，曾记录于巴基斯坦的卡拉奇。

420. 枸橼胸隔藻（图版 LXXXIII：853；图版 CX：1163）

Mastogloia citroides Ricard 1975, p. 211, II/28; Jin et al. (金德祥等), 1992, p. 95, 89/1084.

壳面椭圆形，两端突然缢缩成头状；壳面长 19.3-20.7 μm，宽 8.8-9 μm（金德祥等，1992：长 20-25 μm，宽 10-12 μm，长宽比为 1.9-2：1）；中央区小；中轴区窄；横点条纹射出状，10 μm 18-20 条；隔室未通达两端，内缘凸，10 μm 6-7 个。

生态：海水生活。

分布：采自海南海藻洗液（8 月），海南西沙群岛永兴岛（3 月）、石岛（3 月）低潮带的海藻洗液。此外，大洋洲的塔希提岛也有记录（Ricard，1975）。

421. 柑桔胸隔藻（图版 LXXXIII：854）

Mastogloia citrus Cleve 1893 in Schmidt et al., 1874-1959, 187/16-19; Cleve, 1895, p. 157, 2/6; Boyer, 1927, p. 337; Hustedt, 1933, p. 519, f. 952; Van Landingham, 1967-1979, p. 2141; Jin et al. (金德祥等), 1992, p. 87, 87/1048.

壳面宽椭圆形，两端突然缢缩呈嘴状；壳面长 30-40 μm，宽 16-24 μm，长宽比为 1.6-1.8：1；壳缝略波浪状，位于两条平行肋之间；中节圆；点条纹细，射出状排列，中部的点条纹 10 μm 18 条；隔室相等，除两端外通达全缘，10 μm 9 个。

生态：海水生活。

分布：采自海南西沙群岛低潮带的海藻洗液，惠阳小桂珍珠场玻璃浮子，海南岛三亚榆林浮筒（11 月），山东威海。此外，印度尼西亚的拉布安，美国的夏威夷群岛，亚得里亚海，墨西哥的韦拉克鲁斯也有记录。

422. 卵形胸隔藻（图版 LXXXIII：855；图版 CX：1164）

Mastogloia cocconeiformis Grunow 1860, p. 578; Schmidt et al., 1874-1959, 188/43; Cleve, 1895, p. 149; Boyer, 1927, p. 331; Hustedt, 1959, p. 469, f. 888; Van Landingham, 1967-1979, p. 2142; Foged, 1975, p. 29; Montgomery, 1978, 116/A-C; Navarro, 1983, p. 120, f. 22, 23; Podzorski and Hakansson, 1987, p. 68, 29/4; Jin et al. (金德祥等), 1992, p. 67, 82/969, 970; Liu (刘师成), 1994, p. 101, II/3.

壳面正椭圆形；壳面长 43.3 μm，宽 38.1 μm（金德祥等，1992：长 25-80 μm，宽 20-60 μm，长宽比为 1.2：1）；横点条纹射出状，10 μm 12-15 条（Hustedt，1933：14-15 条），近隔室处不分为双列点纹；隔室大小相等，通达全缘，10 μm 8 个。

本种与光亮胸隔藻 *M. splendida* 相似，但前者横点条纹简单，始终一条；后者点条纹复杂，近隔室处分成 2 列。本种与复合胸隔藻 *M. composita* 也极相似（Voigt，1952），但后者点条纹 10 μm 19-22 条，比本种密。

生态：海水生活，暖海沿岸性。

分布：采自南海表层沉积物，海南西沙群岛琛航岛（3 月）低潮带的网胰藻洗液。此外，太平洋的波利尼西亚，印度洋，澳大利亚，新西兰，红海，地中海沿岸，马达加斯加，坦桑尼亚，欧洲和中美洲沿岸水域，波多黎各岛，阿根廷的恩里克，菲律宾的卡约、巴拉望岛均有记录。

423. 复合胸隔藻（图版 LXXXIII：856）

Mastogloia composita Voigt 1952, p. 442, 3/27；Van Landingham, 1967-1979, p. 2142; Jin et al. (金德祥等), 1992, p. 67, 82/971, 972; Liu (刘师成), 1994, p. 102, II/6.

壳面椭圆形，长 19.5-39 μm，宽 19-28 μm；壳缝略波浪状；中轴区很狭，中节小；横点条纹射出状，近壳缘不分成双列，10 μm 19-22 条；隔室大小均等，通达全缘，10 μm 4 个。

本种与卵形胸隔藻 *M. cocconeiformis* 相似，但后者点条纹较疏，10 μm 12-15 条；前者较密，10 μm 19-22 条。

本种也与筛胸隔藻 *M. cribrosa* 相似，但前者隔室狭，10 μm 4 个；后者隔室长方形，10 μm 3 个。

生态：海水生活。

分布：采自海南西沙群岛琛航岛（3 月）低潮带的网胰藻体表；Voigt（1952）也在西沙群岛采到过。此外，印度尼西亚诸岛也有记载。

424. 珊瑚胸隔藻（图版 LXXXIII：857）

Mastogloia corallum Paddock et Kemp 1988, p. 112, f. 17-25; Liu (刘师成), 1993a, p. 708, 4/9, 5/1.

壳面宽舟形，两端略呈嘴状突；壳面长 24-28 μm，宽 12-14 μm；肋纹细，近壳缘略粗，略射出状排列，10 μm 24-26 条，肋间有两列点纹；壳缝略波状；中央区小而圆；每边有 9-11 个隔室，中央隔室较大，室内缘凸。

生态：海水生活。

分布：采自我国海南西沙群岛琛航岛潮间带的海藻洗液。此外，百慕大群岛也有记录。

425. 考锡胸隔藻（图版 LXXXIII：858；图版 CX：1165）

Mastogloia corsicana Grunow in Cleve and Möller 1878, No. 153; Peragallo and Peragallo, 1897-1908, p. 34, 6/21, 22; Schmidt et al., 1874-1959, 358/9; Hustedt, 1959, p. 533, f. 966; Van Landingham, 1967-1979, p. 2142; Li (李家维), 1978, p. 793, 8/4, 5; Huang (黄

穰），1979, p. 199, 5/4; Yohn and Gibson, 1981, p. 643, f. 22-23; Jin et al. (金德祥等), 1982, p. 95, 28/243; Jin et al. (金德祥等), 1992, p. 90, 88/1062-1064.

壳面宽舟形，长 28.5-29.6 μm，宽 12.5-13 μm（金德祥等，1992：长 18-45 μm，宽 8-20 μm）；两端突然缢缩成略尖的嘴状端；壳缝强烈波浪状；中节宽，不对称；点条纹呈横放射状，10 μm 13-18 条，并有波浪状的纵线；隔室不达壳端，每列 9-14 个，10 μm 6-8 个，每个宽 1.5-2 μm。

生态：海水，底栖生活。

分布：采自福建漳港海水中（7 月），海南海藻洗液（8 月）；记录于海南西沙群岛琛航岛（3 月）低潮带的网胰藻体表，台湾澎湖列岛、兰屿的潮间带的海藻（5 月、10 月）。此外，欧洲南部热带海区，美国佛罗里达，大巴哈马岛也有记录。

426. 筛胸隔藻（图版 LXXXIII：859；图版 CX：1166-1168）

Mastogloia cribrosa Grunow 1860, p. 577, 7/10c; Boyer, 1927, p. 330; Hustedt, 1933, p. 546, f. 887; Li, 1978, p. 793; Van Landingham, 1967-1979, p. 2143; Foged, 1975, p. 30, 12/4, 5; Stephens and Gibson, 1979b, p. 502, f. 10-16; Navarro, 1982, p. 39; Navarro, 1983, p. 120, f. 28-29; Jin et al. (金德祥等), 1992, p. 66, 82/966-968; Liu (刘师成), 1994, p. 101, II/4, 5.

光镜：壳面宽椭圆形，长 37-60.9 μm，宽 28.7-47 μm（金德祥等，1992：长 35-43 μm，宽 28-33 μm，长宽比为 1.2-1.3：1）；壳缝呈轻微的波浪状；中轴区很狭；中央区几乎缺；点条纹三向交叉；横点条纹 10 μm 8-10 条，在近隔室处不分成双行；隔室长方形，10 μm 3 个，室内缘平。

本种似卵形胸隔藻 *M. cocconeiformis*，但后者的点条纹和隔室都较密，10 μm 分别为 12-15 条，8 个。

本种也类似光亮胸隔藻 *M. splendida*，但后者的点纹在隔室的位置内分成双列，前者始终为单列。

透射电镜（TEM）下结构：外壳面呈一带型，即壳面眼纹大小一致；壳缝直、狭，其中（末）端略膨大或泪滴状，贯通至硅质层，中端在稍大的中央区前停顿，末端在壳顶端前停止。

生态：海水生活。

分布：采自海南海藻洗液（8 月），香港潮间带及沙、船、珊瑚等附着和海藻洗液（1989 年 6 月），台湾澎湖列岛、兰屿的石莼（*Ulva* sp.）（12 月）和马尾藻（*Sargassum* sp.）（5 月），广东湛江潮间带和山东省青岛栈桥中潮带的石莼体表，西沙群岛琛航岛（3 月）低潮带的网胰藻洗液。此外，亚得里亚海，地中海沿岸，坦桑尼亚，美国长岛和佛罗里达印第安河海草体表，波多黎各岛，巴西，菲律宾的卡约，巴哈马也有记录。

427. 十字形胸隔藻原变种（图版 LXXXIV：860）

Mastogloia cruciata (Leuduger-Fortmorel) Cleve var. **cruciata** 1891, p. 65, 10/4; Cleve,

1895, p. 159; Schmidt et al., 1874-1959, 187/50; Boyer, 1927, p. 130; Hustedt, 1933, p. 546, f. 978; Voigt, 1942, p. 8, f. 5; Van Landingham, 1967-1979, p. 2143; Foged, 1975, p. 30, 14/3, 4; Huang (黄穰), 1979, p. 199, 5/8; Jin et al. (金德祥等), 1992, p. 83; Liu (刘师成), 1993a, p. 708, 4/4-5.

异名：*Navicula cruciata* Leuduger-Fortmorel 1879。

壳面菱舟形，在壳缘中部至近端略凹陷（从中部朝两端突然渐狭）；壳面长 38-122 μm，宽 21-57 μm（Hustedt, 1933：长 85-122 μm，宽 53-57 μm），长宽比为 1.8-2 : 1；壳缝直；中心区十字形不达边缘；壳缝两侧各有一个半舟形的侧区，大于壳面的 2/3（Hustedt, 1933：壳缘点条纹呈三向交叉排列，横点条纹射出状并延续至侧区、10 μm 12-13 条；金德祥等，1992：不超过 9-10 条）；隔室很狭，室宽约 1.5 μm，通达全缘，10 μm 3-4 个，室内缘凸。

生态：海水生活。

分布：采自海南。此外，哥伦比亚，印度和菲律宾也有记录。

十字形胸隔藻椭圆变种（图版 LXXXIV：861）

Mastogloia cruciata var. **elliptica** Voigt 1942, p. 8, f. 6; Van Landingham, 1967-1979, p. 2143; Liu et al. (刘师成等), 1984, p. 525; Jin et al. (金德祥等), 1992, p. 83, 86/1036; Liu (刘师成), 1993a, p. 710.

本变种与原变种的区别是：前者椭圆舟形，两端略呈轻微的缢缩；壳面长 76-158 μm，宽 35-57 μm，长宽比为 2.7 : 1；横点条纹射出状，10 μm 7-9 条；隔室狭，10 μm 2 个，内缘凸。原变种为菱舟形。

生态：海水生活。

分布：采自台湾兰屿的潮间带（10 月），海南（Voigt, 1942）。此外，印度尼西亚的苏拉威西岛和马来西亚也有记录。

428. 十字胸隔藻（图版 LXXXIV：862）

Mastogloia crucicula (Grunow) Cleve 1895, p. 148; Hustedt, 1959, p. 475, f. 894; Van Landingham, 1967-1979, p. 2143; Foged, 1975, p. 30, 14/3; Li (李家维), 1978, p. 793, 8/8, 9; Montgomery, 1978, 119/A-E; Stephens and Gibson, 1979b, p. 502, f. 17-19; Navarro, 1982, p. 39; Navarro, 1983, p. 120, f. 30, 31; Podzorski and Hakansson, 1987, p. 68, 25/5; Jin et al. (金德祥等), 1992, p. 65, 81/959-960; Liu (刘师成), 1994, p. 100, I/4-5.

异名：*Orthoneis crucicula* Grunow 1877。

光镜：壳面椭圆形，长 23 μm，宽 10 μm；隔室每侧 4 个；中央区向两侧扩大成横置的长条形无纹区；点条纹略呈放射状，10 μm 22 条。

TEM 下的结构：斑纹卵形至圆形，通常不闭塞；壳缝被加厚的轴肋所界；壳缝末（中）端相同，似逗号，离中央区有 1 短的距离；中央区有 1 横的加厚，与壳面同宽；壳面通常有 4 个隔室，每室有 1 个大的室孔，室表面有很细的横列斑纹，10 μm 75-90 列。

生态：海水，底栖生活。

分布：记录于台湾澎湖列岛的马尾藻（2月、5月）上，海南西沙群岛琛航岛（3月）低潮带的网胰藻体表。澳大利亚，美国佛罗里达印第安河，菲律宾的巴拉望岛，拉丁美洲的洪都拉斯，亚得里亚海也有记载。

429. 异极胸隔藻（图版 LXXXIV：863）

Mastogloia cucurbita Voigt 1952, p. 442, 1/4; Van Landingham, 1967-1979, p. 2143; Jin et al. (金德祥等), 1992, p. 80, 86/1027; Liu (刘师成), 1993a, p. 710.

壳面异极形，大端呈头状缢缩，小端渐狭至末端略呈嘴状；壳面长 30-41 μm，宽 10-16 μm，长宽比为 2.5-3：1；壳缝轻微波浪状或直；横点条纹射出状，10 μm 22-24 条；中轴区狭；中央区左右扩大成横带状，并在壳缝两侧扩大成"H"形侧区；隔室带近弓形，不通达全缘，大小几相等，10 μm 3 个，室宽 2-2.5 μm，室内缘凸。

Voigt（1952）报道，本种可能被误认为鱼形胸隔藻 *M. pisciculus* 的变型，而且它们通常在一起，但本种壳面形状似异极藻属（*Gomphonema*）。

生态：海水生活。

分布：Voigt（1952）记录采自海南岛。

430. 楔形胸隔藻（图版 LXXXIV：864）

Mastogloia cuneata (Meister) Simonsen 1990, p. 134, f. 76-111; Heiden and Kolbe, 1928, p. 657; Hustedt, 1933, p. 567, f. 1000; Meister 1937, p. 268, 9/9; Schmidt et al., 1874-1959, 185/42, 368/8, 9; Ricard, 1974, p. 140, 3/8; Foged, 1978, p. 80, 19/6, 7; Van Landingham, 1967-1979, p. 2168; Stephens and Gibson, 1980b, p. 359, f. 33-39; Liu and Cheng (刘师成和程兆第), 1997, p. 250-251, III/7.8; Cheng and Liu (程兆第和刘师成), 1997, p. 89, 1/4; Jin et al. (金德祥等), 1992, p. 61, 80/936, 937.

光镜：壳面舟形，长 30-55 μm，宽 5-7 μm，宽度小于 10 μm；壳缝轻微波浪状；中轴区狭；横点条纹略射出状，在中央 10 μm 35-38 条，朝两端更密、10 μm 约 40 条；壳面横轴两侧的隔室不等形，一端大另一端小，大隔室宽 1 μm、长 0.7-0.8 μm，小隔室宽 0.5 μm、长 0.5-0.7 μm。

电镜：壳面舟形，通常楔形端，末端圆；壳面长 18-47 μm，宽 4-8 μm（Simonsen，1990：长 18-56 μm，宽 4.5-8.5 μm），壳面两端不对称，一端略宽于另一端；中轴区很狭，呈偏心的小披针形；横点条纹略呈射出状排列，近两端呈平行排列，10 μm 46 条（Simonsen，1990：10 μm 34-45 条），在光镜下难以分辨；壳缝稍呈波浪状，末端都同向弯曲。横轴两侧的隔室环不对称，一端宽于另一端；大端隔室的宽为 0.75-2 μm，10 μm 8-12 室；小端隔室的宽为 0.25-0.75 μm，10 μm 12-21 室。大隔室的隔室管非常明显地朝顶轴弯曲，小隔室管的走向在光镜下不明显。

本种极似不等胸隔藻 *M. inaequalis*，Hustedt（1933）报道，二种区别在于壳面宽度：前者壳面宽约 5 μm，后者壳面宽超过 10 μm（电镜下）。Foged（1978）指出本种与 *M.*

gomphonemoides var. *cuneata* 有很密切的亲缘关系。

生态：海水生活。

分布：采自我国海南西沙群岛琛航岛低潮带的网胰藻洗液及海南岛三亚潮间带。此外，古巴，波多黎各，巴西，好望角，贝尔德岛，萨尔岛，日本的长崎，波利尼西亚，智利，印度尼西亚的婆罗洲（加里曼丹岛），菲律宾的波拉，澳大利亚东部，印度的卡普，坦桑尼亚，亚得里亚海，约旦的利桑和美国佛罗里达印第安河也有记录。

431. 圆圈胸隔藻 （图版 LXXXIV：865；图版 CXI：1169）

Mastogloia cyclops Voigt 1942, p. 8, f. 8; Van Landingham, 1967-1979, p. 2144; Huang (黄穰), 1979, p. 200, 5/7; Stephens and Gibson, 1980a, p. 144, f. 8-14; Jin et al. (金德祥等), 1992, p. 89-90, 88/1058, 1059.

壳面椭圆舟形，两端略呈嘴状突；壳面长 27.4-37.6 μm，宽 9.9-15.6 μm（金德祥等，1992：长 30-45 μm，宽 22-26 μm，长宽比为 1.8-2：1）；壳缝强烈波浪状；中轴区窄；中节小；中央区小，在中央区旁有 1 圆形眼点；点条纹平行，10 μm 21-22 条，纵线略波浪状；隔室大小相等，通达近端，10 μm 10-12 个。

本志标本两端嘴状突同 Stephens 和 Gibson（1980a），较 Voigt（1942）明显。

生态：海水生活。

分布：采自海南海藻洗液（8 月），台湾兰屿的潮间带（10 月），海南西沙群岛琛航岛（3 月）低潮带的网胰藻体表。此外，日本的长崎，印度，坦桑尼亚和美国佛罗里达印第安河海草体表也有记录。

432. 迷惑胸隔藻 （图版 LXXXIV：866；图版 CXI：1170，1171）

Mastogloia decipiens Hustedt 1933, p. 504, f. 929; Van Landingham, 1967-1979, p. 2145; Jin et al. (金德祥等), 1992, p. 93, 89/1073, 1074.

壳面椭圆舟形，两端缢缩成嘴状；壳面长 16.9-27.4 μm，宽 8-12.7 μm（Hustedt，1933：长 20-40 μm，宽 10-13 μm；金德祥等，1992：长 32 μm，宽 14 μm，长宽比约为 2.3：1）；壳缝直；中轴区很狭；横点条纹射出状，10 μm 26-28 条（Hustedt，1933：26-28 条，纵纹 10 μm 26-28 条）；隔室宽 1.5 μm（Hustedt，1933：1.5 μm），呈方形，10 μm 7 个（Hustedt，1933：7-8 个），达近端，内缘凸。

生态：海水种。

分布：采自海南海藻洗液（8 月），海南西沙群岛琛航岛（3 月）低潮带的网胰藻体表。此外，北亚得里亚海和坦桑尼亚也有记录。

433. 叉纹胸隔藻 （图版 LXXXIV：867；图版 CXI：1172-1175）

Mastogloia decussata Grunow in Cleve, 1892a, p. 162, 23/17; Schmidt et al., 1874-1959, 186/40-44; Cleve, 1895, p. 147; Hustedt, 1959, p. 493, f. 917; Van Landingham,

1967-1979, p. 2145; Ricard, 1975b, p. 55, III/23-25; Li (李家维), 1978, p. 793, 9/1-2; Jin et al. (金德祥等), 1982, p. 98, 29/259; Jin et al. (金德祥等), 1992, p. 75, 84/1006.

壳面舟形，长 81.5-116.7 μm，宽 27.4-34 μm（Cleve, 1895：长 70-130 μm，宽 22-27 μm；金德祥等，1982：长 78 μm，宽 26 μm）；隔室不达壳端，每列约 60 个，大小几乎相等，宽 4.4 μm，长约 1 μm，10 μm 7-9 个（金德祥等，1982：隔室每列约 73 个，10 μm 16-18 个）；点条纹细，呈交叉排列，10 μm 22-25 条。

金德祥等（1992）报道，本种很像新加坡胸隔藻 M. singaporensis，但后者壳面较小（壳面长 50-77 μm，宽 13-20 μm）；隔室宽小于 4 μm，略方形，10 μm 5-7 个；前者壳面较大（壳面长 70-130 μm，宽 22-27 μm）；隔室宽大于 4 μm，较扁，10 μm 7-10 个。

生态：海水，底栖生活。

分布：采自海南海藻洗液（8 月）；记录于台湾澎湖列岛石莼（5 月），海南西沙群岛永兴岛潮下带的海藻洗液。此外，印度尼西亚的苏拉威西岛，印度，大洋洲的塔希提岛，科威特，坦桑尼亚，塞舌尔和美国的夏威夷群岛等沿岸也有记录。

434. 齿纹胸隔藻（图版 LXXXIV：868）

Mastogloia densestriata Hustedt 1933, p. 513, f. 941; Van Landingham, 1967-1979, p. 2145; Jin et al. (金德祥等), 1992, p. 92, 88/1069.

壳面椭圆形，有嘴状端，长 13 μm，宽 5 μm（Hustedt, 1933：长 14 μm，宽 6 μm）；壳缝近中节处略偏向一侧；中轴区很窄；点条纹略射出状排列，极细，10 μm 约 30 条，未见纵线；隔室很窄，宽约 0.75 μm，大小相等，到达近端，内缘凸，10 μm 5 个。

本种隔室似 M. parva，但前者壳面更小；点条纹更细，中节偏向一侧。后者壳缝直；点条纹较粗，10 μm 23 条。

生态：海水，底栖生活。

分布：采自海南西沙群岛琛航岛（3 月）、石岛（3 月）低潮带的海藻洗液。此外，印度尼西亚的婆罗洲（加里曼丹岛）也有记录。

435. 凹陷胸隔藻（图版 LXXXIV：869）

Mastogloia depressa Hustedt 1933, p. 554, f. 986; Van Landingham, 1967-1979, p. 2145; Liu (刘师成), 1993a, p. 710, 5/9-11; Liu and Cheng (刘师成和程兆第), 1996, p. 284, f. 5.

壳面椭圆披针形，端略嘴状，长 24 μm，宽 9 μm；壳缝直或略波状；中轴区很窄；中央区略宽；横点条纹射出状，10 μm 24 条，它与细的不规则的纵列交叉，在中线两侧各有 1 个半披针形的凹陷，凹陷内结构微细，沿中轴两侧各有 1 列粗斑纹；室宽约 1 μm，除端外通达全缘，等型，室内缘凸，10 μm 约 4 室。

生态：海水生活。

分布：采自我国海南西沙群岛琛航岛低潮带的网胰藻的体表（3 月）。塞舌尔，巴纽尔斯和塞特港也有记录。

436. 双头胸隔藻（图版 LXXXIV：870；图版 CXII：1176）

Mastogloia dicephala Voigt 1942, p. 9, f. 7; Van Landingham, 1967-1979, p. 2145; Foged, 1975, p. 30; Jin et al. (金德祥等), 1992, p. 93, 88/1072.

　　壳面舟形，两端略缢缩成嘴状，长 23-24 μm，宽 9.7-10 μm（Voigt，1942：长 23-33 μm，宽 10-12.5 μm），长宽比约为 2.4∶1；壳缝直；中轴区狭；点条纹射出状，10 μm 24 条（Voigt，1942：22-23 条）；隔室等大，每侧只在中段有 3 个，室宽 1.5-2 μm，内缘凸。

　　本种类似迷惑胸隔藻 *M. decipiens*（Hustedt, 1933），但前者点条纹较粗；隔室每侧只有 3 个，内缘更凸。后者点条纹更细，10 μm 26-28 条；隔室多于 3 个，室内缘不如本种凸。

　　生态：海水，底栖生活。

　　分布：采自海南海藻洗液（8 月），海南西沙群岛琛航岛（3 月）低潮带的海藻洗液和海南岛三亚榆林浮筒（11 月）。此外，印度尼西亚的苏拉威西岛，新加坡，东亚和坦桑尼亚也有记录。

437. 异胸隔藻（图版 LXXXV：871；图版 CXII：1177，1178）

Mastogloia dissimilis Hustedt 1933, p. 492, f. 916; Voigt, 1942, p. 9; Van Landingham, 1967-1979, p. 2145; Jin et al. (金德祥等), 1992, p. 74, 84/1005.

　　壳面舟形，两端突然缢缩成嘴状（常呈头状端）；壳面长 35.4-50 μm，宽 9.3-15 μm，长宽比约为 3.3∶1；壳缝略波浪状；中轴区很狭；中央区略横向膨大；点条纹三向交叉；横点条纹略射出状，10 μm 27 条；隔室除两端外，通达全缘；隔室略方形，室宽 1.5-2 μm，10 μm 5-6 个，内缘凸。

　　本种与叉纹胸隔藻 *M. decussata* 很相似，但前者两端呈嘴状突，室宽 1.5-2 μm；后者端尖，室宽约 4 μm。Voigt（1942）报道本种经常与叉纹胸隔藻 *M. decussata* 同时出现。

　　生态：海水生活，世界性种类。

　　分布：采自海南海藻洗液（8 月），山东威海（Voigt，1942）。此外，新加坡，印度尼西亚的苏拉威西岛，印度洋的塞舌尔等地也有记录。

438. 优美胸隔藻（图版 LXXXV：872）

Mastogloia elegantula Hustedt 1933, p. 541, f. 975; Voigt, 1942, p. 10, f. 11; 1952, p. 442; Van Landingham, 1967-1979, p. 2146; Jin et al. (金德祥等), 1992, p. 83, 86/1035; Liu (刘师成), 1993a, p. 710.

　　壳面菱形，在中部和两端之间呈轻微的凹陷；壳面长 33-65 μm，宽 18-20 μm，长宽比为 2-3∶1；壳缝轻微波浪状；中央区向两侧扩大成 "H" 形侧区，约占壳面的 1/2，其间有 2 行隐约可见的纵列点纹；横点条纹仅在边缘，射出状，10 μm 约 15 条 [Voigt（1942）和 Hustedt（1933）分别记录的是 18 条和 20 条，但 Voigt（1942）的图是 15 条，被略弯曲的波浪状的纵线所交]；隔室不明显，室宽为 0.75-1 μm，通达全缘，10 μm 约 3 个，内缘凸。

本种与勒蒙斯胸隔藻 *M. lemniscata* 相似（Hustedt，1933），但前者壳面的中部和两端之间略呈凹陷；隔室 10 μm 3 个。后者壳面中部和壳端间不凹陷；隔室 10 μm 6-7 个。

生态：海水生活。

分布：采自海南西沙群岛琛航岛（3 月）低潮带的网胰藻洗液；海南岛的三亚也曾有记录（Voigt，1942）。此外，印度尼西亚的苏拉威西岛，印度的安达曼群岛，科威特也有报道。

439. 椭圆胸隔藻原变种（图版 LXXXV：873）

Mastogloia elliptica (Agardh) Cleve var. **elliptica** 1895, p. 152; Hustedt, 1959, p. 501, f. 927a; Van Landingham, 1967-1979, p. 2146; Jin et al. (金德祥等), 1982, p. 96, 28/246-248.

异名：*Frustulia elliptica* C. Agardh 1824；*Amphora elliptica* (Agardh) Kützing 1844；*Mastogloia dansei* var. *elliptica* (C. Agardh) Grunow 1880。

壳面椭圆形，长 28-45 μm，宽 10-18 μm；壳端略呈楔形；中节小，菱形，很明显；隔室不达两端，大小相等，10 μm 7-8 个；点条纹放射状，10 μm 20 条，在中部长短相间。

生态：淡水和海水生活。

分布：采自福建厦门。此外，冰岛，阿尔巴尼亚，波罗的海，白俄罗斯，比利时，英国，爱尔兰，法国，德国，荷兰，北马其顿，波兰，罗马尼亚，斯堪的纳维亚，塞尔维亚，斯洛伐克，西班牙，瑞典，乌克兰，加拿大，美国，墨西哥，阿根廷，巴西，智利，古巴，布隆迪，肯尼亚，塞内加尔，埃及，伊朗，伊拉克，以色列，土耳其，印度，蒙古国，俄罗斯，澳大利亚等均有记录。

椭圆胸隔藻丹氏变种（图版 LXXXV：874）

Mastogloia elliptica var. **dansei** (Thwaites) Cleve 1895, p. 152; Skvortzow, 1927, p. 104, f. 8; Jin (金德祥), 1951, p. 89; Hustedt, 1959, p. 501, f. 927b; Patrick and Reimer, 1966, p. 300, 20/20-23; Stoermer, 1967, p. 73-77, f. 1-19; Van Landingham, 1967-1979, p. 2147; Jin et al. (金德祥等), 1982, p. 96, 28/246-248.

异名：*Dickieia dansei* Thwaites 1848；*Mastogloia dansei* (Thwaites) Thwaites ex W. Smith 1856。

壳面狭椭圆形至舟形，长 31 μm，宽 11 μm，长宽比约为 3∶1；壳端楔形；壳缝波浪状，位于针形的中轴区内；中央区大；点条纹粗，放射状，10 μm 18 条，中部的点条纹长短相间；隔室大，不达壳端，每侧 11 个，10 μm 8-9 个。

本变种与原变种的区别是：前者壳面狭；点条纹略粗和隔室较密。

Stoermer（1967）认为格氏胸隔藻 *M. grevillei* 和椭圆胸隔藻丹氏变种 *M. elliptica* var. *dansei* 壳面的一般形态几乎一样，只有点条纹粗细之别。他观察了大量的细胞之后，发现有 0.5%的细胞上下壳不同，一壳面具粗点条纹，类似格氏胸隔藻；另一壳面具点条纹，类似椭圆胸隔藻丹氏变种。所以他认为它们是同一种，但他没有指出该订为哪一种。至于为何同一细胞的上下壳面有点条纹粗细之别，他认为是生活史中出现的一种现象或是由于生境不同而发生的变异，故还有待于进一步研究。金德祥等（1982）认为本种的点条纹特征更像椭圆胸隔藻原变种，故订为椭圆胸隔藻丹氏变种。

Stoermer（1967）指出劲直胸隔藻 *M. recta* 和劲直胸隔藻美丽变种 *M. recta* var. *pulchella* 也应订为椭圆胸隔藻丹氏变种。我们同意他的看法。

生态：半咸水和盐水，底栖生活。

分布：采自福建厦门，也记录于天津（Skvortzow，1927）。此外，巴基斯坦的卡拉奇，英国，美国，苏联内陆盐水湖（巴尔喀什湖、里海、中亚细亚、吉尔吉斯斯坦、西伯利亚、远东及鞑靼斯坦共和国的盐水湖）等的沉积化石材料中和列宁格勒州的坚冰沉积物内都有记载。

440. 微缺胸隔藻（图版 LXXXV：875）

Mastogloia emarginata Hustedt 1925 in Schmidt et al., 1874-1959, 258/8; Hustedt, 1933, p. 477, f. 896; Voigt, 1942, p. 10; Van Landingham, 1967-1979, p. 2147; Montgomery, 1978, 117/E, F; Paddock and Kemp, 1990, f. 80; Jin et al. (金德祥等), 1992, p. 69, 83/979-981; Liu (刘师成), 1994, p. 104, III/10-11.

光镜：壳面长 16-19 μm，宽 8 μm；壳缝轻微波浪状；中轴区很狭；中部横点条纹平行，近两端略射出状，10 μm 22 条；纵纹几乎与横纹垂直，交错呈波状，10 μm 约 16 条；隔室除两端外通达全缘，室内缘中央凹，10 μm 约 2 个。

在扫描电镜（SEM）和 TEM 下的结构：外壳面的横纹与略波状的纵肋垂直波状交叉成略延长的开口；壳缝波状，中端略膨大成泪滴形，终止于中央区和壳端前。

本种与胚珠胸隔藻 *M. ovulum* 很相似，但前者纵线较稀，10 μm 约 16 条；后者纵线较密，10 μm 20 条。

生态：海水生活。

分布：采自我国海南西沙群岛琛航岛（3 月）低潮带的网胰藻洗液及浙江舟山（Voigt，1942）。此外，印度尼西亚的婆罗洲（加里曼丹岛）也有记录。

441. 红胸隔藻原变种（图版 LXXXV：876）

Mastogloia erythraea Grunow var. **erythraea** 1860, p. 577, 7/4(5/4); Schmidt et al., 1874-1959, 186/25, 26, 27, 36, 38; Cleve, 1895, p. 154; Peragallo and Peragallo, 1897-1908, p. 34, 6/16, 18, 19, 20; Boyer, 1927, p. 336; Hustedt, 1933, p. 524, f. 959a-c; Montgomery, 1978, 122/G-H, 123/A-H, 130/H, 131/D; Van Landingham, 1967-1979, p. 2147; Stephens and Gibson, 1979a, p. 21-32, 1980b, p. 355, f. 10-17; Navarro, 1982, p. 39; Navarro et al., 1989, p. 348, f. 47-48; Paddock and Kemp, 1990, p. 84, f. 37a, 37b; Jin et al. (金德祥等), 1992, p. 64, 81/952-954; Liu and Cheng (刘师成和程兆第), 1997, p.

251, I/5, 6, 8-10, II/1; Lobban et al., 2012, p. 272-273, pl. 27, f. 10, 11, pl. 28, f. 1, 2.

光镜：壳面舟形到菱椭圆形，两端略嘴状或尖；壳面长 23-80 μm，宽 6-18 μm；壳缝近中节处呈波状，两旁有纵肋；中轴区窄，中节长椭圆形；横点条纹略呈射出状，10 μm 19-25 条；纵纹明显，略波浪状，10 μm 16-20 条；隔室大小不等，10 μm 9-15 个，通达近端，每侧上下各插有 1 至数个较大的隔室；中节两侧的隔室较小。

电镜：壳面舟形至菱椭圆形，两端略嘴状或尖；壳面长 23-80 μm，宽 6-18 μm；点条纹 10 μm 19-25 条；大隔室宽 2-3 μm、长 2-4.5 μm，小隔室宽 1-2 μm、长 0.5-2 μm；壳面外观的网眼纹呈横的肺泡状，内面观有内网眼纹，在 TEM 下可见由纵肋所分割的波浪状排列的纵线，网眼纹侧面的硅质肋片基面的硅质层把斑纹横向分开。近中端的外壳缝（1/9）在壳面上垂直凸起，其末端近壳缘同向弯曲至壳套；内壳缝直，其端节横向膨大成喇叭塞；壳缝两侧被狭的不甚明显的纵肋所界；隔室环延伸至壳端，大隔室位于环的中部和端部之间，室内缘凸，朝室环端的隔室渐狭，所有小隔室的表面都布满似横点条纹状斑纹（10 μm 约 100 条），只有大隔室的斑纹仅位于隔室表面的中央部分。

生态：海水生活。

分布：采自海南西沙群岛琛航岛（3 月）低潮带的网胰藻体表；Voigt（1952）也在南海附近记录过。此外，澳大利亚斯旺河口的底栖样品中，大洋洲的加罗林群岛，吉布提，红海，科威特，欧洲地中海沿岸，坦桑尼亚，洪都拉斯，美国佛罗里达印第安河，大巴哈马岛都有记录。

红胸隔藻双眼变种（图版 LXXXV：877）

Mastogloia erythraea var. **biocellata** Grunow 1877, p. 174, 194/15; Cleve, 1895, p. 154; Peragallo and Peragallo, 1897-1908, p. 35, 6/17; Boyer, 1927, p. 336; Hustedt, 1933, p. 526, f. 959d; Van Landingham, 1967-1979, p. 2148; Paddock and Kemp, 1990, p. 48, f. a, b; Jin et al. (金德祥等), 1992, p. 64, 81/955; Liu and Cheng (刘师成和程兆第), 1997, p. 252, 1/7.

本变种区别于原变种的是在壳缘中央有 2 个大的隔室。

生态：海水，底栖生活。

分布：采自海南西沙群岛琛航岛（3 月）低潮带的网胰藻体表。此外，也记录于洪都拉斯，欧洲地中海沿岸。

红胸隔藻椭圆变种（图版 LXXXV：878）

Mastogloia erythraea var. **elliptica** Voigt 1967, 10, p. 55, f. 4, 5; Cheng and Liu (程兆第和刘师成), 1997, p. 89, pl. 1/1.

本变种比原变种更椭圆形。

生态：海水，底栖生活。

分布：采自我国海南西沙群岛琛航岛低潮带的网胰藻体表；Voigt（1967）也记录采自海南岛，但未标明海南岛的什么地方。

红胸隔藻格鲁变种（图版 LXXXV：879）

Mastogloia erythraea var. **grunowii** Foged 1984, p. 52, 36/4-5; Navarro et al., 1989, p. 350, f. 49; Cheng and Liu (程兆第和刘师成), 1997, p. 89, pl. 1/2; Liu and Cheng (刘师成和程兆第), 1997, p. 252, f. 1/4(3); Lobban et al., 2012, p. 273, pl. 28, f. 3.

壳面披针形，末端延长；壳面长 26 μm，宽 10 μm；点条纹 10 μm 内 26 条，较大隔片宽 2.4 μm，较小隔片宽 1 μm（Lobban et al., 2012）；壳缝曲折，孔纹四边形；点条纹轻微辐射状排列，内壳缝两边具弱硅质的线性不连续纵肋；隔片大小和形状均不同，2个较大隔片分布在壳面两侧对角线方向。

生态：海水，底栖生活。

分布：采自我国海南西沙群岛琛航岛低潮带的网胰藻体表。此外，波多黎各也有记录。

442. 简单胸隔藻（图版 LXXXV：880）

Mastogloia exigua Lewis 1861, p. 65, 2/5; Hustedt, 1933, p. 569, f. 1003; Van Landingham, 1967-1979, p. 2148; Navarro, 1982, p. 39, pl. XXVI/1, 2; Liu and Cheng (刘师成和程兆第), 1996, p. 284, f. 6.

壳面椭圆至椭圆披针形，两端轻微缢缩，所见标本壳面长 27 μm，宽 13 μm（Hustedt, 1933：长 25-40 μm，宽 9-11 μm）；壳缝直；中轴区很狭；中央区小（Hustedt, 1933：中央区小，通常有些横向膨大）；横点条纹射出状，10 μm 24 条（Hustedt, 1933：20-24 条）；纵线非常细，在光镜下难以见到；隔室等型，通常仅位于中段，每边 2-6 个，室宽 2 μm，10 μm 3 个（Hustedt, 1933：宽 2-2.5 μm，10 μm 2.5-4 个）。

Kemp 和 Paddock（1900）报道本种经常与 *M. gieskesii*、矮小胸隔藻 *M. pumila*、瘦小胸隔藻 *M. exilis* 和 *M. pseudoexigua* 一起出现，这些种类似乎形成一个天然的生态群。Hustedt（1933）把本种放在不等组（Inaequales），刘师成和程兆第（1996）认为放在披针组（Lanceolatae）更妥，因为隔室大小差异不大。

生态：在半咸水和海水中生活。

分布：采自我国海南西沙群岛琛航岛低潮带的网胰藻体表（3 月）。波罗的海和美国佛罗里达的红树林根部也有分布。

443. 瘦小胸隔藻（图版 LXXXV：881）

Mastogloia exilis Hustedt 1933, p. 553, f. 985; Van Landingham, 1967-1979, p. 2149; Jin et al. (金德祥等), 1992, p. 78, 85/1017; Liu (刘师成), 1993a, p. 710, 5/6-8.

壳面宽舟形，两端呈明显的嘴状突，末端钝圆；壳面长 11 μm，宽 5.6 μm（Hustedt, 1933：长 15-20 μm，宽 6-8 μm），长宽比为 2-3：1；壳缝直；中轴区很窄，在壳缝两侧各有 1 个半舟形的侧区，通过中央区相连成 "H" 形；横点条纹射出状，细，10 μm 33 条；壳缝两侧纵线隐约可见，大隔室位于中央；隔室带几与顶轴平行，10 μm 4-5 个，不通达壳端，室内缘凸。

本种与巴尔胸隔藻 *M. baldjikiana* 相似，但前者隔室与顶轴平行，而后者隔室带强凸，特别是小型的标本。

生态：海水生活。

分布：采自海南西沙群岛琛航岛（3 月）低潮带的网胰藻体表，永兴岛（3 月）低潮带的海兔消化道。此外，印度，马来西亚（常有）和澳大利亚也有记录。

444. 假胸隔藻（图版 LXXXV：882）

Mastogloia fallax Cleve 1895, p. 153, 2/16; Hustedt, 1933, p. 504, f. 930; Van Landingham, 1967-1979, p. 2149; Jin et al. (金德祥等), 1992, p. 92, 89/1071.

壳面舟形，两端不明显或明显嘴状突，近乎尖圆；壳面长 39-42 μm，宽 18-19 μm（Cleve，1933：长 45-47 μm，宽 18 μm；Hustedt，1933：长 30-47 μm，宽 14-18 μm），长宽比为 2.2∶1；壳缝略波浪状；中轴区不明显；中央区略呈不规则扩大；点条纹平行或略射出状，10 μm 18 条（Cleve，1895：10 μm 10 条；Hustedt，1933：10 μm 7-10 条）。

本种与披针胸隔藻 *M. lanceolata* 相似（Hustedt，1933），但前者点条纹全部平行或射出状，而后者点条纹在中部呈射出状，两端呈会聚状排列。

生态：海水生活。

分布：采自海南西沙群岛琛航岛（3 月）低潮带的海藻洗液；Voigt（1942）曾在福建采到过。此外，印度尼西亚的爪哇，新加坡，婆罗洲（加里曼丹岛），印度洋的塞舌尔也有记录。

445. 束纹胸隔藻（图版 LXXXVI：883）

Mastogloia fascistriata Liu et Chin 1980, p. 110, f. A; Jin et al. (金德祥等), 1992, p. 97, 28/251, 252.

壳面宽舟形，壳端尖圆或略呈嘴状，长 57 μm，宽 19 μm，长宽比为 3∶1；壳缝直，位于两条纵肋之间；点条纹近乎平行或略放射状，每 3-8 行横点条纹间有 1 空隙；隔室小，不明显，不达壳端，每列 26 个，10 μm 6 个。

生态：海水，底栖生活。

分布：采自福建厦门钟宅的海藻。

446. 睫毛胸隔藻（图版 LXXXVI：884；图版 CXII：1179，1180）

Mastogloia fimbriata (Brightwell) Cleve 1895, p. 148; Jin (金德祥), 1951, p. 89; Hustedt, 1959, p. 464, f. 884; Van Landingham, 1967-1979, p. 2149; Foged, 1975, p. 31, pl. 13/3, 14/1; Montgomery, 1978, 70/E-G, 117/G-H; Li (李家维), 1978, p. 793, 8/1, 2; Stephens and Gibson, 1979b, p. 504, f. 25-32; Navarro, 1982, p. 39; Jin et al. (金德祥等), 1982, p. 99, 29/263, 264; Navarro, 1983, p. 121, f. 34-37; Podzorski and Hakansson, 1987, p. 69, 6/2, 3; Paddock and Kemp, 1990, p. 99, f. 119, 100, p. 84, f. 33a, 33b; Jin et al. (金德祥

等), 1992, p. 66, 81/962-965; Liu (刘师成), 1994, p. 101, I/, 8, I/1, 2.

异名：*Cocconeis fimbriatus* T. Brightwell 1859；*Orthoneis fimbiata* (Brightwell) Grunow 1867。

壳面椭圆形，长 40.4-43.1 μm，宽 28.3-35.9 μm（Cleve，1895：长 20-65 μm，宽 17-33 μm；金德祥等，1992：长 35-38 μm，宽 24-29 μm）；壳缝直；中轴区狭；中节圆；点纹粗，10 μm 5-6 点；点条纹略呈射出状，10 μm 6-8 条；近壳缘点条纹由 2 列点纹组成；隔室内缘凸，遍布全壳缘，每侧 3-6 个，每一隔室内有双列的点条纹 6 组。

TEM 和 SEM 下的结构：壳面呈两带型，点纹在近壳套处变小（一分为二），壳面眼纹有边缘并有圆盘状闭锁的膜，在外环面有隔室孔和间插孔，壳端有端孔。内壳面的眼纹边缘缺，内壳缝的末端向内呈鱼钩形的喇叭舌，小室环末端关闭缺裂缝，有大的倒梨状空隙；隔室表面有细斑纹，其下有内肋。

本种与光亮胸隔藻 *M. splendida* 相似，但前者壳缝几乎直，后者壳缝波浪状。

生态：海水，底栖生活。

分布：采自海南海藻洗液（8 月），南海表层沉积物，海南西沙群岛永兴岛、石岛（3 月），湛江的潮间带，辽宁大连（7 月），烟台（3-4 月）的海藻体表，福建龙海的破灶（1 月）、平潭（8 月）、三都湾（9 月），台湾海峡澎湖列岛的海藻（2 月、5 月、12 月）和虱目鱼（milkfish）池底（12 月）。此外，日本，毛里求斯，马达加斯加，地中海，亚得里亚海，洪都拉斯，巴西，澳大利亚斯旺河口，塔希提岛，科威特，坦桑尼亚，美国佛罗里达印第安河海草体表，波多黎各，菲律宾的巴拉望岛、卡约，巴西，阿根廷和美国的盖特均有记录。

447. 纤细胸隔藻（图版 LXXXVI：885）

Mastogloia gracilis Hustedt 1933, p. 507, f. 933; Van Landingham, 1967-1979, p. 2151; Liu and Cheng (刘师成和程兆第), 1996, p. 284, f. 7-10.

壳面披针形至椭圆披针形，两端突然缢缩成嘴状，所见标本壳面长 18-26 μm，宽 7-11 μm（Hustedt，1933：长 20-50 μm，宽 10-13 μm）；壳缝直或略波浪状；横点条纹略射出状，近端射出更明显，10 μm 17-18 条（Hustedt，1933：17 条）；纵线很细，通常呈波浪或短的直线状；隔室大小相等，除两端外通达全缘，10 μm 8 个。

生态：海水生活。

分布：采自海南西沙群岛琛航岛（3 月）海藻体表。此外，富纳富提也有记录。

448. 颗粒胸隔藻

Mastogloia grana Ricard 1975, p. 211, 3/37; Liu (刘瑞玉), 2008, p. 84.

壳面线椭圆披针形，两端缢缩成嘴状；壳面长 18-20 μm，宽 9 μm；壳缝直；中轴区狭；横点条纹粗，10 μm 14 条；隔室带在中段略直，室内缘凸，室宽 1.5 μm，10 μm 5 个。

生态：海水生活。

分布：采自我国南海。此外，塔希提岛也有记录。

备注：由于文献不足，仅提供文字描述，缺图。

449. 格氏胸隔藻（图版 LXXXVI：886，887）

Mastogloia grevillei W. Smith 1856, p. 65, 62/389; Skvortzow, 1927, p. 104, f. 8; Hustedt, 1959, p. 496, f. 921; Stoermer et al., 1964, p. 1-13, pl. 5, f. 3a; Van Landingham, 1967-1979, p. 2151.

异名：*Mastogloia smithii* var. *grevillei* (W. Smith) Brun 1880。

壳面舟形，长 30-60 μm，宽 8-12 μm，长宽比为 4-5：1；壳缝略呈波浪状；中轴区狭；中央区圆；肋纹略呈射出状，10 μm 9-10 条，肋间有 2 列斑纹（孔纹）；隔室大小几相等，10 μm 6-7 个，室内缘凸。

生态：淡水和半咸水生活。Stoermer 等（1964）报道，本种常单个细胞包埋在胶质丝里，在条件好的时候很快分裂，形成不超过 4 或 8 个细胞集群，和蓝绿藻或其他硅藻胶质块在一起。

分布：采自我国天津（Skvortzow，1927）。此外，澳大利亚，欧洲，美国内陆、湖、池和浅河均有记录。

450. 格鲁胸隔藻（图版 LXXXVI：888）

Mastogloia grunowii Schmidt 1893 in Schmidt et al., 1874-1959, 186/1-7; Peragallo and Peragallo, 1897-1908, p. 38, 6/30; Hustedt 1927 in Schmidt et al., 1874-1959, 368/10; Hustedt, 1933, p. 555, f. 988; Voigt, 1942, p. 11; 1952, p. 443; Foged, 1975, p. 31, 16/5; Jin et al. (金德祥等), 1992, p. 79, 85/1023; Liu (刘师成), 1993a, p. 710.

壳面椭圆形，长 25-35 μm，宽 12-22 μm；壳缝波浪状；中央区狭；壳缝两侧各有 1 条近弓形的侧区；横点条纹全部射出状，10 μm 24-30 条，中部隔室较大，宽约 2 μm，向两端逐渐变小，不通达末端，10 μm 3-5 个，室内缘凸。Voigt（1942）报道，在浙江舟山群岛的多数标本的隔室内缘有很发达的刺，但 1952 年又报道没刺。

Hustedt（1933）把其论文中图 988 和图 999 分别订名为 *M. grunowii* 和 *M. quinquecostata*；Voigt（1942）记录过 *M. grunowii* 并在 1952 年指出 *M. grunowii*、*M. hustedti* 和 *M. quinquecostata* 等 6 种容易相混；Van Landingham（1967-1979）把 *M. grunowii* 并入 *M. quinquecostata*；金德祥等（1992）认为两种的差别较大，不应合并（*M. grunowii* 中部隔室较大，宽约 2 μm，朝两端逐渐减少，不通达两端，10 μm 3-5 个，而 *M. quinquecostata* 的隔室很狭，大小相等，宽 1-1.5 μm，通达两端，10 μm 4-5 个）。

Stephen 和 Gibson（1980b）订的 *M. hustedtii* 应是本种。

生态：海水，底栖生活。

分布：采自浙江舟山群岛。此外，远东海（常见种），坦桑尼亚，美国佛罗里达印第安河的海草体表也有记录。Hustedt（1933）报道本种广布于暖海。

451. 海南胸隔藻（图版 LXXXVI：889）

Mastogloia hainanensis Voigt 1952, p. 443, 1/9; Van Landingham, 1967-1979, p. 2152; Jin et al. (金德祥等), 1992, p. 80, 85/1026; Liu (刘师成), 1993a, p. 710.

　　壳面舟形，或橄榄形，壳端略呈嘴状，长 45-62.5 μm，宽 10.5-17 μm，长宽比为 3.7-4.3：1；壳缝轻微波浪状；中节大，扁形；中央区向两侧扩大成"H"形侧区；点条纹平行或略射出状，10 μm 21 条（Voigt，1952：18-20 条）；隔室矩形，大小近相等，通达近端，10 μm 6-7 个，室内缘凸。

　　本种与布氏胸隔藻延长变型 M. braunii f. elongata 相近，但前者隔室大小近相等，后者中部隔室较大。

　　生态：海水生活。

　　分布：采自海南西沙群岛琛航岛（3 月）低潮带的网胰藻体表，Voigt（1952）也在海南三亚采到过。

452. 霍瓦胸隔藻（图版 LXXXVI：890；图版 CXII：1181）

Mastogloia horvathiana Grunow 1860, p. 578, 7/13; Schmidt et al., 1874-1959, 358/12; Boyer, 1927, p. 331; Hustedt, 1933, p. 471, f. 890; Van Landingham, 1967-1979, p. 2152; Foged, 1975, p. 31, 13/6, 7; Montgomery, 1978, 117/A-E; Stephens and Gibson, 1979a, p. 25, f. 6, p. 26, f. 13; Navarro, 1983, p. 121, f. 28; Podzorski and Hakansson, 1987, p. 67, 27/1; Paddock and Kemp, 1990, p. 128; Jin et al. (金德祥等), 1992, p. 67, 82/973-975; Liu (刘师成), 1993a, p. 710, 5/2-4; Liu (刘师成), 1994, p. 102-103, II/7-9.

　　壳面椭圆形，两端略楔至圆钝（非钝圆）；壳面长 54.3 μm，宽 34.7 μm（Boyer，1927：长仅 35 μm；Hustedt，1933：长 30-60 μm，宽 22-40 μm；金德祥等，1992：长 40-78 μm，宽 27-41 μm）；壳面点纹呈六角形，10 μm 9-10 点；点条纹成横和斜的三组交叉排列；横点纹在壳缘附近不分成双行，10 μm 14 条（Boyer，1927：15 条；Hustedt，1933：13-15 条）；壳缝轻微波浪状；中轴区几乎缺；中心区小，圆形；隔室呈横的长方形，大小相等，内缘平，通达全缘，10 μm 5-8 个。

　　TEM 下构造：外壳面由不规则的六角形眼纹组成；壳缝轻微波浪状，中端不膨大，末端终止于壳端前；隔室内缘在光镜下平，但在 TEM 下可见轻微的波浪状（隔室内缘中段凹陷），室表面有横列的点条纹，10 μm 约 40 条。近壳缘呈"V"形硅质加厚（同 M. pseudolacrimata）（Yohn and Gibson，1982a）。

　　SEM 下构造：内壳面由 1 对或单一很小的圆形斑纹为单位交叉排列在内壳面。单一圆点多布于中节周围，在它的一侧有 1 圆点较明显（刘师成，1994）。内缝轻微波浪状，两个中端各有 1 小圆形的厚节（硅质加厚），终端加厚成喇叭舌（刘师成，1994）。隔室等型，扁方形，壳端关闭，有 1 小的倒梨状空隙，近壳缘呈"V"形的硅质加厚；内缘呈小的波状，即在每一室的内缘中部凹陷；隔室表面有小的横列斑纹，10 μm 40 条（刘师成，1994）。

本种与卵菱胸隔藻 *M. ovum paschale*、宽纹胸隔藻 *M. latecostata*、*M. pseudolacrimata* 和泪胸隔藻 *M. lacrimata* 很相似。本种与卵菱胸隔藻 *M. ovum paschale* 的区别是：前者两端较尖；横点条纹较密。后者端钝圆；点条纹粗并略延长，纵列波状纹极明显。

生态：海水，底栖生活，沿岸暖水性种。

分布：采自海南西沙群岛永兴岛、石岛（3月）和琛航岛（3月）低潮带的网胰藻洗液，海南岛三亚（11月）低潮带的石头。此外，波多黎各，巴西，菲律宾的巴拉望岛，印度尼西亚的苏拉威西岛，婆罗洲（加里曼丹岛），澳大利亚，新西兰，红海，地中海，坦桑尼亚，洪都拉斯，北美洲沿岸水域也有记录。

453. 赫氏胸隔藻（图版 LXXXVI：891）

Mastogloia hustedtii Meister 1935, p. 93-94, 4/27; Voigt, 1942, p. 11, II/13; Stephens and Gibson, 1979a, p. 26, 3/13; 1980c, p. 224, f. 12-13; Van Landingham, 1967-1979, p. 2153.

光镜：壳面宽舟形，长 20-59 μm，宽 10-22 μm，长宽比约为 2.7∶1；壳缝在中段波浪状，中节方形，不明显；点条纹放射状，10 μm 26-29 条；壳缝两侧各有 1 列弓形翼状硅质突起；隔室朝两端呈阶梯式减小，未达末端；中部隔室宽 1.5-3.5 μm、长 2.5-3.5 μm，其他隔室宽 1-2 μm、长 1.5-3.5 μm。

生态：海水生活。

分布：采自海南西沙群岛海藻洗液和浙江舟山群岛（Voigt，1942）。此外，印度尼西亚的巴厘岛，新加坡，马来西亚，科威特，洪都拉斯和美国佛罗里达印第安河的海草体表也有记录。

454. 模仿胸隔藻（图版 LXXXVI：892）

Mastogloia imitatrix Mann 1925, p. 89, 19/4; Voigt, 1942, p. 11, f. 14; Van Landingham, 1967-1979, p. 2153; Jin et al. (金德祥等), 1982, p. 98, 29/255-258.

壳面舟形，端钝圆，长 90-135 μm，宽 22-28 μm（Mann，1925：长 71 μm，宽 47 μm），长宽比为 4-4.8∶1；壳缝斜，两侧各有 1 条与壳缝平行的肋；中节略膨大；点条纹略呈斜的平行，10 μm 22-24 条（Mann，1925：15 条）；隔室每列有 27-28 个，10 μm 3 个，近壳端的 3-4 个隔室渐尖，愈近端渐尖愈厉害。

本种壳缝及其两侧的纵肋与派索旋轴藻（*Scoliopleura peisonis*）相似，但后者无隔室。

生态：海水，底栖生活。

分布：采自福建厦门的钟宅（2月）、泉州（4月）、东山（8月），山东威海近江牡蛎的消化道和海南西沙群岛潮间带海藻（Voigt，1942）。此外，菲律宾，新加坡也有记载。

455. 不等胸隔藻（图版 LXXXVI：893；图版 CXII：1182，1183）

Mastogloia inaequalis Cleve 1895, p. 150, 2/15; Boyer, 1927, p. 331; Hustedt, 1933, p. 566,

f. 999b, c; Van Landingham, 1967-1979, p. 2153; Li (李家维), 1978, p. 793, 9/3, 4; Jin et al. (金德祥等), 1982, p. 95, 28/237-238; Simonsen, 1990, p. 131, f. 47-50, 54-59, 64-69; Jin et al. (金德祥等), 1992, p. 62, 80/938, 939; Liu and Cheng (刘师成和程兆第), 1997, p. 251, II/2-7.

光镜：壳面舟形，长 29 μm，宽 8 μm（金德祥等，1992：长 30-54 μm，宽 9-14 μm）；壳端圆；壳面横轴的一侧隔室略大，呈方形，10 μm 10 个，另一侧隔室较狭，10 μm 15 个；壳缝波浪状；点条纹 10 μm 约 30 条。

电镜：壳面舟形，两端钝圆；壳面长 38-77 μm，宽 10-17 μm；中轴区非常狭，近中节的一侧略宽；横点条纹在中部略呈射出状，近端转呈平行排列，10 μm 32-38 条，肋间有 2 行圆形斑纹交错排列；壳缝多少波浪状，中端于中节前同向弯曲，末端在端节前也呈同向弯曲；隔室方形至长方形，10 μm 11-13 个，"异极"；隔室管的朝向能明显看到，一端以斜角指向另一端，但另一端在光镜下难以辨认，因为这一端指向外面。

生态：海水，底栖生活。

分布：采自海南海藻洗液（8 月）；记录于台湾澎湖列岛的石莼（*Ulva* sp.）（5 月），海南西沙群岛琛航岛（3 月）低潮带的网胰藻洗液。此外，澳大利亚，印度尼西亚的爪哇，印度，马来西亚，印度洋诸岛，塞舌尔，菲律宾，瓦尔帕莱索和坦桑尼亚也有记录。

456. 印尼胸隔藻（图版 LXXXVII：894）

Mastogloia indonesiana Voigt 1952, p. 443, 2/11; Van Landingham, 1967-1979, p. 2153; Jin et al. (金德祥等), 1992, p. 81, 86/1028; Liu (刘师成), 1993a, p. 712.

壳面菱舟形，端呈不明显的嘴状；壳面长 20.5-57 μm，宽 9-16 μm，长宽比为 2.2-3.5：1；壳缝直或轻微波浪状；中轴区狭，中节方，稍大；壳缝两侧各有 1 弓形侧区，近末端处侧区相互平行；横点条纹 10 μm 23 条；隔室不通达末端，近方形，大小相等，10 μm 3 个；隔室宽 1.5-2 μm，内缘凸并有短刺。

Voigt（1952）指出：本种容易混同以下 6 个种，其壳面形状、壳缝形状、侧区的形状和结构，以及点条纹密度等特征相同，但隔室的区分如下。

（1）*M. indonesiana*：隔室大小相等，但有小刺。

（2）*M. grunowii*：隔室大小相等，无小刺。

（3）*M. hustedtii*：隔室朝端逐渐减小（阶梯状减小）并有小刺。

（4）*M. mauritiana* var. *mauritiana*：中央和近端的隔室较小，室内缘无小刺。

（5）*M. speado mauritiana*：小隔室仅在中央，室内缘无小刺。

（6）*M. quinquecostata*：隔室很狭，大小相等，并通达两端。

以上种类的横点条纹都略呈射出状排列，并被不很明显的纵线所断。

生态：海水生活。

分布：采自海南岛的海参消化道和浙江舟山群岛。此外，印度尼西亚的海参消化道也有记录。

457. 非旧胸隔藻（图版 LXXXVII：895）

Mastogloia intrita Voigt 1952, p. 444, 3/20, 23; Van Landingham, 1967-1979, p. 2153; Foged, 1975, p. 31, 16/20; Jin et al. (金德祥等), 1992, p. 78, 85/1020; Liu (刘师成), 1993a, p. 712, 7/1-2.

壳面舟形，两端钝；壳面长 32 μm，宽 8 μm，长宽比为 4∶1；壳缝直或轻微波浪状；中央区扩大成"H"形侧区，但极不易看到，只有在斜射光下才隐约可见；点条纹在中央平行，近两端略呈射出状，10 μm 28-29 条；隔室两侧各 4-6 个，不通达两端，中央 2-3 个较大，矩形，1.5 μm 宽，10 μm 2.5 个，旁边两个小，呈三角形，内缘凸。

生态：海水生活。

分布：采自海南西沙群岛琛航岛（3 月）低潮带的网胰藻体表和海南岛榆林（10 月）潮间带；Voigt（1952）也记录于西沙群岛。此外，东亚和坦桑尼亚也有记录。

458. 杰利胸隔藻原变种（图版 LXXXVII：896；图版 CXIII：1184）

Mastogloia jelinekii Grunow var. **jelinekii** 1868, p. 99, 1/11; Schmidt et al., 1874-1959, 187/48, 49; Cleve, 1895, p. 160; Peragallo and Peragallo, 1897-1908, p. 32, 6/1; Boyer, 1927, p. 338; Hustedt, 1933, p. 544, f. 977; Van Landingham, 1967-1979, p. 2154; Foged, 1975, p. 31; Montgomery, 1978, II, 129/G, H, 130/A, B; Huang (黄穰), 1990, p. 218; Jin et al. (金德祥等), 1992, p. 84, 86/1039; Liu (刘师成), 1993a, p. 712.

异名：*Navicula jelinekii* Grunow 1863；*Navicula jelinekiana* Grunow 1867；*Mastogloia jelinekiana* Grunow 1867；*Mastogloia jelinekii* var. *italica* Brun 1893。

壳面橄榄形至长菱形，长 47.2-75 μm，宽 18.9-26 μm，长宽比为 2-2.5∶1（Hustedt，1933：长 30-110 μm，宽 15-45 μm），两端略呈嘴状；壳缝直或轻微波浪状；壳缝两侧各有 1 列略延长的点条纹，侧区大，呈半舟形，区内横点条纹 10 μm 16 条（Cleve，1895：13-14 条；Hustedt，1933：13-16 条）；中心区呈横带状，近壳缘点条纹交叉；隔室窄（宽约 1 μm），近长方形，通达两端，10 μm 3-4 个。

Voigt（1963）指出本种与勒蒙斯胸隔藻 *M. lemniscata*（Hustedt，1933）相似，它们经常同时出现，均有侧区和不规则的纵线。但前者边缘的纵横点条纹为斜交叉，隔室略延长为长方形；后者边缘的纵横点条纹是垂直交叉，隔室较正方形。

生态：海水生活。

分布：采自海南海藻洗液（8 月），台湾岛东岸大陆架的表层沉积物里和海南西沙群岛永兴岛（3 月）潮下带浒苔、黑海参消化道；Cleve（1895）也曾在我国南海采到过。此外，菲律宾的马尼拉，印度尼西亚的爪哇和松巴哇岛，塞舌尔，马达加斯加，地中海等常见；坦桑尼亚，加勒比海和巴西等也有记录。Hustedt（1933）报道本种在暖海有不少记录。

杰利胸隔藻延长变种（图版 LXXXVII：897）

Mastogloia jelinekii var. **extensa** Voigt 1963, p. 116, 25/1; Jin et al. (金德祥等), 1992, p. 84,

86/1040; Liu (刘师成), 1993a, p. 712.

本变种与原变种的区别是：前者壳缝两侧各有数列延长的点条纹，特别在中节附近，大大缩小了半舟形的侧区而呈 4 个游离的辣椒形侧区。原变种的壳缝两侧仅有 1 列延长的点纹；侧区大，呈半舟形。

生态：海水生活。

分布：采自海南西沙群岛的海藻和梅花参的消化道，浙江舟山群岛。此外，日本，印度尼西亚的苏拉威西岛也有记录。

459. 焦氏胸隔藻（图版 LXXXVII：898）

Mastogloia jaoi Voigt 1952, p. 444, 1/5; Van Landingham, 1967-1979, p. 2153; Jin et al. (金德祥等), 1992, p. 80, 85/1025; Liu (刘师成), 1993a, p. 712.

壳面椭圆形，长 35-50 μm，宽 16.5-18 μm，长宽比为 2-2.7：1；壳缝直；中轴区狭线形，近端更狭；中央区矩形，与壳缝两侧的侧区相连成"H"形；点条纹略呈射出状，10 μm 21-23 条；隔室带距离壳缘 2.5-3 μm，大小相等，10 μm 5-6 个，不达两端；隔室内缘平。

本种与布氏胸隔藻原变种 *M. braunii* var. *braunii* 相似，但前者隔室大小相等，后者隔室大小不等。

本种也与巴尔胸隔藻 *M. baldjikiana* 和 *M. vasta*（Hustedt，1933）相像，但 *M. baldjikiana* 两端略尖；*M. vasta* 隔室较本种宽，"H"形侧区也较不明显。

生态：海水，底栖生活。

分布：采自海南西沙群岛琛航岛（3月）低潮带的海藻洗液，Voigt（1952）也在海南岛采到过，福建厦门潮间带也有记录。

460. 拉布胸隔藻（图版 LXXXVII：899）

Mastogloia labuensis Cleve 1893 in Schmidt et al., 1874-1959, 185/47; Cleve, 1895, p. 157, 2/5; Boyer, 1927, p. 338; Hustedt, 1933, p. 518, f. 950a-b; Van Landingham, 1967-1979, p. 2155; Jin et al. (金德祥等), 1992, p. 85, 87/1042, 1043.

壳面线形，两侧缘几乎平行，端略呈楔形；壳面长 35-75 μm，宽 10-16 μm，长宽比为 3.5-4.7：1；壳缝直，包埋在 2 条平行的纵肋之间；中轴区很狭；隔室大小相等，10 μm 7-8 个，方形，到达末端；点条纹 10 μm 15-17 条，平行或略呈射出状，点纹粗，斑点状，10 μm 17 点，形成直的纵列。

生态：海水，底栖生活。

分布：采自海南西沙群岛琛航岛（3月）低潮带、石岛（3月）中低潮带的石头和海藻洗液，浙江舟山群岛。此外，菲律宾，印度尼西亚的拉布安、苏拉威西岛、北苏门答腊、巴厘岛，婆罗洲（加里曼丹岛），富纳富提等暖海沿岸有不少记录；约旦的利桑，北亚得里亚海沿岸则很少（Hustedt，1933）。

461. 泪胸隔藻（图版 LXXXVII：900）

Mastogloia lacrimata Voigt 1963, p. 116, 24/6; Jin et al. (金德祥等), 1992, p. 73, 84/1000。

　　壳面椭圆披针形；壳面长 31-41 μm，宽 14-18 μm，长宽比约为 2.2：1，两端略呈嘴状；壳缝略呈波浪状；中轴区狭；中央区小，略方形，孔纹很粗似泪，三向交叉排列；中部横点条纹平行排列，10 μm 8-10 条，近中轴区点纹略延长，10 μm 有 14-16 个孔纹；隔室除 2 嘴状端外通达全缘；隔室近方形，10 μm 5 个，室内缘的中央略凹，室宽 2-2.5 μm。

　　Voigt（1963）报道，用相差显微镜可观察到本种壳面花纹由两层组成，下层由放射状点条纹组成，上层由更粗且明显的泪状孔纹组成，排列成弯的斜列，在中轴区两侧延长像似粗胸隔藻 M. asperuloides。Voigt（1963）还指出：①本种的中部横点条纹是平行排列而粗糙胸隔藻 M. asperula 是明显的射出状排列。似粗胸隔藻 M. asperuloides 和粗胸隔藻 M. aspera 虽然也是射出状排列，但很不明显。②本种壳缝的波浪状较其他 3 种明显。③中央区方但不明显，其他 3 种圆而小。④以上 4 种的隔室形状都相似，但本种的隔室中央略有凹陷，似 M. barbadensis（Hustedt，1933）。

　　生态：海水生活。

　　分布：采自浙江舟山群岛（Voigt，1963）。

462. 披针胸隔藻（图版 LXXXVII：901；图版 CXIII：1185）

Mastogloia lanceolata Thawaites in W. Smith, 1856, p. 64, 54/340; Schmidt et al., 1874-1959, 186/29; Hustedt, 1933, p. 447, f. 922; Van Landingham, 1967-1979, p. 2156; Stephens and Gibson, 1979a, p. 29, 6/24; 1980a, p. 146, f. 15-20; Jin et al. (金德祥等), 1992, p. 94, 89/1076.

　　壳面舟形，端略延长（不明显）；壳面长 42.8 μm，宽 20.6 μm（金德祥等，1992：长 32-67 μm，宽 12-18 μm），长宽比为 2.6-4.2：1；中央区不明显；壳缝略波浪状；横点条纹粗，10 μm 19-20 条（Stephens and Gibson，1980a：10 μm 16-18 条）；中央射出状或近平行，近两端呈聚合状排列；隔室宽 2.5 μm，大小相等，长方形，10 μm 9-10 个，室内缘平，不通达端。

　　本种与 M. halophila（John，1980）相似，但后者点纹略粗（10 μm 16-17 条）。

　　本种也与 M. aquilegiae 相近（Hustedt，1933），但前者隔室宽 2.5 μm，后者隔室宽 3.5 μm。

　　生态：半咸水和海水种。

　　分布：采自海南海藻洗液（8 月），海南西沙群岛琛航岛（3 月）低潮带的网胰藻洗液。此外，印度尼西亚的拉布安，里海，波罗的海，地中海，亚得里亚海，英格兰，美国的彭萨科拉、佛罗里达印第安河海草体表也有记录。

463. 宽胸隔藻（图版 LXXXVII：902；图版 CXIII：1186-1189）

Mastogloia lata Hustedt 1933, p. 494, f. 918; Cholnoky, 1963, p. 173, 26/50-51; Van

Landingham, 1967-1979, p. 2157; Jin et al. (金德祥等), 1992, p. 74, 84/1004.

壳面线椭圆形，壳两侧缘近平行，两端明显缢缩成头状；壳面长 16.7-29.8 μm，宽 7.1-12.7 μm（金德祥等，1992：长 23-24 μm，宽 11.5-12 μm，长宽比约 2∶1）；壳缝直；中轴区窄；点条纹呈三向交叉排列；横点条纹略射出状排列，10 μm 26-28 条；隔室宽 2.5-3 μm，大小相等，室内缘凸，远离两端，10 μm 8.5 个（Hustedt，1933：7-8 个）。

生态：海水生活。

分布：采自大亚湾（1986-1987 年）及海南（8 月）海藻洗液，海南西沙群岛石岛低潮带的石头，海南岛榆林（10 月）的浮筒。此外，印度尼西亚的婆罗洲（加里曼丹岛），菲律宾和新几内亚也有记录。

464. 宽纹胸隔藻（图版 LXXXVII：903）

Mastogloia latecostata Hustedt 1933, p. 537, f. 969; Van Landingham, 1967-1979, p. 2157; Yohn and Gibson, 1982a, p. 43, f. 19a, b; Jin et al. (金德祥等), 1992, p. 70, 183/984-986.

壳面椭圆形，两端略楔形，呈很轻微的嘴状；壳面长 35-100 μm，宽 16-28 μm；壳缝轻微波浪状；中轴区狭；中央区略圆；横点条纹射出状，10 μm 14-16 条；纵纹略波浪状，10 μm 5 条；隔室通达全缘，大小相等，室内缘中央凹陷，10 μm 5 个（Hustedt，1933：10 μm 8-11 个；Gibson，1982：10 μm 6-8 个）。

本种与卵胸隔藻 *M. ovata* 相近，但前者端略呈楔形，后者端宽圆。

生态：海水生活。

分布：采自海南西沙群岛琛航岛（3 月）低潮带的网胰藻洗液。此外，印度尼西亚的爪哇，罗德里格斯岛，大洋洲的萨摩亚群岛，富纳富提，印度洋的塞舌尔，匈牙利，拉丁美洲的洪都拉斯，大巴哈马岛西部都有记录，并有化石记载。

465. 砖胸隔藻（图版 LXXXVII：904）

Mastogloia latericia (A. W. F. Schmidt) Cleve 1895, p. 162; Schmidt et al., 1874-1959, 188/40; Hustedt, 1933, p. 480; Van Landingham, 1967-1979, p. 2157; Huang (黄穰), 1979, p. 200, 5/3。

壳面宽椭圆形；壳面长 70 μm，宽 40 μm，中线直；横点条纹中部平行，近壳缘略射出状，10 μm 7 条；隔室通达全缘，10 μm 4 个，大小相等。

生态：海水生活。

分布：采自台湾兰屿（10 月）。此外，还记录于 Kings mill 岛和金斯莱尔斯（莱岛）。

466. 线咀胸隔藻（图版 LXXXVII：905）

Mastogloia laterostrata Hustedt 1933, p. 516, f. 948; Van Landingham, 1967-1979, p. 2157; Liu and Cheng (刘师成和程兆第), 1996, p. 285, f. 13.

壳面线椭圆形，两端缢缩成嘴状；壳缝直；中轴区很狭；中央区圆小；壳缝两侧各有 1 条纵肋；横点条纹近平行，10 μm 24 条，与其交错的有直或略波状的纵线，10 μm 30 条，在光镜下难以分辨；隔室等型，离两端略有一小段距离，室宽约 1.5 μm，近方形，10 μm 4 个，室内缘平。

本种与细尖胸隔藻 *M. apiculata* 十分相近，但前者线椭圆形，后者椭圆形。

Podzorski 和 Hakansson（1987）记录的微尖胸隔藻椭圆变种 *M. acutiuscula* var. *elliptica* 也应是本种。

生态：海水生活。

分布：采自海南西沙群岛琛航岛（3 月）低潮带的网胰藻洗液。大洋洲的萨摩亚群岛也有记录。

467. 勒蒙斯胸隔藻 （图版 LXXXVIII：906）

Mastogloia lemniscata Leuduger-Fortmorel 1879a, p. 35, 3/29; Schmidt et al., 1874-1959, 186/14-15; Boyer, 1927, p. 338; Hustedt, 1959, p. 543, f. 976; Van Landingham, 1967-1979, p. 2157; Jin et al. (金德祥等), 1982, p. 95, 28/239; 1992, p. 83; Huang (黄穰), 1990, p. 218; Liu (刘师成), 1993a, p. 712.

壳面舟形，长 46 μm，宽 17 μm，长宽比为 2.7：1，壳端嘴状不明显；壳缝呈轻微波浪状；中节圆；点条纹平行排列，10 μm 14-15 条；壳缝两侧各有 1 个大的半月形侧区，侧区内有几条隐约可见的纵点条纹；隔室等大，不明显，通达近端，10 μm 6-7 个（Cleve，1895：4-5 个；Boyer，1927：5-6 个）。

生态：海水，底栖生活。

分布：采自福建平潭（8 月）的海藻，台湾岛北端和东面大陆架的表层沉积物。菲律宾，印度尼西亚的爪哇，墨西哥的坎佩切海，洪都拉斯等地也有记录。

468. 透镜胸隔藻 （图版 LXXXVIII：907；图版 CXIV：1190）

Mastogloia lentiformis Voigt 1942, p. 13, f. 33; Van Landingham, 1967-1979, p. 2157; Jin et al. (金德祥等), 1992, p. 63, 81/948, 951, 85/1019; Liu (刘师成), 1993a, p. 712, 7/6-9.

壳面透镜形，端尖；壳面长 12.8 μm，宽 6.2 μm（金德祥等，1992：长 8-10 μm，宽 6-7 μm，长宽比为 1.3-1.4：1）；壳缝直；横点条纹不明显，射出状排列（Voigt，1942：10 μm 32 条）；隔室最大的在中央，其余较小，未达两端。

本种很小，表面凸。Voigt（1942）记述：用 Hyrax 胶包埋时很难见到点条纹。

生态：海水生活。

分布：采自海南海藻洗液（8 月），海南西沙群岛琛航岛（3 月）低潮带的网胰藻体表。此外，印度尼西亚的苏拉威西岛也曾记录。

469. 平滑胸隔藻 （图版 LXXXVIII：908）

Mastogloia levis Voigt 1963, p. 117, 23/3; Jin et al. (金德祥等), 1992, p. 86, 87/1045.

壳面椭圆舟形，长 45 μm，宽 13 μm，端钝，长宽比约为 3.5∶1；壳缝直，包埋在 2 列平行肋之间；中轴区狭；横点条纹射出状，10 μm 25-26 条；隔室不通达全缘，狭长方形（宽 1.7 μm），10 μm 3 个，内缘凸。

生态：海水生活。

分布：采自海南西沙群岛琛航岛（3 月）低潮带的海藻洗液，Voigt（1942）也曾在我国南海采到过。

470. 直列胸隔藻（图版 LXXXVIII：909）

Mastogloia lineata Cleve et Grove 1891, p. 59, 9/11; Schmidt et al., 1874-1959, 188/37; Cleve, 1895, p. 156; Boyer, 1927, p. 341; Hustedt, 1933, p. 538, f. 971; Van Landingham, 1967-1979, p. 2158; Yohn and Gibson, 1981, p. 643, f. 9a-b; Jin et al. (金德祥等), 1992, p. 90, 88/1061.

壳面舟形，两端呈嘴状缢缩，长 39 μm，宽 17 μm，长宽比约 2.6∶1，内外壳缝强烈波浪状；中轴区不明显；中央区小；点条纹平行，10 μm 18 条，斑纹砖形，10 μm 11 点，纵线 10 μm 不多于 10 条；隔室很狭（宽 0.7 μm），10 μm 6-7 个，通达两端；隔室内缘的中央凹。

生态：海水生活。

分布：采自海南西沙群岛琛航岛（3 月）低潮带的海藻体表。此外，东南亚至塞舌尔的暖海沿岸，印度尼西亚，坦桑尼亚，巴哈马的拿骚、大巴哈马岛都有记录。

471. 新月胸隔藻（图版 LXXXVIII：910；图版 CXIV：1191-1193）

Mastogloia lunula Voigt 1942, p. 13, f. 39; Van Landingham, 1967-1979, p. 2158; Jin et al. (金德祥等), 1992, p. 61, 80/935.

壳面舟形，两端呈钝的嘴状；壳面长 34.8-37.8 μm，宽 10.5-11.8 μm（金德祥等，1992：长 40-73 μm，宽 13-14 μm，长宽比为 3-5∶1）；横点条纹平行，10 μm 27 条，纵纹直；壳缝波浪状，位于两平行的纵肋之间；中轴区窄，中节小；隔室离壳缘有一段距离，略呈弧形排列；中央隔室宽约 2 μm，朝两端渐小，10 μm 3-4 个。

本种易与塞舌尔胸隔藻 *M. seychellensis* 相混，但后者的壳缝直，不埋于纵肋之间。

生态：海水生活。

分布：采自海南海藻洗液（8 月），海南西沙群岛琛航岛（3 月）低潮带的网胰藻体表。此外，印度尼西亚的苏拉威西岛也有记录。

472. 麦氏胸隔藻（图版 LXXXVIII：911；图版 CXIV：1194-1196）

Mastogloia macdonaldii Greville 1865c, p. 237, 3/15; Schmidt et al., 1874-1959, 187/42, 43; Cleve, 1895, p. 158, 2/21; Peragallo and Peragallo, 1897-1908, p. 32, 6/14; Boyer, 1927, p. 341; Hustedt, 1933, p. 560, f. 992; Foged, 1975, p. 32, 15/13, 14; Van

Landingham, 1967-1979, p. 2168; Jin et al. (金德祥等), 1992, p. 84, 86/1038; Liu (刘师成), 1993a, p. 712.

壳面椭圆至菱舟形，两端略呈嘴状；壳面长 25.1-47.2 μm，宽 11.2-16.9 μm（金德祥等，1992：长 35-45 μm，宽 13-15 μm）；壳缝直；中轴区很狭；中央区呈十字形，其界限清晰，两侧各有辣椒形的朝两端急速变狭的侧区，它们占壳面宽度的 1/3-1/2；横点条纹射出状，10 μm 22-24 条；隔室通达两端，大小略方形，宽约 2 μm，10 μm 3-5 个，室内缘凸。

生态：海水生活。

分布：采自海南海藻洗液（8 月），海南西沙群岛琛航岛（3 月）低潮带的网胰藻体表。此外，澳大利亚，科威特，南欧沿岸，坦桑尼亚，西印度群岛，大巴哈马岛的拿骚等都有记录。Hustedt（1933）报道本种广泛分布在暖海沿岸。

473. 乳头胸隔藻（图版 LXXXVIII：912）

Mastogloia mammosa Voigt 1942, p. 13, f. 16; Van Landingham, 1967-1979, p. 2158; Jin et al. (金德祥等), 1992, p. 93, 89/1075.

壳面舟形，端缢缩呈乳头状；壳面长 38-75 μm，宽 13-22 μm（Voigt，1942：长 64-75 μm，宽 20-22 μm），长宽比为 3-3.4：1；壳缝直；中轴区窄；中央区小，略膨大；点条纹在中部近平行，近端略射出状，10 μm 18 条（Voigt，1942：10 μm 17-17.5 条），斑点纹延长，10 μm 10 点（Voigt，1942：8 点）；隔室窄，10 μm 10 个，内缘凸。

生态：海水，底栖生活。

分布：采自海南西沙群岛琛航岛（3 月）低潮带的网胰藻体表，永兴岛（3 月）潮间带。此外，印度尼西亚及其附近海参消化道也有记录。

474. 马诺胸隔藻（图版 LXXXVIII：913；图版 CXV：1197-1203）

Mastogloia manokwariensis Cholnoky 1963, p. 173, 26/52-55; Jin et al. (金德祥等), 1982, p. 94, 28/233-236; Jin et al. (金德祥等), 1992, p. 63; Liu and Cheng (刘师成和程兆第), 1997, p. 252, II/8, 9.

光镜：壳面狭椭圆形至椭圆形，长 12.8-22.7 μm，宽 5.9-8.5 μm（金德祥等，1982，1992：长 14-15 μm，宽 5-6 μm），两端突然缢缩，略呈头状；壳缝直，中节小，圆；点条纹细，呈放射状排列；隔室大小不等，中央大，其余小，每侧 3-4 个或 4-5 个。

电镜：壳面狭椭圆形，两端突然缢缩；壳面长 13-17 μm，宽 6-7 μm，壳面内肋略呈射出状，10 μm 24-30 条，其间交错排列两行点纹（10 μm 35-40 条）；壳缝直，其中、末端无大区别；隔室贴近壳缘，离壳端有一段距离；隔室内缘凸，1-3 个较大的隔室大致位于中央，中隔室表面布有小斑纹（10 μm 约 60 条横列斑纹），在大隔室表面仅在近内缘处布有小簇斑纹。

生态：海水，底栖生活。也有化石记载（Boyer，1927）。

分布：采自海南（8 月）及大亚湾（1986-1987 年）的海藻洗液，海南琼州海峡（7 月），西沙群岛琛航岛（3 月）低潮带的网胰藻体表，惠阳小桂珍珠场玻璃浮子上，台湾澎湖列岛（Li，1978）。此外，新几内亚，澳大利亚，坦桑尼亚，美国佛罗里达印第安河的海草体表和瑞典也有记录。

475. 毛里胸隔藻原变种（图版 LXXXVIII：914）

Mastogloia mauritiana Brun var. **mauritiana** 1893 in Schmidt et al., 1874-1959, 186/28; Hustedt, 1933, p. 563, f. 995; Van Landingham, 1967-1979, p. 2159; Foged, 1975, p. 32, 15/15, 16; Ricard, 1975b, p. 57, IV/29-31; Jin et al. (金德祥等), 1992, p. 76, 85/1012, 1013; Liu (刘师成), 1993a, p. 714.

壳面椭圆形，两端圆；壳面长 33-52 μm，宽 14-22 μm；壳缝强烈波浪状；中轴区窄；点条纹射出状，10 μm 24 条（Hustedt，1933：20 条）；纵线波浪状，10 μm 20 条；中轴两侧各有 1 个略弓形的侧区，占壳面的 1/4-1/3；隔室大小不等，大隔室在两端和中央之间，大的约 2.5 μm 宽，10 μm 4 个，小的约 1.5 μm 宽，10 μm 7-8 个。

本种似佩氏胸隔藻 *M. peragalli*（Hustedt，1933），但后者侧区在中部略缢缩。

生态：海水生活。

分布：采自海南西沙群岛琛航岛（3 月）低潮带的网胰藻体表，浙江舟山群岛。此外，日本的长崎，印度尼西亚的苏拉威西岛、巴厘岛，北亚得里亚海，意大利的卡斯特拉马雷，澳大利亚斯旺河口，坦桑尼亚，桑给巴尔，非洲的摩洛哥也有记录。

毛里胸隔藻头状变种（图版 LXXXVIII：915）

Mastogloia mauritiana var. **capitata** Voigt 1942, p. 14, f. 35; Van Landingham, 1967-1979, p. 2159; Jin et al. (金德祥等), 1992, p. 76, 85/1014; Liu (刘师成), 1993a, p. 714.

壳面宽椭圆形，有嘴状至头状端；壳面长 35-50 μm，宽 17-22 μm；壳缝直或波浪状；点条纹细，射出状，10 μm 20-22 条。Voigt（1942）记述：有纵且多少呈凸起的沟，而其中的点斑纹用 Hyrax 胶包埋很难见到；隔室大小不等，大隔室介于小隔室之间，通达全缘（除两个嘴状端外）。

本变种与原变种的差别是有 2 个嘴状至头状的端。

生态：海水，底栖生活。

分布：采自海南西沙群岛琛航岛（3 月）低潮带的网胰藻体表。此外，印度尼西亚的苏拉威西岛也有记录。

476. 地中海胸隔藻原变种（图版 LXXXVIII：916）

Mastogloia mediterranea Hustedt var. **mediterranea** 1933, p. 570, f. 1005; Peragallo and Peragallo, 1897-1908, 5/23; Van Landingham, 1967-1979, p. 2159; Paddock and Kemp, 1990, p. 89, f. 19a, f. 57; Jin et al. (金德祥等), 1992, p. 75, 85/1009; Liu (刘师成), 1993a, p. 714.

壳面舟形，长 22-35 μm，宽 6-7 μm，长宽比为 3.6-5：1；壳缝直；中轴区很窄；中节结长方形；中轴两侧各有 1 半舟形的侧区；点条纹略放射状，10 μm 约 32 条；纵线隐约可见；隔室仅在壳缘中央，两侧缘各有 2 个，1.5-2 μm 宽，内缘凸，其中各有 1 短刺。

生态：海水生活。

分布：采自海南西沙群岛琛航岛（3 月）低潮带的网胰藻体表。此外，亚得里亚海，地中海广泛分布。

地中海胸隔藻椭圆变种（图版 LXXXVIII：917）

Mastogloia mediterranea var. **elliptica** Voigt 1952, p. 445, 1/7; Van Landingham, 1967-1979, p. 2159; Jin et al. (金德祥等), 1992, p. 75, 85/1010; Liu (刘师成), 1993a, p. 714, 5/5, 6/1-4.

本变种点条纹、隔室及半披针形侧区都与原变种相同。不同于原变种的是本变种较原变种更小，更宽；壳面长 15-21 μm，宽 6.5-7 μm，长宽比为 2-3：1。

电镜下的结构：壳面菱舟形，端钝至嘴状突；壳面长 16-25 μm，宽 6-8.1 μm，长宽比为 2.3-3.3：1；壳缝直或略波浪状；中轴区狭；中央区小；横点条纹在近中央平行，近两端略射出状排列；外壳面有透明的拟锥状突，内壳面有隔室环；室内缘凸、有刺，室宽约 1.4 μm。

生态：海水，底栖生活。

分布：采自海南西沙群岛琛航岛（3 月）低潮带的网胰藻洗液及辽宁旅顺港（Voigt, 1952）。此外，澳大利亚，大地中海，非洲的赞比亚，美国的阿瑟港也有记录。

477. 极小胸隔藻（图版 LXXXIX：918）

Mastogloia minutissima Voigt 1942, p. 14, f. 17; Voigt, 1952, p. 444, 1/3; Van Landingham, 1967-1979, p. 2160, 2158; Stephens and Gibson, 1980c, p. 225, f. 18-19; Jin et al. (金德祥等), 1992, p. 76, 85/1011; Liu (刘师成), 1993a, p. 714.

壳面舟形，长 14-18 μm，宽 5-6 μm，长宽比约为 3：1，两端呈不明显嘴状；壳缝直；中轴区很狭，中节圆形（Voigt, 1942：中节朝两侧呈 "H" 形侧区）；点条纹 10 μm 26-28 条，略射出状；隔室 1-2 个，其内缘中部无短刺。

本种非常小，类似地中海胸隔藻原变种 M. mediterranea var. mediterranea，但后者隔室内缘中央有 1 短刺。本种也与矮小胸隔藻原变种 M. pumila var. pumila 相近，但后者的 "H" 形侧区更明显；隔室每侧 4-8 个。

Stephens 和 Gibson（1980b）描述：本种很像 M. liaotungensis；Voigt（1942）描述本种：每边只有 1 个隔室，而 M. liaotungensis 有 2 个隔室，而观察到的样品这两种情况可出现在同一标本，有时一边一个隔室，而另一边却有两个隔室。因此，他认为要分开 M. liaotungensis 和 M. minutisstma 是很困难的。我们也见到过上述情况，因此我们认为它们是同一种。

本种也类似努思胸隔藻 M. nuiensis，但后者较前者宽，是否有 "H" 形侧区不明确。

生态：海水，底栖生活。

分布：采自海南西沙群岛琛航岛（3月）低潮带的网胰藻体表，海南岛榆林（11月）的浮筒，辽宁旅顺港（Voigt，1942），黄渤海。此外，东印度群岛，美国的阿瑟港（Voigt，1952）和佛罗里达印第安河的海草体表也有记录。

478. 生壁胸隔藻（图版LXXXIX：919）

Mastogloia muralis Voigt 1963, p. 117, 25/7, 8; Jin et al. (金德祥等), 1992, p. 89, 88/1055.

壳面舟形，两端渐尖；壳面长 26-34 μm，宽 8-9 μm；壳缝强烈波浪状；中轴区窄，点纹略延长；横点条纹呈会聚状排列或平行，10 μm 19-20 条；隔室很窄（0.5-1 μm 宽），10 μm 2.5-3 个，室内缘凸。

生态：海水，底栖生活。

分布：采自海南西沙群岛琛航岛（3月）低潮带的网胰藻体表。此外，印度尼西亚的苏拉威西岛也有记录（Voigt，1963）。

479. 多云胸隔藻（图版LXXXIX：920）

Mastogloia nebulosa Voigt 1952, p. 445, 1/10; Van Landingham, 1967-1979, p. 2160; Jin et al. (金德祥等), 1992, p. 95, 89/1083.

壳面舟形，两端尖圆或略缢缩成嘴状；壳面长 42-47 μm，宽 17-18 μm（Voigt，1952：长 52 μm，宽 18.5 μm），长宽比为 2.4-2.6：1；壳缝直；中轴区窄；中节略向两侧膨大；点条纹略呈射出状，10 μm 17-18 条；隔室窄长，达近端，10 μm 2.5 个，内缘凸。

生态：海水生活。

分布：采自海南西沙群岛永兴岛（3月）低潮带的膜状附着物，琛航岛（3月）低潮带的网胰藻；Voigt（1952）也曾在我国南海采到过。

480. 新皱胸隔藻（图版LXXXIX：921）

Mastogloia neorugosa Voigt 1942, p. 16, f. 24; Van Landingham, 1971, p. 2160; Jin et al. (金德祥等), 1992, p. 82, 86/1032; Liu (刘师成), 1993a, p. 714.

壳面略菱形或橄榄形；壳面长 24-68 μm，宽 9.4-23 μm（Voigt，1942：长 38-68 μm，宽 12.5-23 μm），长宽比为 2.5-3：1；壳缝略波浪状；中轴区窄，中节小；点条纹射出状，10 μm 17-21 条，纵线不规则；隔室窄长，宽约 1 μm，通达两端，10 μm 3-5 个（Voigt，1942：2.5-3 个），室内缘略凸。

本种最初由 Voigt（1942）订为 *M. rugosa*。Van Landingham（1971）组合成 *M. neorugosa*。

本种极似勒蒙斯胸隔藻 *M. lemniscata*，但后者侧区内有短虚线的长列数条，中央区扩大成十字形；隔室似杰利胸隔藻原变种 *M. jelinekii* var. *jelinekii*，室很狭，不易见到，室内缘凸。

生态：海水生活。

分布：采自海南西沙群岛琛航岛（3 月）低潮带的海藻体表，也发现于福建平潭。此外，新加坡和印度尼西亚的苏拉威西岛也有记录。

481. 努思胸隔藻（图版 LXXXIX：922）

Mastogloia nuiensis Ricard 1975, p. 212, 3/35; Jin et al.（金德祥等），1992, p. 64, 81/949-951.

壳面透镜形；壳面长 23-25 μm，宽 10 μm，长宽比为 2.3-2.5：1；壳缝直；中轴区窄；中央区略横裂；点条纹略射出状，10 μm 20-30 条；隔室不等大，中央最大 1-2 个，两端较小，不通达壳端。

本种似透镜胸隔藻 M. lentiformis，但前者点条纹略粗，且壳面较大。

生态：海水生活。

分布：采自海南西沙群岛琛航岛（3 月）低潮带的网胰藻，惠阳小桂珍珠场玻璃浮子，海南岛榆林浮筒（11 月）。此外，大洋洲的塔希提岛也有记录（Ricard，1975）。

482. 肥宽胸隔藻（图版 LXXXIX：923）

Mastogloia obesa Cleve 1893b, p. 15, 1/16; Cleve, 1895, p. 160; Hustedt, 1933, p. 548; Voigt, 1942, p. 15, III/18; Van Landingham, 1967-1979, p. 2160; Jin et al.（金德祥等），1992, p. 82, 86/1034; Liu（刘师成），1993a, p. 714.

壳面宽舟形，长 30-60 μm，宽 16-34 μm，长宽比约为 2：1；壳缝略波浪状；壳缝两侧有 2 列点纹；中央区方形，并向两侧扩大成"H"形侧区，其间有几行纵列纹；横点条纹粗，10 μm 17 条；隔室狭，10 μm 7-8 个，内缘凸。

生态：海水生活。

分布：采自我国南海（Voigt，1942）。此外，新加坡和马来西亚西部及其牡蛎外壳上也有记录。

483. 玄妙胸隔藻（图版 LXXXIX：924）

Mastogloia occulta Voigt 1952, p. 446, 3/22; Van Landingham, 1967-1979, p. 2161; Podzorski and Hakansson, 1987, p. 67, 24/5; Leuduger-Fortmorel, 1892, p. 19, pl. 2, f. 7; Jin et al.（金德祥等），1992, p. 68, 83/976; Liu（刘师成），1994, p. 103, III/1-3.

光镜：壳面线椭圆形，略凸起；壳面长 18-21 μm，宽 6-8 μm，长宽比为 2.7-3：1；壳缝直；中轴区窄，中节圆；中央区不膨大；点条纹细，10 μm 30-31 条，在壳面中央平行，近两端略呈射出状；隔室少，每边通常只有 3-5 个，不达两端；隔室内缘略凸。

本种极小（不引人注目，容易遗漏），与简单胸隔藻 M. exigua 很相似（Hustedt，1933），但后者壳面舟形，有时两端略呈嘴状突；点条纹略呈射出状；点条纹较粗，10 μm 20 条，且是半咸水种（Van Heurck，1896）。

在 TEM 和 SEM 下结构：壳面眼纹呈工字形，外壳缝直，中端不膨大也不下沉，终止在略呈方形的中央区前；两末端同向呈"V"形弯向端节；隔室表面见到很小的斑纹。本种与同类群的其他种类相比，有较长的隔室管，故放在 Ellipticae 类群不完全合适，但考虑到壳形等特征只能暂时放在这一类，待有更充分的发现再调整。

Podzorski 和 Hakansson（1987）把本种列为 *M. amygdalai*，而 Van Landingham（1967-1979）把它列为异名。

生态：海水，底栖生活。

分布：采自海南西沙群岛琛航岛（3 月）低潮带的网胰藻体表；Voigt（1952）也曾在西沙群岛采到少量标本。此外，菲律宾的巴拉望岛和印度尼西亚也有记录。

484. 略胸隔藻（图版 LXXXIX：925）

Mastogloia omissa Voigt 1952, p. 446, 2/17-18; Van Landingham, 1967-1979, p. 2161; Foged, 1975, p. 32, 16/14; Stephens and Gibson, 1980c, p. 226, 32/16, 24-25; Jin et al. (金德祥等), 1992, p. 78, 85/1010, 1017, 1018.

壳面菱椭圆形，两端突然渐尖；壳面长 15-30 μm，宽 6.5-12 μm；壳缝波浪状；中轴区窄；中央区小；点条纹射出状，10 μm 22-25 条；壳缝两侧各有 1 条线形侧区并由中央区相连成"H"形；隔室未通达两端，每侧 4 个与壳缝相平行，中央两个较大，呈方形，1-1.5 μm，其余两个较小。

生态：海水生活。

分布：采自海南西沙群岛永兴岛（3 月）低潮带的海兔消化道；Voigt（1952）在南海也已记录。此外，印度尼西亚的沙虫动物消化道，坦桑尼亚，美国佛罗里达印第安河海草体表等都有记录。

485. 卵圆胸隔藻（图版 LXXXIX：926）

Mastogloia ovalis A. Schmidt 1893 in Schmidt et al., 1874-1959, 185/30; Hustedt, 1933, p. 474, f. 893; Van Landingham, 1967-1979, p. 2161; Montgomery, 1978, 119/G, H; Navarro, 1982, p. 40; Podzorski and Hakansson, 1987, p. 69, 25/10-11; Paddock and Kemp, 1990, p. 81, f. 31a, 31b; Jin et al. (金德祥等), 1992, p. 68, 83/977; Liu (刘师成), 1994, p. 103, III/6-7.

壳面椭圆形，长 14 μm，宽 8 μm（Hustedt, 1933：长 12-15 μm，宽 7-12 μm）；壳缝直至轻微波浪状；中轴区非常狭；点条纹射出状，10 μm 18 条（Hustedt, 1933：18 条）；纵纹波浪状，10 μm 20 条；隔室狭（宽 1 μm），位于壳缘中段，内缘凹，10 μm 3-4 个（同 Hustedt, 1933 的记录）。

生态：沿岸暖水性种类。

分布：采自海南西沙群岛琛航岛（3 月）低潮带的网胰藻洗液。此外，日本的横滨，马来西亚，菲律宾的巴拉望岛，大洋洲的塔希提岛，意大利的伊斯基亚岛，亚得里亚海和美国佛罗里达印第安河海草体表也有记录。

486. 卵胸隔藻（图版 LXXXIX：927）

Mastogloia ovata Grunow 1860, p. 578, 7/12; Cleve, 1895, p. 156; Boyer, 1927, p. 331; Hustedt, 1933, p. 476, f. 895; Van Landingham, 1967-1979, p. 2161; Jin et al. （金德祥等）, 1992, p. 70, 83/987, 988.

壳面椭圆形，长 20-50 μm，宽 13-33 μm，长宽比约为 1.5：1；壳缝直；中轴区窄；点条纹平行，近端略射出状，10 μm 16-20 条；横点条纹与纵点条纹几乎垂直，等距离交叉，10 μm 8-12 条；隔室大小相等，正方形，10 μm 3-5 个，通达全缘，内缘平。

本种类似卵圆胸隔藻 *M. ovalis*（Hustedt, 1933），但后者隔室只在壳面的中段，内缘凹，壳面小（长 12-25 μm，宽 7-12 μm）。Hustedt（1933）报道，本种多出现在暖海。

生态：海水，底栖生活。

分布：采自海南西沙群岛琛航岛（3 月）低潮带的网胰藻洗液。此外，还分布于印度尼西亚（爪哇），欧洲南岸，喀拉海。

487. 胚珠胸隔藻（图版 XC：928；图版 CXV：1204）

Mastogloia ovulum Hustedt 1933, p. 474, f. 892; Van Landingham, 1967-1979, p. 2162; Montgomery, 1978, 141/F; Navarro, 1983, p. 121, f. 50-51; Podzorski and Hakansson, 1987, p. 69, f. 8-9; Jin et al. （金德祥等）, 1992, p. 68, 83/978; Liu （刘师成）, 1994, p. 103, III/4-5.

壳面椭圆形；壳面长 12-28 μm，宽 9-13 μm，长宽比为 1.3-2：1；壳缝直或轻微波浪状；中轴区很狭；横点条纹略射出状，10 μm 22-28 条；纵纹略直，10 μm 20 条；隔室等大，通达全缘，但在两端间隔较大；隔室宽 1.5 μm，室内缘的中央凹陷，10 μm 1.5-5 个。

生态：底栖生活，暖海性种类。

分布：采自香港潮间带及沙、船、珊瑚等附着物和海藻洗液（1989 年 6 月），海南西沙群岛琛航岛（3 月）低潮带的网胰藻洗液。此外，印度尼西亚的婆罗洲（加里曼丹岛），菲律宾的巴拉望岛，塔希提岛西岸和北亚得里亚海也有记录。

488. 卵菱胸隔藻（图版 XC：929；图版 CXVI：1205，1206）

Mastogloia ovum paschale (A. W. F. Schmidt) Mann 1925, p. 90; Hustedt, 1933, p. 477, f. 897; Schmidt et al., 1874-1959, 8/56; Peragallo and Peragallo, 1897-1908, p. 29, 5/13; Van Landingham, 1967-1979, p. 2162; Jin et al. （金德祥等）, 1992, p. 70, 83/989, 990; Liu （刘师成）, 1994, p. 104, III/13.

异名：*Navicula ovum-paschale* A. Schmidt 1875；*Mastogloia ovum-paschale* (A. Schmidt) A. Mann 1925。

壳面椭圆形，有时有些菱椭圆形；壳面长 27.5-77.3 μm，宽 18-49.8 μm（金德祥等，1992：长 42-60 μm，宽 21-40 μm）；壳缝略波浪状；中轴区很狭；中央区小，圆形；横点条纹略射出状，点纹略延长，尤其在壳缝两边更为明显，10 μm 11-13 条；纵纹略波浪状（部分直），10 μm 7-12 条（Hustedt，1933：10 条）；隔室相等，通达全缘，方形，宽 2.5 μm，10 μm 约 5 个；室内缘凸，金德祥等（1992）的照片似 Hustedt（1933）的图画。

本种与霍瓦胸隔藻 *M. horvathiana* 相似，但前者点纹较粗，纵列的波浪状很明显；隔室较方形，10 μm 约 5 个。

生态：海水生活，暖水沿岸种。

分布：采自海南海藻洗液（8 月），海南西沙群岛的海藻洗液。此外，欧洲沿岸、地中海，菲律宾也有记录。

489. 帕拉塞尔胸隔藻（图版 XC：930）

Mastogloia paracelsiana Voigt 1952, p. 446, 2/19; Van Landingham, 1967-1979, p. 2162; Jin et al. (金德祥等), 1992, p. 91, 88/1068.

壳面长椭圆形，凸；壳面长 42-52 μm，宽 13-16 μm，长宽比约为 3.2：1；壳缝直；中央区小；中轴区狭；点条纹由斑点组成，10 μm 有 17-18.5 点；点条纹几乎平行，10 μm 约 21 条；隔室除两端外通达全缘，室大小相等，扁，室宽 2-3 μm，10 μm 约 13 个（Voigt，1952：5-5.5 个，图约 13 个）。

生态：海水生活。

分布：Voigt（1952）曾在我国海南西沙群岛采到过。

490. 奇异胸隔藻（图版 XC：931；图版 CXVI：1207-1212）

Mastogloia paradoxa Grunow in Cleve and Möller 1878, No. 153; Cleve, 1895, p. 152, 2/17; Peragallo and Peragallo, 1897-1908, p. 39, 6/21; Hustedt, 1933, p. 519, f. 953; Proschkina-Lavrenko, 1950, p. 124, 42/14; Van Landingham, 1967-1979, p. 2162; Foged, 1975, p. 12, 15/3, 4; Stephens and Gibson, 1980a, p. 149, f. 21, 22; Jin et al. (金德祥等), 1992, p. 60, 80/932-934.

壳面舟形，具多少明显的嘴状端，最末端圆；壳面长 26.3-39.5 μm，宽 8.4-13.8 μm（金德祥等，1992：长 30-50 μm，宽 9-12 μm，长宽比为 3.3-4.1：1）；壳缝强烈波浪状，包埋在两条平行的纵肋之间；中轴区窄；横点条纹近平行，10 μm 26-31 条，斑点纹 10 μm 25 个，与纵线垂直；隔室离细胞边缘有一段距离，排列较直，并有隔室管朝两端倾斜，最大的在中央，宽 1.5-2 μm，长 1.5-2 μm，最小的隔室宽 1 μm，长 1.5 μm，10 μm 4-5 个，朝两端渐小，10 μm 6-8 个。

本种与相似胸隔藻 *M. similis* 相似，但前者壳缝强烈波浪状，后者壳缝直。

本种也易混同于新月胸隔藻 *M. lunula*，但前者隔室大小变化较大，后者隔室变化小且弧形排列。

生态：海水生活。

分布：采自海南海藻洗液（8 月），海南西沙群岛琛航岛（3 月）低潮带的网胰藻。此外，大洋洲的斐济，里海，坦桑尼亚，约旦的利桑，意大利的莱西纳和美国佛罗里达印第安河也有。Hustedt（1933）报道本种在许多暖海性沿岸都有分布。

491. 尖胸隔藻（图版 XC：932；图版 CXVII：1213）

Mastogloia peracuta Janisch 1893 in Schmidt et al., 1874-1959, 187/37; Hustedt, 1933, p. 485, f. 906; Voigt, 1942, p. 15; Van Landingham, 1967-1979, p. 2163; Yohn and Gibson, 1982a, p. 42, f. 1a, b, 2a, b; Jin et al. (金德祥等), 1992, p. 73, 84/1001.

壳面椭圆舟形，两端突然缢缩成嘴状；壳面长 86.9 μm，宽 69.2 μm（金德祥等，1992：长 35-60 μm，宽 20-30 μm）；壳缝直；中轴区狭，孔纹粗，呈网纹状，从壳缝向边缘的网纹逐渐增长，近壳缝孔纹约长 1 μm，近壳缘的孔纹长约 3 μm；横点条纹射出状排列，近壳缝 10 μm 约 17 条，近壳缘约 13 条；隔室除两端外几通达全缘，很狭，室宽约 1 μm，最后一隔室较大而宽，10 μm 2-3 个，内缘凸。

生态：海水生活。

分布：采自南海表层沉积物，浙江舟山。此外，日本长崎附近的电缆上（Voigt，1942），坦桑尼亚，西印度群岛，印度洋羚羊号远征队和大巴哈马岛（水深 25-28 m，温度 23-25℃）都有记录。

492. 佩氏胸隔藻（图版 XC：933）

Mastogloia peragalli Cleve 1892a, p. 160, 23/7; Schmidt et al., 1874-1959, 186/39; Peragallo and Peragallo, 1897-1908, p. 32, 6/10-12; Boyer, 1927, p. 341; Hustedt, 1933, p. 561, f. 994; Van Landingham, 1967-1979, p. 2163; Yohn and Gibson, 1982b, p. 283, f. 30-36; Jin et al. (金德祥等), 1992, p. 77, 85/1015; Liu (刘师成), 1993a, p. 714.

壳面椭圆舟形，有嘴状端；壳面长 30-60 μm，宽 17-28 μm；壳缝直或轻微波浪状，包埋在 2 条不明显的纵肋间；中轴区很狭（Hustedt，1933：有中部缢缩的亚弓形侧区）；中央区小；点条纹 10 μm 24 条（Hustedt，1933：16-18 条），几乎平行，近端略呈射出状；壳缝两侧各有数列不明显的纵线；隔室大小不等，大隔室位于两端和中部之间，10 μm 分别为 6 个和 12 个；隔室除两端外通达全缘。

本种与毛里胸隔藻原变种 *M. mauritiana* var. *mauritiana* 相似，但后者侧区为弓形。

生态：海水，底栖生活，暖水沿岸种类。

分布：采自海南西沙群岛琛航岛（3 月）低潮带的网胰藻体表。此外，日本，印度尼西亚的苏门答腊，地中海，南欧沿岸，大巴哈马岛等几乎所有的暖水性沿岸均有记录。

493. 鱼形胸隔藻（图版 XC：934；图版 CXVII：1214-1217）

Mastogloia pisciculus Cleve 1893a, p. 55, 3/2; Boyer, 1927, p. 338; Hustedt, 1933, p. 558, f. 990; Van Landingham, 1967-1979, p. 2163; Stephens and Gibson, 1979a, p. 25, 3/11, 1980c, p. 228, f. 31-32; Foged, 1975, p. 33, 15/11, 12; Liu and Jin (刘师成和金德祥), 1980, p. 111, B; Jin et al. (金德祥等), 1992, p. 81, 86/1029-1031; Liu (刘师成), 1993a,

p. 716, 8/9-11.

壳面宽舟形，长 24.6-43 μm，宽 12.2-18 μm（金德祥等，1992：长 48-49 μm，宽 18-20 μm，长宽比为 2.4-2.8：1），壳端突然缢缩成嘴状突；壳缝直，中节扁，向中央区两侧扩大成不明显的"H"形侧区。在另一焦距的壳缝两侧各有 1 个半月形侧区；点条纹放射状，10 μm 20-22 条；隔室长方形，大小相等，但不达壳端，每侧 10-12 个，10 μm 4 个。

生态：海水生活。

分布：采自海南海藻洗液（8 月），福建（1 月、5 月）的海藻体表和海胆消化道，海南西沙群岛，辽宁大连（9-10 月）。此外，日本的长崎，印度尼西亚的苏拉威西岛，印度洋的塞舌尔，彭萨科拉，坦桑尼亚和美国佛罗里达印第安河的海草体表也有记录。Stephens 和 Gibson（1980b）指出本种很像 *M. arabica*（Hendey，1970），并认为 *M. arabica* 可能是 *M. pisciculus* 的异名。

附注：在金德祥等（1982）中因缺乏文献，把本种订为 *M. braunii* var. *constricta* Liu et Chin，金德祥等（1992）已查明：Cleve 于 1893 年已将本种命名为 *M. pisciculus* Cleve，根据命名原则，本变种应用 Cleve 于 1893 年订的种名，即 *M. pisciculus*。

494. 拟瘦胸隔藻 （图版 XC：935）

Mastogloia pseudexilis Voigt 1963, p. 118, 23/4; Jin et al. (金德祥等), 1992, p. 77, 85/1016; Liu (刘师成), 1993a, p. 716.

壳面椭圆舟形，两端略呈钝的嘴状缢缩；壳面长 25 μm，宽 11 μm，长宽比约为 2：1；壳缝直；中轴区线形；中央区横向扩大成狭披针形并相连成"H"形侧区，在侧区的中部略缢缩；横点条纹射出状，10 μm 约 27 条，纵线略波浪状；隔室远离壳端，10 μm 3 个，宽 2 μm，室内缘凸。

Voigt（1963）报道，本种几乎可以认为是巴尔胸隔藻 *M. baldjikiana* 的一个变种，但本种的隔室带几乎与顶轴平行，而 *M. baldjikiana* 是强凸，尤其是它们的小型种类。

本种与瘦小胸隔藻 *M. exilis* 更相似，只是前者点纹（10 μm 27 条）比后者（10 μm 33 条）略粗，可能是同种；Van Landingham（1967-1979）未承认本种，但也未将其并入瘦小胸隔藻 *M. exilis*。

生态：海水生活。

分布：采自海南西沙群岛琛航岛（3 月）低潮带的网胰藻的体表；海南岛（Voigt，1963）也有记录。

495. 拟砖胸隔藻 （图版 XC：936）

Mastogloia pseudolatericia Voigt 1952, p. 447, 2/16; Van Landingham, 1967-1979, p. 2164; Jin et al. (金德祥等), 1992, p. 71, 83/991; Liu (刘师成), 1994, p. 104, III/9.

壳面椭圆形，长 27.5-49.5 μm，宽 18.5-28 μm，长宽比为 1.5-1.8：1；壳缝直或略波浪状；中轴区窄；中央区圆；横点条纹平行或略呈射出状，10 μm 11-14 个，斑点略延长，粗，似砖块墙，10 μm 6-7 点，纵纹波浪状；隔室大小相等，10 μm 4-5 个，宽 2.5-3.5 μm，内缘平，通达全缘。

本种与亚砖胸隔藻 *M. sublatericia* 相似（Hustedt，1933），但后者有嘴状突；隔室较长，室内缘的中央凹。

生态：海水，底栖生活。

分布：采自海南西沙群岛琛航岛（3 月）低潮带的网胰藻体表，海南岛的印尼海参消化道。此外，美国佛罗里达印第安河海草体表也有记录。

496. 拟毛里胸隔藻（图版 XC：937）

Mastogloia pseudomauritiana Voigt 1952, p. 447, 2/14; Van Landingham, 1967-1979, p. 2164; Jin et al. (金德祥等), 1992, p. 65, 81/956.

壳面长椭圆形，长 25 μm，宽 10 μm（Voigt，1952：长 40-43 μm，宽 9 μm），长宽比为 2.5：1；壳缝直；中轴区狭；中央区小，圆；横点条纹射出状，10 μm 约 30 条；隔室大小不一，未通达全缘，在中央的隔室狭（宽 1 μm），10 μm 4 个，近端的略宽（2 μm 宽），最后一个呈三角形，室内缘凸。

Voigt（1952）报道：由于在壳缝边缘有 1 纵且很轻微的凹陷；壳缝的边缘在不同焦距下显示出不同程度的痕迹，并且很难对焦。

生态：海水，底栖生活。

分布：采自永兴岛（3 月）低潮带的海兔消化道。此外，印尼海参消化道也有记录（Voigt，1952）。

497. 美丽胸隔藻（图版 XCI：938）

Mastogloia pulchella Cleve 1895, p. 153, 2/27-29; Hustedt, 1933, p. 535, f. 968; Van Landingham, 1967-1979, p. 2164; Jin et al. (金德祥等), 1992, p. 96, 89/1085.

壳面橄榄形，两端略呈嘴状突；壳面长 25 μm，宽 18 μm，长宽比为 2.4-3.6：1（Hustedt，1933：长 35-100 μm，宽 16-28 μm）；壳缝轻微波浪状，在中轴区略加宽；中轴区狭，在中节与壳端之间略加宽；横点条纹射出状，10 μm 18-20 条；纵纹间相距宽，近壳缝其间距变狭；隔室除两端外通达全缘，10 μm 8-11 个（Hustedt，1933：8-11 个；Cleve，1895：8 个），室内缘平。

生态：海水生活。

分布：采自海南西沙群岛琛航岛低潮带的海藻体表（3 月）。此外，印度尼西亚的爪哇，大洋洲萨摩亚的乌波卢岛，毛里求斯的罗德里格斯岛，拉丁美洲的洪都拉斯也有记录。Cleve（1895）报道本种仅出现于印度尼西亚的爪哇，但 Hustedt（1933）报道本种在暖海岸分布广泛。

498. 矮小胸隔藻原变种（图版 XCI：939，940；图版 CXVII：1218-1220）

Mastogloia pumila (Grunow) Cleve var. **pumila** 1895, p. 157; Skvortzow, 1927, p. 104, f. 7;

Jin (金德祥), 1951, p. 89; Hustedt, 1959, p. 553, f. 983; Patrick and Reimer, 1966, p. 301, 20/16, 17; Van Landingham, 1967-1979, p. 2164; Stephens and Gibson, 1980c, p. 229-231, f. 31-41; Jin et al. (金德祥等), 1982, p. 94, 28/227-232; Liu (刘师成), 1993a, p. 718.

异名：*Mastogloia braunii* var. *pumila* Grunow 1880；*Mastogloia braunii* var. *pumila* (Cleve) Cleve-Euler 1953。

壳面小，舟形至狭舟形，长 24.9-29.2 μm，宽 8.6-8.7 μm（金德祥等，1982：长 24-25 μm，宽 9.4 μm），壳端略呈嘴状；壳缝直；中节大，方形；中央区向两侧扩大成 "H" 形侧区；点条纹细，10 μm 23 条，近乎平行；隔室每侧 4-8 个（Cleve，1895：6-8 个），不等大，中央两室较大；隔室内缘凸起。

生态：半咸水或海水生活。

分布：采自海南（8 月）及大亚湾（1986-1987 年）海藻洗液，福建三都湾（9 月）的底栖动物消化道，也曾记录于天津（Skvortzow，1927），海南西沙群岛琛航岛（3 月）网胰藻体表。此外，美国佛罗里达海草体表，夏威夷群岛，墨西哥湾和波罗的海，澳大利亚沿岸及其斯旺河口，南非，坦桑尼亚也有记载。

矮小胸隔藻脓疱变种（图版 XCI：941；图版 CXVIII：1221）

Mastogloia pumila var. **papuarum** Cholnoky 1963, 174, 25/56, 57; Stephens and Gibson, 1980c, p. 222, f. 7,11; Van Landingham, 1967-1979, p. 2164; Jin et al. (金德祥等), 1992, p. 78-79, 85/1021; Liu (刘师成), 1993a, p. 718, 8/12-14.

本变种区别于原变种的是前者端圆（或略微楔形），后者略呈嘴状，本变种金德祥等（1982）图版 28/227-229 为正种，金德祥等（1992）进一步订成变种。我们的样品长 18.5-21.2 μm，宽 7.6-7.9 μm。

生态：海水生活。

分布：采自海南（8 月）及大亚湾（1986-1987 年）海藻洗液，海南西沙群岛琛航岛（3 月）低潮带的海藻洗液。此外，新几内亚，丹麦和美国佛罗里达印第安河的海草体表也有记录。

矮小胸隔藻伦内变种（图版 CXVIII：1222）

Mastogloia pumila var. **rennellensis** Foged 1975, p. 57, 5/2; Liu (刘师成), 1993a, p. 718, 8/3-4.

壳面长椭圆形，一端宽于另一端；壳面长 25-28 μm，宽 9-11.3 μm，长宽比约为 3：1；壳缝直；中轴区狭；中央区向两侧扩大成 "H" 形；横点条纹细，10 μm 约 30 条；中央隔室大，约 1.5 μm 宽，其他小，约 1 μm 宽，室内缘凸。

生态：海水，底栖生活。

分布：采自大亚湾海藻洗液（1986-1987 年），海南西沙群岛琛航岛（3 月）低潮带的海藻洗液。此外，英国伦内尔，所罗门群岛也有记录。

499. 细点胸隔藻（图版 XCI：942）

Mastogloia punctifera Brun 1895, 16/56-57; Hustedt, 1933, p. 490, f. 914; Van Landingham, 1967-1979, p. 2164; Jin et al. (金德祥等), 1992, p. 89, 88/1057.

壳面舟形，两端突然缢缩成嘴状突；壳面长 20-38 μm，宽 7-13 μm，长宽比为 2.9-3.1：1；壳缝强烈波浪状；中轴区很狭，中心区小，壳面孔纹呈三相交叉；横点条纹网状，10 μm 约 21 条，略射出状排列；隔室大小略相等，除两端外通达全缘，室扁（2-2.5 μm 宽），10 μm 6-8 个，内缘平。

生态：海水，底栖生活。

分布：采自海南西沙群岛琛航岛（3 月）低潮带的网胰藻体表。此外，地中海沿岸也有记录。

500. 琼州胸隔藻

Mastogloia qionzhouensis Liu (刘师成) 1993a, p. 718-722, 2/1-6; Liu (刘瑞玉), 2008, p. 83.

壳面宽椭圆形，两端缢缩成嘴状；壳面长 23-25 μm，宽 9-11 μm，长宽比为 2.5-2.8：1；壳缝直；横点条纹略射出状，10 μm 26-28 条；隔室几乎通达两端，近方形，10 μm 6.5 个，室内缘平或略凸。

外壳面宽椭圆形，两端略缢缩；壳缝直，近中段轻微波状，外壳缝终止在中央区，末端轻微膨大；壳面分成两个区：近壳缝呈披针形区并有 3-5 条纵的透明线，近壳缘有强的横肋纹，近中段平行，近端呈轻微射出状，10 μm 26-28 条，肋间有相对排列的点纹。

内壳面的横点状（硅质肋纹）被 3-5 条纵肋的透明线所断，2 列斑纹位于另一面的横肋间；壳缝直（除中段略轻微波纹状）；隔室相等，室内缘平或微凸，可见到室孔、空管。

本种与鱼形胸隔藻 *M. pisciculus* 很相近。

生态：海水生活。

分布：采自海南西沙群岛琛航岛潮间带的海藻洗液。

备注：由于文献资料不足，仅提供文字描述，缺图。

501. 五肋胸隔藻（图版 XCI：943）

Mastogloia quinquecostata Grunow 1860, p. 578, 7/8(5/8); Cleve, 1895, p. 161; Peragallo and Peragallo, 1897-1908, p. 1, 6/2, 3; Mann, 1925, p. 91, 19/6, 7; Boyer, 1927, p. 340; Hustedt, 1933, p. 556, f. 989; Van Landingham, 1967-1979, p. 2165; Montgomery, 1978, 138/A-E, 139/C, D; Ricard, 1975b, p. 58, IV/32-35; Paddock and Kemp, 1990, p. 78, f. 20d; Foged, 1975, p. 33, 15/7, 8; Jin et al. (金德祥等), 1992, p. 82, 86/1033; Liu (刘师成), 1993a, p. 722, 8/2.

壳面亚菱形，长 54 μm，宽 15 μm（Cleve, 1895：长 57-104 μm，宽 22-30 μm）；壳缝多少波浪状；中央区小；横点条纹略射出状，10 μm 16 条；纵波浪状，在壳缝两侧被

2-3 列纵沟所交叉；隔室很狭，室宽 1-1.5 μm，大小几乎相等，并通达两端，10 μm 4-5 个，内缘凸。

生态：海水，底栖生活。

分布：采自海南西沙群岛，海南岛三亚（11 月）、榆林（11 月）低潮带的海藻洗液，山东威海。此外，远东海，印度尼西亚的爪哇、松巴哇岛，萨摩亚，大洋洲的塔希提岛，亚得里亚海，地中海，欧洲沿岸（常见），好望角，凯尔盖朗群岛，科威特和坦桑尼亚等都有记录。Hustedt（1933）报道，本种为广泛分布于暖海的常见种。

502. 菱形胸隔藻（图版 XCI：944）

Mastogloia rhombus (Petit) Cleve et Grove 1891, p. 58, 9/12; Schmidt et al., 1874-1959, 187/33-35; Cleve, 1895, p. 146; Boyer, 1927, p. 334; Hustedt, 1933, p. 484, f. 905; Van Landingham, 1967-1979, p. 2168.

壳面宽椭圆披针形，两端突然缢缩成嘴状；壳面长 30-58 μm，宽 16-35 μm；壳缝直；横点条纹 10 μm 13-14 条；隔室很狭，约 0.75 μm 宽，10 μm 2-4 个。

本种似尖胸隔藻 *M. peracuta*，但前者端室不较其他隔室大，点纹从中轴朝两端不渐长；后者端室较大，点纹从中轴朝两侧渐长。

生态：海水生活。

分布：采自海南西沙群岛潮间带，还分布在太平洋的热带到亚热带沿岸，印度洋，大西洋，中美洲沿岸水域。

503. 裂缝胸隔藻（图版 XCI：945）

Mastogloia rimosa Cleve 1893b, p. 15, 1/15; Boyer, 1927, p. 336; Van Landingham, 1967-1979, p. 2167; Yohn and Gibson, 1981, p. 644, f. 24-26; Jin et al. (金德祥等), 1992, p. 88, 87/1052.

壳面菱舟形，端尖或略嘴状，长 40 μm，宽 8 μm（Cleve，1895：长 37 μm，宽 13 μm）；壳缝波浪状；中轴区狭；隔室扁，通达全缘，呈 1 环带，10 μm 10 个；点条纹略射出状，10 μm 10 条，近端转为聚合状，并被不明显的纵沟所断。

生态：海水生活。

分布：采自海南西沙群岛琛航岛（3 月）低潮带的海藻洗液。此外，西印度群岛，巴哈马也有记录。

504. 粗状胸隔藻（图版 XCI：946）

Mastogloia robusta Hustedt 1933, p. 518, f. 591; Hustedt, 1959, p. 519, f. 951; Van Landingham, 1967-1979, p. 2167; Jin et al. (金德祥等), 1982, p. 97, 28/249-256.

壳面宽舟形，端楔形，壳面长 41-56 μm，宽 16-20 μm；壳缝波浪状，位于两条平行的纵肋之间；中轴区狭；中节略膨大；点条纹粗，中部近乎平行，近壳端转为放射状，

10 μm 16 条（Hustedt，1959：18 条）；隔室每侧 18 个，不达壳端，大小相等，长方形，10 μm 7-8 个。

本种不同于椭圆胸隔藻原变种 *M. elliptica* var. *elliptica*。前者具纵肋，点条纹粗，中部点条纹非长短相间；而后者无纵肋，点条纹较细（10 μm 20 条），中部点条纹长短相间。

本种与微尖胸隔藻原变种 *M. acutiuscula* var. *acutiuscula* 相似，但前者壳缝波浪状，后者壳缝直。

生态：海水，底栖生活。

分布：采自福建同安刘五店的文昌鱼消化道和南海。Hustedt（1955）记载，仅在印度尼西亚的加里曼丹岛找到少量标本。

505. 长喙胸隔藻（图版 XCI：947；图版 CXVIII：1223）

Mastogloia rostrata (Wallich) Hustedt 1933, p. 572, f. 1007; Van Landingham, 1967-1979, p. 2168; Yang and Dong（杨世民和董树刚），2006, p. 243, f. a-c.

壳面狭舟形，两端缢缩成长的嘴状；壳面长 75-96.7 μm，宽 11-14.6 μm；壳缝直；横点条纹细，10 μm 约 30 条，纵线不明显；隔室每边 2 个，相等，位于中部，约 3 μm 宽。

生态：海水生活。

分布：采自东海表层（6 月）和底层（11 月）海水，南海和台湾海峡。此外，印度洋沿岸有记录。

506. 萨韦胸隔藻（图版 XCI：948；图版 CXVIII：1224-1227）

Mastogloia savensis Jurilj 1957, p. 76; Van Landingham, 1967-1979, p. 2133; Li（李家维），1978, p. 792, 8/11; Jin et al.（金德祥等），1992, p. 87.

异名：*Mastogloia acutiuscula* var. *elliptica* Hustedt 1959。

本种区别于微尖胸隔藻原变种 *M. acutiuscula* var. *acutiuscula* 的特征是：前者细胞小；壳面长 19-36 μm，宽 8.7-13 μm（金德祥等，1982：长 24-38 μm，宽 10-19 μm），壳面椭圆形，壳端呈嘴状缢缩。

Van Landingham（1971）把本种列为 *Mastogloia savensis*，金德祥等（1992）查证了 Jurilj（1957）论文，同意 Van Landingham 的意见，把 *Mastogloia acutiuscula* var. *elliptica* 列为异名。

生态：海水，底栖生活。

分布：采自海南（8 月）及大亚湾（1986-1987 年）海藻洗液，海南西沙群岛琛航岛（3 月）低潮带的网胰藻体表；记录于台湾澎湖列岛（5 月）的海藻（Li，1978）。此外，南斯拉夫有记载，坦桑尼亚也有记录。

507. 连续胸隔藻（图版 XCII：949）

Mastogloia seriane Voigt 1963, p. 114, 22/6, 7; Liu and Cheng（刘师成和程兆第），1996, p.

285, f. 11.

壳面披针形，两端略呈嘴状缢缩，所见标本壳面长 28 μm，宽 9 μm（Voigt，1963：长 5-29 μm，宽 6.5-8 μm）；壳缝略波浪状；中轴区狭，中心区小；横点条纹细，10 μm 30-32 条；隔室等型，室宽约 1 μm，10 μm 4 个（Voigt，1963：室宽 0.7-1 μm，10 μm 4 个）。所见标本两端的嘴状突较 Voigt（1963）的描述明显。

生态：海水生活。

分布：采自我国西沙群岛海藻洗液。此外，亚得里亚海也有记录。

508. 锯齿胸隔藻（图版 XCII：950）

Mastogloia serrata Voigt 1942, p. 16, f. 21; Van Landingham, 1967-1979, p. 2168, Jin et al. (金德祥等), 1992, p. 95, 89/1082.

壳面菱形，两端略缢缩；壳面长 34 μm，宽 11 μm，长宽比约为 3：1；壳缝略波浪状；中轴区狭；中央区扩大成十字形几达边缘；横点条纹平行，10 μm 14-15 条，边缘点纹粗，呈相等的眼点，排列似锯齿；隔室通达近端，10 μm 4-5 个，内缘凸。

本种似 M. lancettula（Hustedt，1933），但后者的端室较长。

生态：海水生活。

分布：采自浙江舟山群岛（Voigt，1942）。

509. 塞舌尔胸隔藻（图版 XCII：951，952；图版 CXIX：1228）

Mastogloia seychellensis Grunow 1878, p. 111; Grunow, 1879, p. 678; Cleve, 1895, p. 154; Hustedt, 1933, p. 524, f. 958; Proschkina-Lavrenko, 1950, p. 124, 43/1; Foged, 1975, p. 23, 15/9, 10; Van Landingham, 1967-1979, p. 2169; Jin et al. (金德祥等), 1992, p. 60, 80/930.

壳面舟形，两端缢缩成钝的嘴状；壳面长 27.1-33.8 μm，宽 12.2-13.8 μm（金德祥等，1992：长 40-60 μm，宽 10-16 μm，长宽比为 3.4-4：1）；壳缝直；壳缝两侧无纵肋，中节小；中轴区窄；横点条纹几乎平行，10 μm 约 32 条；纵点条纹略呈波浪状，在中部 10 μm 6 条，边缘 10 μm 20 条；隔室离壳缘有一段距离，不通达两端，大小不一，中央较大，10 μm 6-7 个，朝两端渐小，10 μm 7-8 个。

本种与新月胸隔藻 M. lunula 相似，但前者壳缝直，壳缝两侧无纵肋；后者壳缝波浪状且位于两平行的纵肋间。

生态：海水生活。

分布：采自海南海藻洗液（8 月），海南西沙群岛琛航岛（3 月）低潮带的网胰藻体表。此外，印度洋的塞舌尔，地中海，里海，法国的科西嘉，坦桑尼亚均有记录。

510. 相似胸隔藻（图版 XCII：953；图版 CXIX：1229-1231）

Mastogloia similis Hustedt 1933, p. 522, f. 955; Van Landingham, 1967-1979, p. 2169; Jin et al. (金德祥等), 1992, p. 60, 80/931.

壳面舟形，两端突然缢缩成头状，长 29.6-41.2 μm，宽 10.6-12.8 μm（金德祥等，1992：长 35-43 μm，宽 9-11 μm，长宽比约为 4：1）；壳缝直；中轴区很窄；壳缝两侧各有 1 条硅质肋；横点条纹平行，10 μm 28 条，纵点条纹与横点条纹垂直，10 μm 24 条，纵纹比横纹明显；隔室离壳缘有一段距离，且不通达壳端，最大的在中央，宽约 2 μm，朝两端渐小，室内缘凸。

本种与奇异胸隔藻 *M. paradoxa* 相似，但前者壳缝直，后者壳缝强烈波浪状。

生态：海水生活。

分布：采自福建长乐漳港海水中（7 月），海南海藻洗液（8 月），海南西沙群岛永兴岛、琛航岛、石岛（3 月）的高中潮带的海藻洗液。此外，印度尼西亚的婆罗洲（加里曼丹岛），大洋洲的斐济也有记录。

511. 单纯胸隔藻（图版 XCII：954）

Mastogloia simplex Klaus-D Kemp et Padock 1990, p. 316, f. 46, 47; Liu and Cheng (刘师成和程兆第), 1996, p. 285, f. 12.

壳面宽线椭圆形，两端缢缩成较宽的嘴状突；壳缝直；中轴区很狭；中央区小；点条纹细，在光镜下未能见到；隔室等型，离两端有一段距离，所见标本每边有 5 个隔室，10 μm 有 4.5 个，室内缘凸。

生态：海水生活。

分布：采自我国西沙群岛海藻洗液。此外，百慕大，加那利群岛和阿卡雄也有分布。

512. 新加坡胸隔藻（图版 XCII：955；图版 CXIX：1232）

Mastogloia singaporensis Voigt 1942, p. 17, f. 25; Van Landingham, 1967-1979, p. 2169; Jin et al. (金德祥等), 1992, p. 75, 85/1007, 1008.

壳面舟形，端钝；壳面长 77.3-94.4 μm，宽 16.6-18.9 μm（金德祥等，1992：长 50-77 μm，宽 13-20 μm，长宽比约为 3.8：1）；中节小，圆；壳缝直，位于两条平行的纵肋之间；中轴区窄；点条纹三向交叉，10 μm 28 条；隔室方形，未通达近端，大小相等，10 μm 5-7 个。

生态：海水生活。

分布：采自海南西沙群岛的石岛、永兴岛潮间带的海藻洗液，海南岛三亚（Voigt，1952）。此外，新加坡也有记录。

513. 史氏胸隔藻原变种（图版 XCII：956）

Mastogloia smithii Thwaites ex W. Smith var. **smithii** 1856, p. 65, 54/341; Schmidt et al., 1874-1959, 185/10; Van Heurck, 1896, p. 154, 2/60; Hustedt, 1959, p. 502, f. 928a; Van Landingham, 1967-1979, p. 2169; Jin et al. (金德祥等), 1982, p. 96, 28/244.

壳面宽舟形，长 30-45 μm，两端略嘴状；隔室每列 6-10 个，远离两端；点条纹粗，

10 μm 15-17 条，中部非长短相间；中节略大。

生态：淡水和半咸水生活。

分布：曾记录于天津（Skvortzow，1927）。北美洲大西洋沿岸也有记录。

史氏胸隔藻偏心变种（图版 XCII：957）

Mastogloia smithii var. excentrica Liu et Chin 1980, p. 111, f. C; Jin et al. (金德祥等), 1982, p. 96, 28/245.

壳面长椭圆形，长 30-31 μm，宽 12-13 μm，长宽比约为 2.4∶1；壳端突然缢缩成嘴状；壳缝直，略偏向一侧；中节小，圆，也略偏向一端；点条纹细，平行或略呈放射状，10 μm 24 条；壳环面长方形，四角圆。

本变种与史氏胸隔藻头状变种（*M. smithii* var. *amphicephala*）相似，但是本变种点条纹细，中节小，而且中节和壳缝都偏心。

生态：海水，底栖生活。

分布：采自琼州海峡（3 月）的试验挂板。

514. 光亮胸隔藻（图版 XCII：958；图版 CXIX：1233）

Mastogloia splendida (Gregory) Cleve et Möller in Cleve 1895, p. 148; Boyer, 1927, p. 329; Hustedt, 1933, p. 463, f. 883; Proschkina-Lavrenko, 1950, p. 121, 44/2; Hendey, 1964, p. 237, 37/2; Van Landingham, 1967-1979, p. 2172; Huang (黄穰), 1979, p. 200, 5/112; Stephens and Gibson, 1979b, p. 507, f. 41-46; Foged, 1975, p. 34, 12/1; Navarro, 1982, p. 41-42; Navarro, 1983, p. 122, f. 64, 65; Podzorski and Hakansson, 1987, p. 69; 26/7; Paddock and Kemp, 1990, p. 76, f. 6; Jin et al. (金德祥等), 1992, p. 65, 81/961; Liu (刘师成), 1994, p. 101, I/6.

壳面椭圆形，长 50-71.1 μm，宽 31.7-50.7 μm（Hustedt，1933：长 30-200 μm，宽 25-170 μm；金德祥等，1992：长 70-170 μm，宽 32-33 μm）；壳缝略呈波浪状（缝端向同一方向呈钩状弯曲）；点纹粗，呈三向交叉排列；横点条纹放射状排列，10 μm 5-8 条，在隔室内分为 2 列点纹；隔室扁，长方形，10 μm 2-6 个，内缘平；隔室遍布全壳缘。

电镜：在外壳面上可见到壳面的两带型，即近壳套处点纹一分为二和双弓形壳缝。

本种类似睫毛胸隔藻 *M. fimbriata*，但后者壳缝直。

生态：海水生活，分布广，常见于暖水或温带水域。

分布：采自南海表层沉积物，海南西沙群岛永兴岛的潮间带（3 月）和东海大陆架柱样沉积物（3 月）；Cleve（1895）也曾记录于我国南海。此外，日本的长崎，琉球群岛，印度尼西亚的苏门答腊，西印度群岛，洪都拉斯，科隆，美国佛罗里达印第安河的体表都有记载。化石记录于匈牙利，捷克的摩拉维亚，新西兰的奥马鲁，海地的热雷米和美国的加利福尼亚；波多黎各，巴西，菲律宾的巴拉望岛、卡约也有记录。

515. 拟定胸隔藻原变种（图版 XCII：959）

Mastogloia subaffirmata Hustedt var. **subaffirmata** 1933 Schmidt et al., 1874-1959, p. 526, f. 960a-f; Van Landingham, 1967-1979, p. 2173; Montgomery, 1978, 124/A; Liu and Cheng (刘师成和程兆第), 1996, p. 285.

壳面宽椭圆，椭圆披针形至菱披针形，两端缢缩成嘴状；壳面长 18-60 μm，宽 8-17 μm；壳缝强波浪状，近中节部分宽，内缝直；中轴区非常狭；横点条纹 10 μm 22-26 条，平行或射出状，近端有时略聚合状；纵线直或轻微波浪状，与横纹正交；隔室通达两端（除嘴状外），方形，同型，1-1.5 μm 宽，10 μm 6-12 个，室内缘平或略凸（较宽时）。

生态：海水生活。

分布：记录于海南西沙群岛。此外，澳大利亚，墨西哥湾，美国佛罗里达，印度尼西亚婆罗洲（加里曼丹岛），菲律宾也有记录（John，1990；McCarthy，2013）。

拟定胸隔藻窄形变种（图版 XCII：960）

Mastogloia subaffirmata var. **angusta** Hustedt 1933, p. 527, f. 960g; Van Landingham, 1967-1979, p. 2173; Liu and Cheng (刘师成和程兆第), 1996, p. 285-286, f. 17-20.

本变种与原变种的差异是前者壳面披针形，无嘴状端；后者壳面宽椭圆形，椭圆披针形至菱披针形，两端缢缩成嘴状。所见标本壳面长 50 μm，宽 10.5 μm；横点条纹 10 μm 25 条，纵点条纹 10 μm 24 条。

生态：海水生活。

分布：采自我国西沙群岛海藻洗液。此外，巴厘岛，萨摩亚，亚得里亚海沿岸，克罗地亚的普拉港也有记录。

516. 亚粗胸隔藻（图版 XCII：961）

Mastogloia subaspera Hustedt 1933, p. 478, f. 898; Voigt, 1942, p. 17; Van Landingham, 1967-1979, p. 2173; Montgomery, 1978, 121/C-F; Jin et al. (金德祥等), 1992, p. 69, 83/982; Liu (刘师成), 1994, p. 104, III/12.

壳面椭圆形，端钝圆；壳面长 18-42 μm，宽 11-21 μm，长宽比为 1.6-2∶1；壳缝直；中轴区窄，点（斑）纹略延长；横点条纹平行，近端略射出状排列，10 μm 19-20 条，纵线波浪状明显；隔室大小相等，通达两端，宽 1.5 μm，10 μm 4-5 个（Hustedt，1933：3-4 个），内缘凹。

生态：海水，底栖生活。

分布：采自海南西沙群岛的实验挂板，琛航岛（3 月）低潮带的网胰藻洗液。此外，印度尼西亚的苏拉威西岛，亚得里亚海，约旦的利桑附近都有记录。

517. 亚砖胸隔藻（图版 XCIII：962）

Mastogloia sublatericia Hustedt 1933, p. 479, f. 900; Voigt, 1942, p. 18; Van Landingham,

1967-1979, p. 2173; Montgomery, 1978, 120/G; Jin et al. (金德祥等), 1992, p. 69, 83/982; Liu (刘师成), 1994, p. 104, III/8.

壳面椭圆形，呈短钝的嘴状端，长 20-28 μm，宽 15-16 μm，长宽比为 1.3-1.8：1；壳缝直；中轴区窄；中央区小，圆；网纹延长成砖块状，粗，平行排列 10 μm 13-14 条；隔室大小相等，长条形，室宽 1.5 μm，内缘中央凹陷，10 μm 2-3 个。

本种与拟砖胸隔藻 *M. pseudolatericia* 相似，但后者无嘴状端；隔室内缘平。

生态：海水，底栖生活。

分布：采自海南西沙群岛永兴岛（3 月）。此外，菲律宾的马尼拉，印度尼西亚的苏拉威西岛和大洋洲的萨摩亚群岛也有记录。首次记载于热带太平洋。

518. 具槽胸隔藻 （图版 XCIII：963）

Mastogloia sulcata Cleve 1892a, p. 162, 23/14; Cleve, 1895, p. 147; Schmidt et al., 1874-1959, 187/51; Hustedt, 1933, p. 549, f. 979; Van Landingham, 1967-1979, p. 2174; Foged, 1975, p. 34, VI/6; Jin et al. (金德祥等), 1992, p. 85, 87/1041; Liu (刘师成), 1993a, p. 722.

异名：*Cocconeis splendida* Gregory 1857；*Mastogloia splendida* (Gregory) H. Pergallo 1888。

壳面宽舟形，两端嘴状不明显；壳面长 50-85 μm，宽 25-28 μm；壳缝轻微波浪状；中轴区很狭；横点条纹 10 μm 20-22 条，纵纹轻微波浪状；壳缝两侧各有 1 等距离的宽线形的沟；隔室很狭，宽约 1 μm，10 μm 2-3 个，内缘凸。

Voigt（1952）报道本种的侧区变化很大，一些样品的侧区很深而另一些标本的侧区很浅，似龙骨舟形藻 *Navicula carinifera*。

生态：海水生活。

分布：采自海南岛（Voigt，1952）。此外，菲律宾的宿务，印度尼西亚的爪哇，南亚和印度，马来西亚及坦桑尼亚也有记录。

519. 细弱胸隔藻 （图版 XCIII：964；图版 CXX：1234，1235）

Mastogloia tenuis Hustedt 1933, p. 570, f. 1004; Van Landingham, 1967-1979, p. 2174; Jin et al. (金德祥等), 1992, p. 63, 80/944; Liu and Cheng (刘师成和程兆第), 1997, p. 252, 1/6.

光镜：壳面舟形，端渐尖；壳面长 22.7-28 μm，宽 7-8.7 μm，长宽比约为 4：1；壳缝直；壳缝两侧各有 1 条纵肋；中轴区很狭；横点条纹细，10 μm 约 36 条，略射出状，每边隔室 4 或 3 个，中央两个（或 1 个）大，旁边两个很小。

电镜：壳面舟形；壳面长 14.7-30 μm，宽 5.4-8 μm，长宽比为 2.7-3.7：1；壳缝直；中轴区很狭；中央区小，包埋在很强的 2 条纵肋之间，内壳面有平行排列的横肋，10 μm 30-40 μm，肋间有 2 列相对排列的斑纹；隔室环离壳端有些距离，每边有 4 个；隔室管长，其隔室孔开在间插带与壳套相交的顶端上。

生态：海水，底栖生活。

分布：采自海南海藻洗液（8 月），海南西沙群岛琛航岛（3 月）低潮带的网胰藻洗液。此外，印度尼西亚的婆罗洲（加里曼丹岛），东亚沿岸，澳大利亚，坦桑尼亚，菲律宾也有记录。

520. 极细胸隔藻（图版 XCIII：965）

Mastogloia tenuissima Hustedt 1933, p. 486, f. 908; Jin et al. (金德祥等), 1992, p. 73, 84/999.

壳面宽舟形，两端突然缢缩成嘴状；壳面长 13 μm，宽 6.5 μm；壳缝直；中轴区很狭；中央区小，略向两侧膨大；点条纹三向交叉；横点条纹全部射出状，10 μm 约 26 条；隔室很狭，约 0.75 μm 宽，大小相等，通达近端，10 μm 约 4 个，室内缘凸。

本种似变异胸隔藻 *M. varians*，但前者隔室大小相等，后者端室较大。

生态：海水生活。

分布：采自海南西沙群岛琛航岛（3 月）低潮带的海藻洗液。此外，印度洋的塞舌尔，印度洋沿岸也有记录。

521. 龟胸隔藻（图版 XCIII：966；图版 CXX：1236-1238）

Mastogloia testudinea Voigt 1942, p. 18, 4/26; Van Landingham, 1967-1979, p. 2174; Voigt, 1952, p. 448; Jin et al. (金德祥等), 1992, p. 72, 84/997.

壳面披针形，两端钝，有时呈不明显的嘴状突；壳面长 37.8-50.9 μm，宽 16.5-20 μm（金德祥等，1992：长 46-82 μm，宽 16.5-29 μm，长宽比约为 2.8：1）；壳缝直；横点条纹在中央略呈射出状，或平行，近端转为聚合排列（Voigt，1942：10 μm 10-12 条），纵点条纹 10 μm 6-8 条；隔室通至近端，大小相等，长 2-3 μm，宽 2.5-3 μm，10 μm 5 个。

本种端略嘴状的标本与粗胸隔藻 *M. aspera* 相似，但前者的横点条纹在两端呈聚合状，孔纹延长成方形。

生态：海水生活。

分布：采自海南海藻洗液（8 月），海南西沙群岛海藻洗液，海南岛三亚、榆林（11 月）的浮筒；Voigt（1942）也曾在浙江舟山群岛采到过。此外，日本的长崎和印度也有记录。

522. 三波胸隔藻（图版 XCIII：967）

Mastogloia triundulata Liu in Cheng and Liu (程兆第和刘师成), 1997, p. 88-89, 1/3; Jin et al. (金德祥等), 1992, p. 62, 80/940.

壳面舟形；壳面长 64 μm，宽 10 μm，长宽比约为 6.4：1；壳缝直，两侧各被 1 条纵肋所界；纵横点条纹互为垂直，10 μm 各为 25 条和 28 条。隔室环波浪状，位于"波峰"部的 10 μm 16-18 室，室宽约 2 μm；位于"波谷"处的室宽约 1 μm。

生态：海水生活。

分布：采自海南西沙群岛（3月）的潮间带。

523. 脐胸隔藻（图版 XCIII：968）

Mastogloia umbilicata Voigt 1963, p. 114, 22/10-11; Jin et al. (金德祥等), 1992, p. 95,
89/1080, 1081.

壳面椭圆-舟形，长 69 μm，宽 23 μm，长宽比约为 3：1；壳缝直；中轴区窄，中节小，圆，其间有 1 个小斑点；点条纹呈射出状，10 μm 12-13 个；纵线呈波浪状，10 μm 17-18 条。

本种点条纹略似似曲壳胸隔藻原变种 *M. achnanthioides* var. *achnanthioides*，Voigt 认为本种中节处有 1 小斑点。

生态：海水，底栖生活。

分布：采自海南西沙群岛永兴岛潮下带的铁锚附着物。此外，印度尼西亚也有记录。

524. 波浪胸隔藻（图版 XCIII：969；图版 CXX：1239）

Mastogloia undulata Grunow 1860, p. 576; Grunow, 1877, p. 176, 195/5; Boyer, 1927, p.
337; Hustedt, 1933, p. 528, f. 961; Van Landingham, 1967-1979, p. 2175; Liu et al. (刘师
成等), 1982, p. 95; Jin et al. (金德祥等), 1992, p. 90, 88/1060.

壳面椭圆披针形，端略呈嘴状；壳面长 27.7-29.4 μm，宽 6.9-10.7 μm（金德祥等，1992：长 30-45 μm，长宽比约为 2：1）；外壳缝强烈波浪状，内壳缝直；横点条纹几乎平行或略射出状，并有波状的纵线；隔室通达近端，大小相等，10 μm 9-12 个。

生态：海水生活。

分布：采自海南海藻洗液（8月），海南西沙群岛的海藻洗液。此外，亚得里亚海，地中海（常见种之一），洪都拉斯和美国的康涅狄格也有记录。Hustedt（1933）报道，本种是暖海性的常见种。

525. 变异胸隔藻（图版 XCIII：970）

Mastogloia varians Hustedt 1933, p. 486, f. 909; Van Landingham, 1967-1979, p. 2175;
Huang (黄穰), 1979, p. 200, 5/6; Jin et al. (金德祥等), 1992, p. 74, 84/1002, 1003.

壳面小，椭圆舟形，两端突然缢缩成嘴状；壳面长 17 μm，宽 8 μm（Hustedt，1933：长 15-25 μm，宽 6-8 μm）；壳缝直；中轴区狭；中央区缺；点条纹略延长，中部平行，近端略射出状，10 μm 18 条（Hustedt，1933：18-20 条）；隔室除两嘴状端外通达全缘，端室较大；隔室很狭，室宽约 1 μm，10 μm 3-4 个，室内缘凸。

生态：海水生活。

分布：采自台湾兰屿的潮间带（10月），海南西沙群岛琛航岛（3月）低潮带的海藻洗液、石岛（3月）低潮带石头的海藻体表。此外，东亚，马来西亚沿岸和坦桑尼亚也

有记录。

526. 毒蛇胸隔藻（图版 XCIII：971）

Mastogloia viperina Voigt 1942, p. 18, 5/29; Van Landingham, 1967-1979, p. 2176; Jin et al. (金德祥等), 1992, p. 89, 88/1056.

　　壳面舟形，端尖或略缢缩成不明显的嘴状；壳面长 89-125 μm，宽 23-29 μm，长宽比为 3.8-4.3：1；壳缝强波浪状，在中央屈曲；横点条纹在中部平行，近端会聚，10 μm 13-14 条；点纹长椭圆形，尤其在中央区两侧，点纹延长特别明显，10 μm 8-10 条，形成不规则的纵线；隔室除两端外遍布全缘，大小相等；隔室很宽（4-4.5 μm），10 μm 9-12 个，内缘平。

　　本种是较大的硅藻，容易由中央区两侧特别延长的点纹来识别，它与巴哈马胸隔藻 *M. bahamensis* 相似，然而前者的一般结构较细，但它的壳面比巴哈马胸隔藻 *M. bahamensis* 要大。

　　生态：海水，底栖生活。

　　分布：采自大亚湾海藻洗液（1986-1987 年），海南西沙群岛琛航岛（3 月）低潮带的网胰藻体表。此外，印度及其附近海域的海参类消化道也有记录。

527. 伤胸隔藻（图版 XCIII：972）

Mastogloia vulnerata Voigt 1952, p. 448, 3/24; Van Landingham, 1967-1979, p. 2176; Jin et al. (金德祥等), 1992, p. 62, 80/943; Liu and Cheng (刘师成和程兆第), 1997, p. 252, III/9.

　　壳面椭圆舟形，端钝；壳面长 27-27.7 μm，宽 7.7-9 μm（Voigt，1952：长 30 μm，宽 10 μm），长宽比约为 3：1；壳缝直；中轴区狭；横点条纹射出状，10 μm 27 条；中央两隔室较大，宽约 2.5 μm，其余小，宽约 1.6 μm，10 μm 4 个，室内缘凸。

　　本种与厦门胸隔藻 *M. amoyensis* 很相似，但前者横点条纹射出状，后者横点条纹平行。

　　生态：海水，底栖生活。

　　分布：采自大亚湾海藻洗液（1986-1987 年），海南岛榆林（10 月）浮筒的海藻体表；Voigt（1952）也在海南采到过。此外，印尼海参消化道也有记录。

528. 西沙胸隔藻（图版 XCIII：973）

Mastogloia xishaensis Liu (刘师成) 1993a, p. 722-724, 3/1-8; Jin et al. (金德祥等), 1992, p. 88, 87/1049-1051.

　　壳面菱舟形，有明显的嘴状突，突长 2-3 μm；壳面长 18-24 μm，宽 8.5-9.4 μm，长宽比为 2.2-2.5：1；壳缝直；壳缝两侧各有 1 纵肋；中轴区窄；点条纹极细，略射出状，10 μm 30-33 条；纵纹 10 μm 约 24 条；隔室未通达两端，除端隔室呈三角形外，其余隔室大小和形状几相等，10 μm 3-4 个，室内缘凸并有小刺。

本种不同于变异胸隔藻 *M. varians*，前者端室不大于其他隔室，点条纹 10 μm 多于 25 条；后者端室较其他隔室大，点条纹 10 μm 18-21 条。

本种也不同于平滑胸隔藻 *M. levis*，前者两端的嘴状突较长。

生态：海水生活。

分布：采自海南西沙群岛琛航岛（3月）低潮带的海藻洗液。

（65）舟形藻属 Navicula Bory

Bory 1822, p.128.

细胞三轴皆对称，单独生活，也有以胶质管、胶质块形成群体的；壳面多为舟形，也有椭圆形、菱形、棍棒形和长方形等；具壳缝、结节和由点组成的点条纹；每个细胞有色素体 2-4 个。

本属是硅藻类中种类最多的一个属，有 1000 种以上，它们被区分成十几个亚属。然而，有些亚属之间的差别很细微，以及有许多过渡型的构造。各种类之间的鉴别，主要根据壳面的微细构造和大小等特征。因此，在种类鉴定上，难度较大，需要多方面注意。

本属种类生活在热带到寒带的海水、半咸水和淡水中，也很普遍地发现于化石里。在潮间带的经济贝类及鱼类的消化道都能大量找到。对于海水养殖地，作为人工培养饵料方面，颇受重视。

亚属和种的划分主要是根据 Cleve（1894-1895）和 Cleve-Euler（1953）的分类系统，共记录了 140 种和 26 变种，分属 17 亚属。

本属模式种为三点舟形藻 *Navicula tripunctata* (O. F. Müller) Bory 1822。

舟形藻属分亚属检索表

1. 浮游生活；壳面点条纹在光镜下不可见 ·················· **A. 海洋亚属 *Naviculae Pelagicae***
1. 底栖生活；能行动，壳面点条纹可见 ·· 2
  2. 点条纹似肋纹 ······································· **B. 平滑亚属 *Naviculae Laevistriatae***
  2. 点条纹呈粗点或细点，明显可辨 ·· 3
3. 壳面点条纹纵横排列，明显可辨 ·· 4
3. 壳面点条纹在中轴区两侧（低陷部分）为弯曲的纵列和放射状的点条纹，其余部分为放射状排列 ···
  ·· **E. 壮丽亚属 *Naviculae Luxuriosae***
3. 壳面点条纹呈斜的交叉排列 ·············· **F. 交叉亚属 *Naviculae Decussatae***
3. 壳面具肋纹，肋间有双列点条纹 ·············· **G. 双形亚属 *Naviculae Biformae***
3. 壳面点条纹平行或放射状排列（非纵横、斜交或具肋纹）···································· 5
  4. 壳面棍形，中央和两端膨大 ·············· **C. 约翰逊亚属 *Naviculae Johnsoniae***
  4. 壳面舟形至狭舟形 ·············· **D. 纵列亚属 *Naviculae Orthostichae***
5. 点纹粗大 ·· 6

A. 海洋亚属 *Naviculae Pelagicae* Cleve-Euler 分种检索表

B. 平滑亚属 *Naviculae Laevistriatae* Cleve 分种检索表

---

    ①   凡有（ ）括号标志的，为本卷无记号者。

C. 约翰逊亚属 *Naviculae Johnsoniae* Van Heurck 分种检索表

1. 细胞内具许多横列的硅质片 ························· **599.** 洛氏舟形藻 *N. lorenzii*
1. 细胞内无横列的硅质片 ··························· **645.** 岩石舟形藻 *N. scopulorum*

D. 纵列亚属 *Naviculae Orthostichae* Cleve 分种检索表

1. 在中节两侧各有 3 条较粗的点条纹 ················· **582.** 异点舟形藻 *N. hetero-punctata*
1. 壳面点条纹粗细均匀 ···································· 2
  2. 壳面棍形，端截圆 ···························· **624.** 羽状舟形藻 *N. pinna*
  2. 壳面舟形，端长嘴状，端壳缝不对称 ············· **559.** 小头舟形藻 *N. cuspidata*
  2. 壳面线形，端钝圆 ···························· **570.** 折断舟形藻 *N. fracta*
  2. 壳面披针形或舟形，端尖 ······················ **540.** 英国舟形藻 *N. britannica*
  2. 壳面舟形至橄榄形，端楔形 ···································· 3
3. 壳面长橄榄形，纵点条纹较明显，细胞内具隔片 ····· **621.** 佩氏舟形藻 *N. perrotettii*
3. 壳面线舟形至舟形，细胞内无隔片 ·············· **584.** 豪纳舟形藻 *N. howeana*

E. 壮丽亚属 *Naviculae Luxuriosae* Cleve

600. 壮丽舟形藻 *N. luxuriosa*

F. 交叉亚属 *Naviculae Decussatae* Grunow

633. 金坎舟形藻 *N. quincunx*

G. 双形亚属 *Naviculae Biformae* (Cleve) Chin et Cheng

536. 双形舟形藻 *N. biformis*

H. 型形亚属 *Naviculae Aratae* Cleve-Euler 分种检索表

1. 壳缝波浪状 ··· 2
1. 壳缝直 ··································· **658.** 滔拉舟形藻 *N. toulaae*
  2. 壳端嘴状至头状 ··············· **661.** 吐丝舟形藻原变种 *N. tuscula* var. *tuscula*
  2. 壳端楔形 ··················· 吐丝舟形藻楔形变种 *N. tuscula* var. *cuneata*

I. 斑点亚属 *Naviculae Punctatae* Cleve 分种检索表

1. 壳面的中轴区向着壳端逐渐高起 ················· **544.** 龙骨舟形藻 *N. carinifera*
1. 壳面平坦 ··· 2
  2. 中轴区在近中节和端节处明显变狭，两侧的点纹明显稀疏 ········· **576.** 颗粒舟形藻 *N. granulata*
  2. 中轴区梭形，中心区横向延伸 ··············· **594.** 强壮舟形藻 *N. lacertosa*

16. 壳面舟形，壳端钝圆 ·· **610. 麦舟形藻 *N. my***

J. 琴状亚属 *Naviculae Lyratae* Cleve 分种检索表

K. 内滑亚属 *Naviculae Entoleiae* Cleve 分种检索表

L. 微点亚属 *Naviculae Microstigmaticae* Cleve 分种检索表

M. 线形亚属 *Naviculae Lineolatae* Cleve 分种检索表

N. 中横亚属 *Naviculae Mesoleiae* Cleve 分种检索表

O. 棍形亚属 *Naviculae Bacillares* Cleve

596. 兰达舟形藻 *N. lambda*

P. 异条亚属 *Naviculae Heterostichae* Cleve

647. 盾形舟形藻 *N. scutiformis*

Q. 中稀亚属 *Naviculae Decipientes* Cleve 分种检索表

529. 截形舟形藻（图版 XCIV：974）

Navicula abrupta (Gregory) Donkin 1870, p. 13, 2/6; Schmidt et al., 1874-1959, 3/1, 2, 129/15; Cleve, 1895, p. 61; Boyer, 1927, p. 417; Chin, 1939a, p. 408; Hendey, 1964, p. 210, 33/12; Van Landingham, 1967-1979, p. 2388; Jin et al. (金德祥等), 1992, p. 141, 99/1207.

异名：*Navicula lyra* var. *abrupta* Gregory 1857。

壳面长椭圆形，长 55-85 μm，宽 22-24 μm；中轴区清晰，在近中节和壳端处变狭，侧区狭，短，在中部缢缩，末端会聚；点条纹 10 μm 10 条；点纹很细，10 μm 约 23 个或不清晰。

生态：海水生活。

分布：在福建沿岸的海藻，厦门动物消化道（Chin，1939a）及我国南海的海藻（Cleve，1895）都曾采到过。印度尼西亚的拉布安，西印度群岛，红海，黑海，亚得里亚海，地中海，北海，英国，挪威的芬马克，斯匹次卑尔根岛，匈牙利的化石材料中也有记载。

530. 最初舟形藻（图版 XCIV：975，976）

Navicula alpha Cleve 1893b, p. 13, 1/4; Cleve, 1895, p. 44; Hustedt, 1966, p. 688, f. 1686; Van Landingham, 1967-1979, p. 2398; Huang (黄檍), 1984, p. 187, 6/46; Jin et al. (金德祥等), 1992, p. 131, 96/117.

壳面椭圆形，略呈鸭嘴状端，长 33-48 μm，宽 20-26 μm；壳面点纹粗，10 μm 8-10点；点条纹放射状，10 μm 8-9 条（Cleve，1895：7 条，端较密，9 条；Hustedt，1966：8-10 条），中央较稀，长短相间（不等长），两端较密；中轴区很狭，线形；中心区稍为横向扩大，端壳缝向相反方向弯曲。

本种与串珠舟形藻 *N. monilifera*、三角舟形藻 *N. delta* 和宽阔舟形藻 *N. latissima* 很相似。然而，串珠舟形藻 1 μm 内点条纹 6.5-8 条，点纹 7-8 个；三角舟形藻 10 μm 内的点条纹 12 条，点纹 12 个（金德祥等，1992）；宽阔舟形藻的中轴区自中央向壳端逐渐变狭似针形。

生态：海水生活。

分布：在福建金门的沿岸水中（7月），广西北海白虎头中潮区的浒苔上和北海紫菜养殖场（10月）找到。本种曾记录于日本的横滨，印度尼西亚的苏门答腊和勃拉湾。

531. 相似舟形藻原变种（图版 XCIV：977）

Navicula approximata Greville var. **approximata** 1859a, p. 28, 4/4; Cleve, 1895, p. 62; Proschkina-Lavrenko, 1950, p. 203, 65/1; Hendey, 1958, p. 63, 4/5; Van Landingham, 1967-1979, p. 2415; Jin et al. (金德祥等), 1992, p. 138, 98/1197.

异名：*Lyrella approximata* (Greville) D. G. Mann 1990。

壳面橄榄形，具楔形或略嘴状的端，长 84 μm，宽 40 μm（Cleve，1895：长 75-150 μm，宽 40-80 μm）；点条纹略放射状，10 μm 7-8 条（Cleve，1895：7-10 条），侧区狭；中轴区两侧的点条纹向着中心区逐渐减少，在那里有 1-2 个点纹；中心区大，方形；壳缝延伸超过中轴区两侧的点条纹，并进入中心区，这是本种与琴状亚属中其他种类的区别。

生态：海水生活。

分布：采自台湾大陆架表层沉积物和海南西沙群岛（3月）的潮间带附着物。此外，大洋洲的塔希提岛，印度洋的斯里兰卡和马达加斯加，美洲的西印度群岛，美国的佛罗里达、康涅狄格、加利福尼亚的鸟粪里都有记载；Kolbe（1957）也曾在印度洋的沉积物里采到过。

相似舟形藻奈斯变种（图版 XCIV：978）

Navicula approximata var. **niceaensis** (Peragallo) Hendey 1958, p. 63, 3/4; Van Landingham, 1967-1979, p. 2416; Jin et al. (金德祥等), 1992, p. 138, 98/1198.

壳面椭圆形，壳端很微弱的楔形，长 86 μm，宽 55 μm；壳缝延伸超过中轴区两侧的点条纹，并进入中心区；中心区大，方形；侧区宽，区内具淡薄的点条纹，其数量与侧区外的相等。

本种侧区内的点条纹与美丽舟形藻微缺变种（*N. spectabilis* var. *emarginata*）相似，但后者的壳缝没有超过中轴两侧的点条纹。

生态：海水生活。

分布：采自东海大陆架柱样沉积物中。Hendey（1958）记录于塞拉利昂的弗里敦。

532. 阿拉伯舟形藻（图版 XCIV：979）

Navicula arabica Grunow 1875 in Schmidt et al., 1874-1959, 6/13, 14; Cleve, 1895, p. 49; Peragallo and Peragallo, 1897-1908, p. 146, 27/23; Jin et al. (金德祥等), 1992, p. 135, 97/1191.

壳面狭椭圆形，两侧几乎平行，端嘴状，长 81-96 μm，宽 38-45 μm（Hustedt，1966：长 60-120 μm，宽 30-43 μm）；中轴区狭，中心区横向扩大，端壳缝大，镰刀形；点纹均一，10 μm 5 点（Hustedt，1966：5.5-7 点，极少数标本达到 9 点），形成几条波浪状的纵列；横点条纹放射状，10 μm 6 条（Hustedt，1966：6-8 条）。

本种壳面构造与串珠舟形藻 *N. monilifera* 很相似，但后者中轴区两端的点纹较大，延长，以及在中心区两侧的点条纹多数是长短相间。

生态：海水生活。Hustedt（1966）认为是热带亚热带种类。

分布：在广西北海的白虎头珍珠贝养殖场的底泥表面上采到（10 月）。桑给巴尔，亚得里亚海和法国的布列塔尼也有记录。

533. 不对称舟形藻（图版 XCIV：980）

Navicula asymmetrica Pantocsek 1893, 7/110; Cleve, 1894, p. 129; Mills, 1933-1935, p. 985; Jin and Cheng (金德祥和程兆第), 1979, p. 145; Jin et al. (金德祥等), 1982, p. 157, 43/441.

壳面椭圆形，端短鸭嘴状或钝圆，长 22-44 μm，宽 10-20 μm；点纹粗，10 μm 约 15 点，组成放射状的点条纹，10 μm 18-20 条；中心区宽，向两侧扩大成十字形；中心区两侧的壳缘处除了有数条长度不等、模糊不清的点条纹，在一侧还具 1 明显伸向中心的线状长条纹；中轴区狭，线形；中央小孔相距较远，向同一侧弯曲；端节大，明显。

生态：海水和淡水生活。

分布：采自福建平潭东洋岛（9 月）打捞船船底的附着物。此外，还记录于日本淡水沉积物中。

534. 澳洲舟形藻（图版 XCIV：981；图版 CXXI：1240）

Navicula australica (A. W. F. Schmidt) Cleve 1895, p. 61; Schmidt et al., 1874-1959, 2/37; Boyer, 1927, p. 412; Van Landingham, 1967-1979, p. 2424; Jin et al. (金德祥等), 1982, p. 139, 38/373.

壳面椭圆形，长 51-73 μm，宽 27-31 μm；侧区针形，不达壳端，中部略缢缩，近壳端变狭；点纹密；点条纹略放射状，10 μm 12 条。

生态：海水生活。

分布：采自南海表层沉积物，海南西沙群岛的梅花参消化道，琛航岛（3 月）的海藻，广西涠洲岛（6 月）的潮间带，北海（10 月）的紫蛤贝、毛蚶、藤壶的体表和紫蛤贝、毛蚶和偏顶蛤的消化道，东海大陆架柱样（深度 184-190 cm）沉积物，浙江泗礁岛（7 月）青沙湾船底的附着物和基湖沙滩，冲绳海槽的表层沉积物中。澳大利亚和西印度群岛等地也有记载。

535. 巴胡斯舟形藻（图版 XCIV：982；图版 CXXI：1241）

Navicula bahusiensis (Grunow) Cleve 1895, p. 4; Van Heurck, 1880, 14/4; Cleve-Euler, 1953, p. 163, f. 831d; Hendey, 1964, p. 194; Van Landingham, 1967-1979, p. 2429;

Cheng et al. (程兆第等), 1993, p. 42, 18/131.

异名：*Navicula minuscula* var. *bahusiensis* Grunow 1880；*Astartiella bahusiensis* (Grunow) Witkowski, Lange-Bertalot et Metzeltin 2000。

壳面梭形，端钝，长 12.6-21 μm，宽 4-5 μm；壳面点条纹几乎平行排列，10 μm 22 条；中轴区非常狭，中心区小，两侧各有 1 条较短的点条纹。

根据 Hendey（1964）、Cleve（1895）的记录，本种壳面长 13-22 μm，宽 6-7 μm；点条纹几乎平行排列，10 μm 25 条。程兆第等（1993）检视的标本外形似 *N. bahusiensis* var. *scanica*（Cleve-Euler，1953），但他们考虑仍以原变种记述。

生态：海水生活。

分布：采自福建东山海水（7 月），东山鲍鱼池塑料布（8 月），南海海藻（8 月）和厦门港海水（9 月、10 月）。苏格兰西岸和瑞典沿岸也曾有记录。

536. 双形舟形藻（图版 XCIV：983；图版 CXXI：1242-1248）

Navicula biformis (Grunow) Mann 1925, p. 95, 20/6, 7; Cleve, 1894, p. 194; Mills, 1933-1935, p. 991; Van Landingham, 1967-1979, p. 2436; Jin et al. (金德祥等), 1992, p. 130, 96/1173.

异名：*Stauroneis biformis* Grunow 1863；*Mastoneis biformis* (Grunow) Cleve 1894。

壳面长椭圆形，具嘴状端，长 90-110 μm，宽 29-38 μm，壳面具有两层构造，外层是由点纹组成的点条纹，内层是横的肋纹；点条纹略呈放射状，10 μm 16-17 条（Cleve，1894：在壳面中部 15 条，壳端为 18 条）；肋纹 10 μm 7-8 条，向着中轴区逐渐消失；中轴区很狭，中节横向扩大，呈短的十字形；壳缝直，中央小孔靠近，端壳缝小，向相同的方向弯曲。

生态：海水生活。

分布：采自南海海藻（8 月），海南西沙群岛的海藻洗液（1982 年）和石岛（3 月）低潮带的海藻。此外，菲律宾，印度尼西亚的拉布安，澳大利亚的昆士兰和杰克逊港，红海均有记录。

537. 博利舟形藻（图版 XCIV：984；图版 CXXI：1249，1250）

Navicula bolleana (Grunow) Cleve 1883, p. 459; Cleve, 1895, p. 25; Boyer, 1927, p. 394; Proschkina-Lavrenko, 1950, p. 190, 60/12; Van Landingham, 1967-1979, p. 2441; Jin et al. (金德祥等), 1992, p. 150, 102/1234.

异名：*Rhoikoneis bolleana* Grunow 1863。

壳面舟形，端钝，长 42-44 μm，宽 11-12 μm（Cleve，1895：长 45-95 μm，宽 10-11 μm）；中轴区不清晰，中心区大，方形或不规则；点条纹放射状，10 μm 9-10 条（Cleve，1895：点条纹在中部 8 条，在壳端 11 条）。

本种壳面形状类似放射舟形藻 *N. radiosa*，但是后者壳端的点条纹呈平行或会聚状排列。

生态：海水生活。Cleve（1895）和 Boyer（1927）记录为北方种，我们是采自热带海区。

分布：在海南西沙群岛永兴岛的潮间带找到（3月）。曾记录于太平洋，格陵兰东岸，喀拉海，芬马克，斯匹次卑尔根岛，以及日本的化石中。

538. 巴西舟形藻（图版 XCV：985；图版 CXXI：1251）

Navicula brasiliensis Grunow 1863, p. 152, 14/10; Schmidt et al., 1874-1959, 6/19-21, 23-25, 31-33; Cleve, 1895, p. 47; Cleve-Euler, 1953, p. 110, f. 718; Van Landingham, 1967-1979, p. 2446; Jin et al. (金德祥等), 1992, p. 134, 97/1186.

壳面橄榄形，有时具略嘴状的端，长 59-77 μm，宽 6-31 μm（Cleve，1895：长 54-160 μm，宽 27-55 μm），端裂缝弯向相同的方向；中轴区狭，中心区小，圆，或稍向横向扩大；点纹在壳面中部较稀，略为波浪状的纵列，在壳缘与壳端较密；点条纹略放射状，10 μm 12 条（Cleve，1895：8-12 条）。

本种的点纹在壳面中部的排列方式类似颗粒舟形藻 *N. granulata*，但后者的中轴区在近中节和端节处明显变狭。

生态：海水生活。

分布：采自南海表层沉积物，广东湛江（10月）低潮带的油泥和特呈岛浮筏上的附着物（没入水中 0-1.5 m），南澳岛潮间带（10月）；Cleve（1895）曾记载于我国南海。此外，日本，新加坡，印度尼西亚的拉布安，夏威夷群岛，萨摩亚，新喀里多尼亚，马达加斯加，桑给巴尔，曼德海峡，巴西和北美洲大西洋沿岸也有记录。

539. 布伦氏舟形藻（图版 XCV：986）

Navicula breenii Archibald 1966, p. 478, f. 24, 25; Cheng et al. (程兆第等), 1993, p. 43, 18/132.

壳面椭圆形至长椭圆形，长 16 μm，宽 6.5 μm；壳缝直，中央小孔明显，相距较远，为 1-1.2 μm；中轴区很狭，中心区小，纵向延长；点条纹放射状，从中间直到壳端，10 μm 26-27 条。

本种由 Archibald（1966）订立；壳面长 1.5-19.5 μm，宽 6.5-8.0 μm；点条纹 10 μm 21-24 条。

生态：半咸水，海水生活。

分布：采自福建厦门港海水中（10月）。本种首次从南非纳塔尔与海水相通的锡巴伊（Sibayi）湖和恩兰格（Nhlange）湖里找到。

540. 英国舟形藻（图版 XCV：987；图版 CXXII：1252-1262）

Navicula britannica Hustedt et Aleem 1951, p. 184, f. 1c; Hendey, 1964, p. 195, pl. 31, f. 16; Simonsen, 1987, pl. 552, f. 10-12; 福代康夫等, 1995, p. 316-317, f. A-D; Li and Gao,

2003, p. 438-439, pl. 1, f. 2-3; Li (李扬), 2003, p. 32, pl. 7, f. 48, 49; Li (李扬), 2006, p. 211, pl. 9, f. 163.

异名：*Haslea britannica* (Hustedt et Aleem) A. Witkowski, H. Lange-Bertalot et D. Metzeltin 2000。

细胞单个生活，壳面披针形或舟形，两壳端呈 45°-60°角；壳缝中心区狭，壳面点纹长方形，排列整齐，整个壳面的点纹排列成相互平行的纵肋，并与壳面横轴垂直，这是该种的典型特征。本种最初记录的壳面长 39 μm，宽 8 μm（Hustedt and Aleem，1951）；福代康夫等（1995）在日本沿海发现的个体略小，壳面长 19-34 μm，宽 5-7.5 μm；我们观察到的样品长 18-60.8 μm，宽 5-13.6 μm。平行的纵肋 10 μm 内有 16-25 条，而福代康夫等（1995）记录的为 22-26 条，最初的记录则为 17-24 条。

本种归于纵列亚属（*Naviculae Orthostichae*），与多枝舟形藻 *Navicula ramosissima* 的壳面比较相似。

生态：本种为海洋浮游生活。

分布：采自福建长乐海水（7 月、9 月），漳港海水（7 月），东山鲍鱼池塑料布（8 月），北部湾表层海水（4 月），长江口海域（2002 年 5 月、2003 年 2 月），厦门港宝珠屿表层海水（7 月）、胡里山表层海水（7 月、8 月、12 月）和底层海水（6-10 月、12 月），大亚湾表层（9 月、12 月）和底层海水（1 月、6 月、12 月），以及香港吐露港 TM4 和 TM8 站位（10 月）、NM5 和 WM4 站位（11 月），鲤鱼门（12 月），牛尾海（2 月）；曾在我国黄海和东海海域有少量分布记录。该种首次被发现于英国普利茅斯附近海域的底泥中，远洋中较多，近岸也有发现，在日本南部河口海域分布较多，东京湾中常见。

541. 布氏舟形藻

Navicula bruchii Grunow in Cleve, 1881, p. 13, 3/15; De Toni, 1891-1894, p. 177; Cleve, 1895, p. 36; Van Landingham, 1967-1979, p. 2451.

壳面线舟形，端锐，长 44-60 μm，宽 12-18 μm；中轴区和中心区联合成一个狭的舟形区；点条纹较短，在中部放射状，在壳端转为平行排列，由细线组成，10 μm 18 条。这些点条纹被 1 条狭的纵带交叉着。

生态：海水生活。

分布：曾记录于我国南海（Cleve，1895）。菲律宾的马尼拉，印度尼西亚的拉布安，塔希提岛也有记录。

备注：由于文献不足，仅提供文字描述，缺图。

542. 盲肠舟形藻（图版 XCV：988）

Navicula caeca Mann 1925, p. 97, 21/3; Schmidt et al., 1874-1959, 50/344; Van Landingham, 1967-1979, p. 2453; Jin et al. (金德祥等), 1992, p. 55, 102/1252.

壳面棍形，中部缢缩，两端钝圆，长 70-100 μm，缢缩处宽 10-15 μm；壳面点纹弱，组成横的点条纹，10 μm 22 条；中轴区很狭，中心区很小，呈不对称的椭圆形；壳缝在两端弯曲，略偏向一侧。

生态：海水生活。

分布：采自海南西沙群岛永兴岛的试验挂板（10月）和潮间带海藻（3月）。菲律宾和 Kings Mill 岛也有分布。

543. 方格舟形藻原变种（图版 XCV：989）

Navicula cancellata Donkin var. **cancellata** 1873, p. 55, 8/4; Schmidt et al., 1874-1959, 46/29, 30, 36; Cleve, 1895, p. 30; Van Heurck, 1896, p. 183, 2/128; Chin, 1939b, p. 194; Jin (金德祥), 1951, p. 95; Jin et al. (金德祥等), 1957, p. 9; Van Landingham, 1967-1979, p. 2455; Jin et al. (金德祥等), 1982, p. 152, 42/413; 1992, p. 147, 101/1227.

异名：*Navicula retusa* var. *cancellata* (Donkin) R. Ross 1986。

壳面舟形，壳端略尖，两侧略微缢缩，长 55-86 μm，宽 14-19 μm；肋状的点条纹在壳面中部呈放射状，长短相等，近壳端则转为平行排列，10 μm 6-7 条；中轴区狭，常不等宽；中节呈长椭圆形。

生态：海水生活。

分布：采自福建的厦门（5月），龙海石美（5月），平潭（9月）；也记录于山东青岛和福建平潭的海藻（Chin, 1939b），厦门牡蛎消化道（金德祥等，1957），海南西沙群岛永兴岛（3月）的海藻洗液、石岛（3月）的潮间带沙滩表面，广东湛江潮间带的油泥（10月）和试验挂板（11月），浙江岱山岛幼苗池壁上的附着物里（7月）、泗礁岛的青沙湾船底附着物和基潮沙滩（7月），江苏连云港（3-4月）的海藻，辽宁大连（3-4月）。此外，澳大利亚，坦桑尼亚，新西兰也有记录。该种广泛地分布于世界沿海。

方格舟形藻短头变种（图版 XCV：990）

Navicula cancellata var. **apiculata** (Gregory) Peragallo et Peragallo 1897, p. 101, 13/9; Schmidt et al., 1874-1959, 46/41, 42, 71, 72; Cleve, 1895, p. 30; Boyer, 1927, p. 398; Van Landingham, 1967-1979, p. 2455; Jin et al. (金德祥等), 1992, p. 148, 101/1229.

壳面梭形，壳端呈短头状，长 31-47 μm，宽 6-9 μm；中轴区在中节处凹陷，向两端弓起，端节明显；点条纹 10 μm 8.5-11 条（Cleve, 1895：6.5-8 条），在中部明显呈放射状。

本变种似嘴状舟形藻 *N. vostellata* 和诺森舟形藻 *N. northumbrica*。与嘴状舟形藻的区别是后者端节很小、不明显和壳面没有弓起；不同于诺森舟形藻的地方，是后者点条纹为平行排列。

生态：海水生活。

分布：在浙江泗礁岛的潮间带和海藻采到（7月）。此外，夏威夷群岛，加拉帕戈斯群岛，塔希提岛，新喀里多尼亚，北海，波罗的海，喀拉海和斯匹次卑尔根岛等地都有记录。

方格舟形藻微凹变种（图版 XCV：991）

Navicula cancellata var. **retusa** (Brébisson) Cleve 1895, p. 30; Donkin, 1873, p. 64, 10/2; Schmidt et al., 1874-1959, 46/45, 46, 74, 75; Wolle, 1890, 17/16, 17; Peragallo and Peragallo, 1897-1908, p. 102, 13/11; Boyer, 1927, p. 398; Cleve-Euler, 1953, p. 133, f. 764a-c; Werff and Huls, 1957-1974, 16. p. 109; Van Landingham, 1967-1979, p. 2456; Jin et al. (金德祥等), 1992, p. 148, 101/1228.

异名：*Navicula retusa* Brébisson 1854；*Schizonema retusum* (Brébisson) Kützing 1898；*Pinnularia retusa* (Brébisson) Mills et Philip 1901。

壳面线形，壳端圆或略楔形，长 56 μm，宽 8 μm（Cleve，1895：长 50-75 μm，宽 7.5-11 μm）；点条纹没有到达中部，呈现一条较宽的中轴区，10 μm 7.5 条（Cleve，1895：6-7 条）。

壳面点条纹的排列方式，在 Schmidt 等（1874-1959）、Wolle（1890）和 Cleve-Euler（1953）的描述中是到达中部，不形成较宽的中轴区；Donkin（1873）、Peragallo 和 Peragallo（1897-1908，13/11）及 Werff 和 Huls（1957-1974）的图中显示，点条纹没有到达中部，形成较宽的中轴区。

生态：海水生活，广布种类。

分布：采自广东汕头的珠池高洞区油泥（10 月）。Donkin（1873）认为常出现在近河口港湾的油泥中。此外，北海，波罗的海，斯匹次卑尔根岛和南冰洋也有记录。

544. 龙骨舟形藻（图版 XCV：992）

Navicula carinifera Grunow 1874 in A. Schmidt et al., 1874-1959, 2/1, 2, 70/42; Cleve, 1895, p. 48; Hustedt, 1966, p. 754, f. 1730; Van Landingham, 1967-1979, p. 2460; Jin and Cheng (金德祥和程兆第), 1979, p. 145; Jin et al. (金德祥等), 1982, p. 142, 40/383.

异名：*Navicula scandinavica* (Lagerstedt) Cleve 1896。

壳面长橄榄形，端略呈嘴状，长 100-189 μm，宽 43-56 μm；壳面的中轴部分向着壳端逐渐高起；中轴区不明显，中心区小，圆形；壳面的粗点纹在中轴区两侧及壳缘较密，其余部分较稀，10 μm 8-9 条，组成横点条纹平行排列的点条纹，10 μm 10 条。此外，点纹在较稀疏的部分还形成波浪状的纵列。

生态：海水生活。

分布：采自福建东山、厦门和三都湾，广东湛江（10 月）潮间带的油泥，广西北海（10 月）养殖场的海水泡沫，山东黄岛（3-4 月）和烟台（3-4 月）的海藻。此外，坦桑尼亚，日本，印度尼西亚的科比，美国的佛罗里达，墨西哥的坎佩切湾，西印度群岛等地也有记载。

545. 系带舟形藻（图版 XCV：993；图版 CXXIII：1263）

Navicula cincta (Ehrenberg) Van Heurck 1885, p. 82, 7/13, 14; Cleve, 1895, p. 16; Van

Heurck, 1896, p. 178, 3/105a; Hustedt, 1930, p. 298, f. 510; Jin (金德祥), 1951, p. 95; Van Landingham, 1967-1979, p. 2465; Jin et al. (金德祥等), 1982, p. 152, 42/412.

异名：*Pinnularia cincta* Ehrenberg 1854。

壳面舟形，端钝，长 58 μm，宽 12 μm（Cleve，1895：长 20-40 μm，宽 5 μm；金德祥等，1982：长 35-61 μm，宽 10-15 μm）；点条纹粗糙，远距，10 μm 8-9 条，在壳面中央略呈放射状，其余部分为平行排列；在中节两侧有 2 条排列较稀的点条纹；壳缝直，端壳缝向同一方向弯曲；中心区小；中轴区狭，似针形。

生态：淡水和半咸水生活。

分布：采自福建金门（2月）的大土参消化道；也有记录于黑龙江哈尔滨的（Skvortzow，1925），浙江泗礁岛菜园码头石头上的黄褐色附着物（7月），河北秦皇岛（3-4月）的油泥（优势种）。此外，澳大利亚，斯里兰卡，南非，日本，新西兰，英国，比利时，德国，瑞典，瑞士，美国和加拿大等地也有记载。

546. 圆口舟形藻（图版 XCV：994；图版 CXXIII：1264，1265）

Navicula circumsecta (Grunow) Grunow in Cleve and Grunow, 1880, p. 42; Schmidt et al., 1874-1959, 3/6, 27; Cleve, 1895, p. 58; Boyer, 1927, p. 413; Mills, 1933-1935, p. 1006; Van Landingham, 1967-1979, p. 2466; Jin et al. (金德祥等), 1982, p. 137, 38/365, 366; 1992, p. 139, 98/1021, 1202.

异名：*Navicula polysticta* var. *circumsecta* Grunow ex A. Schmidt 1874；*Lyrella circumsecta* (Grunow ex A. Schmidt) D. G. Mann 1990。

壳面椭圆形，长 62-81 μm，宽 34-48.3 μm；侧区很宽，新月形，其中充满着斑点；壳面的点条纹仅存在于壳缝两侧及壳缘；壳缝两侧的点条纹 10 μm 13-14 条，壳缘内侧的点条纹 10 μm 12-13 条。

生态：海水生活，也有化石记载。

分布：采自东海大陆架和冲绳海槽的表层沉积物，东海大陆架柱样（深度 0-90 cm、115-123 cm、135-155 cm、165-230 cm）沉积物。此外，记载于斯里兰卡，马达加斯加，红海，地中海，北海，美国的佛罗里达和特拉华河，厄瓜多尔的加拉帕戈斯群岛等地。匈牙利的化石也有记录。

547. 棍棒舟形藻原变种（图版 XCV：995；图版 CXXIII：1266）

Navicula clavata Gregory var. **clavata** 1856b, p. 46, 5/17; Schmidt et al., 1874-1959, 70/50; Cleve, 1895, p. 61; Van Landingham, 1967-1979, p. 2468; Hendey, 1974, p. 289; Jin and Cheng (金德祥和程兆第), 1979, p. 145; Jin et al. (金德祥等), 1982, p. 136, 37/363, Huang (黄穰), 1990, p. 218.

异名：*Lyrella clavata* (Gregory) D. G. Mann 1990。

壳面椭圆形，端鸭嘴状，长 96.4 μm，宽 53.6 μm（金德祥等，1982：长 69-91 μm，宽 40-50 μm）；侧区宽，新月形，有的中间略缢缩，其中无斑点；点纹密集，不易分辨；

点条纹 10 μm 13 条，中央平行，其余为放射状。

生态：海水生活。

分布：采自南海表层沉积物，福建厦门（11 月）的潮间带，台湾岛西岸大陆架表层沉积物；我国南海（Cleve，1895），广西北海白虎头的浒苔（10 月），东海大陆架的表层和柱样（深度 40-70 cm、80-125 cm、140-160 cm、165-170 cm、180-200 cm）沉积物曾有记录。此外，科威特，新加坡，日本，斯里兰卡，马达加斯加，塞舌尔群岛，红海，地中海，北海，美国大西洋沿岸水域和西印度群岛等地也有记载。

棍棒舟形藻印度变种（图版 XCV：996；图版 CXXIII：1267）

Navicula clavata var. **indica** (Greville) Cleve 1895, p. 62; Schmidt et al., 1874-1959, 204/12; Van Landingham, 1967-1979, p. 2469; Jin et al. (金德祥等), 1982, p. 137, 37/364.

壳面长椭圆形，壳端短鸭嘴状，长 85 μm，宽 40.8-45 μm；点纹 10 μm 16 个；点条纹 10 μm 14 条；侧区内具粗的斑点。

本变种侧区内的斑点类似 Schmidt 等（1874-1959）记录的海氏舟形藻颗粒变型（*N. hennedyi* f. *grunulata*），但后者壳端不呈鸭嘴状。

生态：海水生活。

分布：采自南海表层沉积物，东海大陆架柱样（深度 20-40 cm、150-170 cm）沉积物，东海大陆架和冲绳海槽的表层沉积物。印度尼西亚的松巴哇岛，斯里兰卡和洪都拉斯等地也有记载。

548. 克莱舟形藻原变种（图版 XCVI：997-999）

Navicula clementis Grunow var. **clementis** 1882, p. 144, 30/52; Schmidt et al., 1874-1959, 398/8-12; Cleve, 1895, p. 24.

异名：*Schizonema clementis* (Grunow) Kützing 1898；*Navicula clementis* var. *rhombica* Brockmann 1950；*Placoneis clementis* (Grunow) E. J. Cox 1987；*Navicula inclementis* Hendey 1964；*Placoneis rhombica* (Brockmann) Lange-Bertalot 2005。

壳面宽舟形至橄榄形，嘴状端不明显，长 30-80 μm，宽 10-22 μm；中心区不对称且不规则，中心区内有游离点 1-4 点；点条纹呈放射状，10 μm 10 条，近壳端 16 条。

生态：淡水生活。

分布：记录于澳大利亚，德国，冰岛，西班牙，英国，加拿大和巴西等地。

克莱舟形藻线形变种（图版 XCVI：1000）

Navicula clementis var. **linearis** Brander et Hustedt 1936 in Schmidt et al., 1874-1959, 403/43; Cleve-Euler, 1953, p. 148, f. 802a-f; Van Landingham, 1967-1979, p. 2470; Ma et al. (马俊享等), 1984, p. 87; Jin et al. (金德祥等), 1992, p. 151, 101/1239.

壳面舟形，两端近乎平行，两端具明显的嘴状突，长 60 μm，宽 22 μm；中心区不对称，一侧呈圆形，另一侧长椭圆形，中心区一侧有 1 游离点（Schmidt et al.，1874-1959：有 2 个点；Cleve-Euler，1953：1-3 个点）；点条纹呈放射状，10 μm 11-12 点。

本变种与原变种的区别是：后者嘴状端不明显，壳面舟形至橄榄形。

生态：淡水生活，还有化石记载。

分布：采自福建龙海的石码（10 月）中潮区油泥。北欧的芬兰也有记录。

549. 梯楔舟形藻（图版 XCVI：1001，1002；图版 CXXIII：1268-1271）

Navicula climacospheniae Booth 1986, p. 295-300; Cheng et al. (程兆第等), 1993, p. 43, pl. 18, f. 133-135; Guo et al., 2000, p. 97; Gao et al. (高亚辉等), 2021, p. 83, 29/6-7.

壳面舟形，长 7-23.2 μm，宽 2-4.3 μm；中轴区狭，中心区横向扩大成长方形，两侧各有 1 条或多条短的点条纹；端节大，在壳端形成 1 个无纹的空区；端壳缝在壳端的空区内，并向同一侧弯曲；横点条纹由纵的条状点纹组成，密度为 10μm 内 20-22 条，点孔密度约为 5 个/μm；壳端有短的点纹围绕着壳端的空区；壳环面长方形。

生态：海水生活，常附着于串珠梯楔藻（*Climacosphenia moniligera*）附着柄上。

分布：采自厦门筼筜湖（11 月），厦门港火烧屿表层沉积物（6 月），福建漳港和东山海水（7 月），大亚湾海藻（1986-1987 年），海南海藻（8 月）；曾采自厦门港宝珠屿表层海水（3 月、10 月）和底层海水（1 月、6 月、7 月、10 月），胡里山表层海水（7 月），附着硅藻（1 月、11 月），筼筜湖（4 月、6 月、7 月、9 月），大亚湾（多个季节都有分布），香港吐露港（4 月、10 月）、鲤鱼门（12 月）、牛尾海（2 月）；也曾采自福建厦门港海水（6 月），浙江舟山群岛船底附着物（6 月）。本种首次记录于新西兰奥克兰的怀特玛塔港。

550. 克拉舟形藻（图版 XCVI：1003）

Navicula cluthensis Gregory 1857, p. 478, (6), 9/2(1/2); Schmidt et al., 1874-1959, 244/14; Cleve, 1895, p. 47; Boyer, 1927, p. 406; Cleve-Euler, 1953, p. 111, f. 721c, d; Van Landingham, 1967-1979, p. 2471; Jin et al. (金德祥等), 1992, p. 135, 97/1190.

壳面椭圆形，端钝，长 25 μm，宽 14 μm；点条纹放射状，10 μm 13-14 条，在中心区两侧常掺杂一些短的点条纹；中轴区很狭，中心区小，略圆形。

本种与冰河舟形藻 *N. glacialis* 相似。但是，后者点条纹形成波浪状的纵列和中心区两侧无较短的点条纹。

生态：海水生活。

分布：在海南西沙群岛永兴岛（3 月）潮间带的附着物和海藻上找到。此外，曾记录于大洋洲的塔希提岛，印度洋的斯里兰卡，以及印度的尼科巴群岛，欧洲的北海和波罗的海，智利的合恩角。

551. 扁舟形藻（图版 XCVI：1004；图版 CXXIV：1272）

Navicula complanata Grunow in Cleve and Grunow, 1880, p. 42; Cleve, 1894, p. 153;

Schmidt et al., 1874-1959, 26/45, 48, 49; Boyer, 1927, p. 376; Van Landingham, 1967-1979, p. 2475; Foged, 1975, p. 37, 19/5, 6; Jin et al. (金德祥等), 1992, p. 146, 101/1222, 1223.

细胞长方形，长 58.9-68 μm，宽 11.6-15.1 μm（金德祥等，1992：长 40-70 μm，宽 10-28 μm）；壳面线舟形，端尖，长 40-70 μm，宽 7 μm（Cleve，1894：长 35 μm，宽 5 μm）；中心区有 1 粗点；点条纹细，Foged（1975）记录 10 μm 18-20 条；壳环面很宽，相连带很多纵褶。在视野下多呈环面观。每个细胞有 2 个带状色素体。

本种与 *N. libellus* 相似，但前者壳面线舟形，端尖；后者壳面菱椭圆形，端节靠近壳端。

生态：海水生活。

分布：采自海南海藻体表（8 月），海南西沙群岛石岛（3 月）低潮带的海藻。此外，加拿大的戴维斯海峡，挪威的芬马克，瑞典的布胡斯伦，喀拉海，亚得里亚海和坦桑尼亚也有记录。

552. 伴船舟形藻（图版 XCVI：1005）

Navicula consors A. Schmidt 1876 in Schmidt et al., 1874-1959, 48/24-27; De Toni, 1891-1894, p. 94; Cleve, 1895, p. 25; Van Landingham, 1976-1979, p. 2478; Jin et al. (金德祥等), 1992, p. 151, 102/1238.

壳面舟形，长 70-100 μm，宽 20-22 μm；中轴区狭，几乎缺，中心区狭，不规则；点条纹远距，放射状，10 μm 6 条（Cleve，1895：8 条），在中轴区两侧各有 3-4 条空白的波浪状纵线，使得壳面点条纹很稀疏。

生态：海水生活。

分布：采自海南西沙群岛永兴岛中潮区的毛状附着物（3 月）和广西北海的潮间带（10 月）。此外，新加坡，印度尼西亚的爪哇，美国的夏威夷群岛，大洋洲的萨摩亚群岛，以及斯里兰卡曾有记录。

553. 盔状舟形藻（图版 XCVI：1006；图版 CXXIV：1273）

Navicula corymbosa (Agardh) Cleve 1895, p. 26; Van Heurck, 1896, p. 231, 27/780b; Cleve-Euler, 1953, p. 130, f. 753; Van Landingham, 1967-1979, p. 2482; Jin and Cheng (金德祥和程兆第), 1979, p. 145; Jin et al. (金德祥等), 1982, p. 155, 43/426-430; Cheng et al. (程兆第等), 1993, p. 43, 18/136.

异名：*Schizonema corymbosum* Agardh 1824。

细胞包埋在胶质管内，成群体。壳环面长方形；壳面梭形，鼓起，端钝圆；壳缘近末端处缓缓地凹缢，长 15.7-24 μm，宽 4-5 μm；中节、端节明显；点条纹平行排列，中部较稀，10 μm 22-24 条；壳面的硅质化薄弱，酸处理后易消失，而只留下壳缘部分；色素体 2 个。

本种个体比 Cleve（1895）、Van Heurck（1896）和 Cleve-Euler（1953）记载的大。

生态：海水生活。

分布：采自香港吐露港（4月）的试验挂板和海水（11月），浙江泗礁岛（7月）的青沙湾船底附着物，福建东山（3月）的鲍珠养殖场，厦门港海水（11月）。日本，北欧沿岸也有记载。

554. 中肋舟形藻原变种（图版 XCVI：1007）

Navicula costulata Grunow var. **costulata** 1880, p. 27; Schmidt et al., 1874-1959, 398/52-56; Cleve, 1895, p. 16; Boyer, 1927, p. 392.

异名：*Hippodonta costulata* (Grunow) Lange-Bertalot, Metzeltin et Witkowski 1996。

壳面舟形-近菱形，壳端锐，长 15-20 μm，宽 4.5-5 μm；中轴区狭，中心区横带状；点条纹明显，远距，10 μm 8-10 条，在中部略会聚状，在壳端平行排列。

生态：半咸水生活。

分布：记录于英国和罗马尼亚。

中肋舟形藻日本变种（图版 XCVI：1008）

Navicula costulata var. **nipponica** Skvortzow 1936, p. 272, 5/12; Van Landingham, 1967-1979, p. 2483; Cheng and Du (程兆第和杜琦), 1984, p. 200, f. 5; Jin et al. (金德祥等), 1992, p. 147, 101/1225, 1226.

细胞小型，壳面宽舟形。壳端短嘴状，长 16 μm，宽 6 μm；中轴区很狭，中心区横带状；点条纹明显，远距，10 μm 约 8 条（Skvortzow, 1936：9 条），几乎平行排列，在壳端略放射状。

Skvortzow（1936）记载，本种与原变种的区别是壳端为短嘴状。

生态：淡水生活。

分布：在福建九龙江口外曾厝垵的海藻（7月）找到。Skvortzow（1936）首次发现本种于日本本州岛的琵琶湖里，为常见种。

555. 十字舟形藻（图版 XCVI：1009）

Navicula crucicula (W. Smith) Donkin 1871, p. 44, 6/14; Schmidt et al., 1874-1959, 299/24, 25; Cleve, 1894, p. 139; Hustedt, 1930, p. 284, f. 471; Van Landingham, 1967-1979, p. 2487; Jin et al. (金德祥等), 1982, p. 150, 42/409, 410; 1992, p. 159.

异名：*Stauroneis crucicula* W. Smith 1853; *Parlibellus cruciculus* (W. Smith) Witkowski, Lange-Bertalot et Metzeltin 2000。

壳面舟形，端钝，长 42-60 μm，宽 14-16 μm；中节两侧的点条纹特别稀且粗，形似侧结状，其余的点条纹较细且密，放射状排列，至壳端趋向平行排列，10 μm 18-20 条（中央部分约 18 条，近端处约 20 条）；中轴区很狭，中心区小。

生态：半咸水生活。也有记载于淡水中的。

分布：采自福建东山的紫菜养殖场（3 月），浙江朱家尖后门山岩石附着物的洗液（7 月）。南非的礼拜日河和大鱼河，欧洲的北海沿岸，北美洲大西洋沿岸和挪威的斯匹次卑尔根岛等地也有记载。

556. 拟十字舟形藻（图版 XCVII：1010）

Navicula cruciculoides Brockmann 1950, p. 15, 4/7-10; Hendey, 1964, p. 191, 30/4; Van Landingham, 1967-1979, p. 2488; John, 1983, p. 86, 38/1; Jin et al. (金德祥等), 1992, p. 159, 103/1267.

异名：*Parlibellus cruciculoides* (C. Brockmann) Witkowski, Lange-Bertalot et Metzeltin 2000。

细胞单独自由生活，环面呈方形，并有几条间插带。壳面舟形至舟菱形，端略延长，长 36 μm，宽 10 μm（Hendey, 1964：长 60-100 μm，宽 12-18 μm）；中部点条纹略放射状，10 μm 16 条，近壳端略转平行；点条纹也更密，10 μm 18-20 条；中轴区狭舟形。

本种与 *N. cructenla* 的区别是前者中轴区狭舟形，后者中轴狭不明显。

生态：海水和半咸水生活。

分布：采自浙江玉环潮间带浒苔体表（2 月）。此外，英国沿岸和西澳大利亚也有分布。

557. 隐头舟形藻原变种（图版 XCVII：1011；图版 CXXIV：1277-1286）

Navicula cryptocephala Kützing var. **cryptocephala** 1844, p. 95, 3/20, 26; Cleve, 1895, p. 14; Guettinger, 1990, 2, p. 205, 31-3; Cheng et al. (程兆第等), 1993, p. 43-44.

异名：*Schizonema cryptocephalum* (Kützing) Kützing 1898；*Navicula cryptocefalsa* Lange-Bertalot 1993。

壳面舟形，具嘴状至头状的端，长 25-35 μm，宽 5-7 μm；横点条纹 10 μm 16-18 条，在壳面中央放射状，在壳端转为略会聚状，点纹短线条状；中轴区很狭，中心区小。

生态：淡水、半咸水或海水生活。

分布：采自厦门港火烧屿海水（2 月），海南海藻（8 月），福建大嶝盐池及油泥（11 月），泉州海水（7 月），东山鲍鱼池塑料布（8 月）；曾采自山西淡水中。大西洋也有记载。

隐头舟形藻威尼变种（图版 XCVII：1012；图版 CXXV：1287-1292）

Navicula cryptocephala var. **veneta** (Kützing) Rabenhorst 1864, p. 198; Cleve, 1895, p. 14; Hustedt, 1930, p. 295, f. 497a; Hendey, 1964, p. 196; Van Landingham, 1967-1976, p. 2493; Cheng et al. (程兆第等), 1993, p. 44, pl. 18, f. 137.

异名：*Navicula veneta* Kützing 1844；*Navicula pumila* Grunow 1880；*Navicula cryptocephala* var. *pumila* (Grunow) Cleve 1895；*Navicula cryptocephala* f. *veneta* (Kützing) Hustedt 1957。

壳面舟形，几乎没有头状端，长 15-17 μm，宽 5-6 μm；中轴区窄，中心区小；点条纹在壳面中央放射状，在壳端转为略会聚状；点条纹 10μm 内 16 条。

生态：半咸水或海水生活。

分布：采自厦门港火烧屿海水（2 月），广东深圳沙嘴红树林样品（10 月），海南海藻（8 月），胶州湾（2 月），厦门筼筜湖（11 月），香港鲤鱼门（12 月）、龙珠岛（2 月），福建厦门同安虾池（3 月）；曾记录于厦门港海水（6 月）和试验挂板（7 月）。另外，本种在瑞典、意大利和美国也曾有记录。

558. 似阮头舟形藻（图版 XCVII：1013；图版 CXXIV：1274-1276）

Navicula cryptocephaloides Hustedt 1936 in Schmidt et al., 1874-1959, 403/56-59; Van Landingham, 1967-1979, p. 2493; Jin et al. (金德祥等), 1992, p. 154, 102/1249.

壳面舟形，壳端楔形，略嘴状，长 30-45 μm，宽 8 μm；点条纹平行排列，10 μm 11-12 条；中轴区狭，中心区明显。

生态：海水生活。

分布：采自福建莆田、澳前海水（10 月），海南西沙群岛石岛低潮带的海藻（3 月）。本种首次记录于印度尼西亚的爪哇。

559. 小头舟形藻（图版 XCVII：1014；图版 CXXV：1293）

Navicula cuspidata Kützing 1844, p. 94, 3/24; Schmidt et al., 1874-1959, 211/32, 34-38; Cleve, 1894, p. 109; Boyer, 1927, p. 366; Hustedt, 1930, p. 268; Jin (金德祥), 1951, p. 96; Van Landingham, 1967-1979, p. 2494.

异名：*Frustulia cuspidata* Kützing 1833；*Craticula cuspidata* (Kützing) D. G. Mann 1990。

壳面舟形，端延长成鸭嘴状，长 70-80 μm，宽 19-24 μm；端壳缝不对称，向相反方向弯曲；点条纹很纤细；横点条纹平行排列，10 μm 18-20 条；纵点条纹较密，纵横点条纹成垂直交叉排列；中轴区几乎缺；中心区很小，圆形。

本种在 Schmidt 等（1874-1959）和 Hustedt（1930）壳缝都是对称的，Van Landingham（1975）不承认小头舟形藻不对称变型 *N. cuspidate* f. *asymmetrica*，我们暂订为小头舟形藻。

生态：淡水生活。我们在海水中也找到了本种。

分布：采自福建长乐、漳港的海水（7 月），平潭的海藻（8 月）；在广东南澳岛的黑麦蛤（*Adula atraia*）体表也找到了本种（10 月）。此外，澳大利亚东部，泰国，斯里兰卡，南非，日本，新西兰，澳大利亚，瑞典，瑞士，德国，法国，美国和厄瓜多尔等地都有记载。

560. 三角舟形藻（图版 XCVII：1015；图版 CXXV：1294，1295）

Navicula delta Cleve 1895, p. 14, 1/10; Cleve, 1895, p. 41; Hustedt, 1966, p. 690, f. 1688;

Van Landingham, 1967-1979, p. 2507; Jin et al. (金德祥等), 1992, p. 132, 96/1178, 1179.

壳面宽舟形，壳端嘴状延长，长 22-28 μm，宽 7.3-11.3 μm；点条纹自中部向着壳端逐渐转为放射状，10 μm 12-13 条；中轴区狭，线形；中心区近圆形。

生态：海水生活。

分布：采自福建漳港海水（7 月），海南西沙群岛永兴岛低潮带的海龟消化道和石岛低潮带的（3 月）。本种在斯里兰卡和印度洋曾有记载。

561. 掌状放射舟形藻（图版 XCVII：1016）

Navicula digito-radiata (Gregory) Ralfs in Pritchard, 1861, p. 904; Cleve, 1895, p. 20; Van Heurck, 1896, p. 184, 3/130; Boyer, 1927, p. 395; Hustedt, 1930, p. 301, f. 518; Proschkina-Lavrenko, 1950, p. 184, 59/19; Hendey, 1964, p. 202, 28/8, 9; Van Landingham, 1967-1979, p. 2514; Huang (黄穰), 1979, p. 200, 5/10; 1984, p. 187, 6/47; Jin et al. (金德祥等), 1992, p. 149, 101/1232.

壳面舟形至线椭圆形，端钝圆，长 46-80 μm，宽 10-18 μm（Hendey，1964：长 44-84 μm，宽 16-20 μm），沿纵轴微弱地鼓起；端裂缝向同一方向弯曲；中轴区很狭，中心区小，不规则；点纹细线状，不易分辨，类似肋纹，10 μm 9 条，在中部略放射状，不等长且常常弯曲，在壳端平等或略会聚状。

Hendey（1964）记录：本种外形变化大，广盐性，在英国沿岸普遍分布，四季都有，尤其在泥滩和沙滩上。

生态：海水和半咸水种类。

分布：采自台湾兰屿的潮间带（10 月），福建龙海的石码中潮区油泥（12 月）和金门沿岸（7 月），广东湛江港光芒潮区的油泥（10 月），海南岛三亚（11 月）和广东南澳（10 月）船底的附着物。在欧洲沿岸常见；黑海，苏联，美国及匈牙利的化石里都有记载。

562. 直舟形藻原变种（图版 XCVII：1017；图版 CXXVI：1296-1301）

Navicula directa (W. Smith) Ralfs var. **directa** in Pritchard 1861, p. 906; Schmidt et al., 1874-1959, 47/5; Cleve, 1895, p. 27; Boyer, 1927, p. 395; Chin, 1939a, p. 408; Jin (金德祥), 1951, p. 97; Jin et al. (金德祥等), 1957, p. 9; Van Landingham, 1967-1979, p. 2517; Jin et al. (金德祥等), 1982, p. 156, 43/436; Huang (黄穰), 1990, p. 218; Gao et al. (高亚辉等), 2021, p. 84, 30/1-2.

异名：*Pinnularia directa* W. Smith 1853。

壳面狭舟形，长 55-138 μm，宽 7-20 μm（金德祥等，1982：长 82-120 μm，宽 10-12 μm，一般长约为宽的 10 倍）；肋状的点条纹由 2 条极细的点组成，一般情况下呈现为长形小点；点条纹平行排列，10 μm 7.5-8 条；中轴区不清晰；中心区小；中央小孔靠近。

生态：海水生活。

分布：采自北部湾海水（7 月），海南海藻体表（8 月），厦门港海水（1986-1987 年），福建连江的紫菜叶状体（2 月）和三都湾，厦门的海洋动物和牡蛎的消化道，同安的刘五店及金门的潮间带，台湾岛大陆架表层沉积物，海南西沙群岛琛航岛、永兴岛的海藻洗液（3 月）和白棘三列海胆的消化道，广东朝阳海门潮间带的石莼和其他海藻（10 月），广西北海的紫贻贝、毛蚶和藤壶体表（10 月），香港吐露港的试验挂板（4 月），浙江岱山岛的马尾藻（*Sargassum* sp.）体表，福建罗源湾至江苏海州湾沿岸、长江和钱塘江口外的表层沉积物，辽宁大连的海藻（7 月）。此外，澳大利亚斯旺河口，科威特，坦桑尼亚，新西兰也有记录；英国，北美洲大西洋沿岸，加利福尼亚和格陵兰等地也有记载。

直舟形藻爪哇变种（图版 XCVII：1018；图版 CXXVI：1302-1304）

Navicula directa var. **javanica** Cleve 1895, p. 27; Schmidt et al., 1874-1959, 259/16; Boyer, 1927, p. 395; Van Landingham, 1967-1979, p. 2517; Jin et al. (金德祥等), 1982, p. 156, 43/437; Gao et al. (高亚辉等), 2021, p. 85, 30/3.

本变种的特征是：壳面针形，两侧平行，仅近端才逐渐变狭，长 86-147 μm，宽 10-13 μm（金德祥等，1982：长 90-120 μm，宽 10 μm）；点条纹 10 μm 5-6 条。

本标本与 Schmidt 等（1874-1959）描述的不同之处在于：前者的中心区小，宽度几乎与狭的中轴区一样；后者的中心区大，圆形。

生态：海水生活。

分布：采自北部湾海水（7 月、10 月），福建长乐漳港海水（7 月），海南海藻体表（8 月），福建平潭（8 月）、厦门、东山和金门的大土参消化道（2 月），广东南澳岛和朝阳（10 月）的潮间带油泥。印度尼西亚的松巴哇岛也有记录。

直舟形藻疏远变种（图版 XCVII：1019）

Navicula directa var. **remota** Grunow in Cleve and Möller 1878 No. 172; Schmidt et al., 1874-1959, 47/1; Cleve, 1895, p. 27; Van Landingham, 1967-1979, p. 2517; Li (李家维), 1978, p. 793, 10/5; Huang (黄穰), 1979, p. 20, 5/9; 1984, p. 187, 6/52; Jin et al. (金德祥等), 1992, p. 156, 43/438.

本变种壳面舟形，长 65-88 μm，宽 7-15 μm，从中部向壳端逐渐变狭，成锐的端；点条纹 10 μm 4-5 条。

生态：海水生活。

分布：采自浙江岱山岛（7 月）潮间带的海藻，福建沿海和金门沿岸水中（7 月），台湾兰屿的潮间带（10 月）；也记录于台湾澎湖列岛的石莼（*Ulva* sp.）（5 月），海南西沙群岛永兴岛的海藻洗液（3 月）。此外，红海、地中海、喀拉海、墨西哥湾、坎佩切湾、巴拿马的科隆等地也有记载。

563. 远距舟形藻（图版 XCVII：1020；图版 CXXVII：1305）

Navicula distans (W. Smith) Ralfs in Pritchard, 1861, p. 907; Schmidt et al., 1874-1959,

46/11-14; Cleve, 1895, p. 35; Van Landingham, 1896, p. 185, 3/133; Chin and Wu, 1950, p. 47; Van Landingham, 1967-1979, p. 2526; Jin et al. (金德祥等), 1982, p. 153, 42/417.

异名：*Pinnularia distans* W. Smith 1853；*Navicula distans* (W. Smith) Schmidt 1876。

壳面长舟形，端钝，长 91-109 μm，宽 19-27 μm；点条纹粗，点纹紧挨，远距，10 μm 5 条；点条纹放射状排列，愈向壳端愈明显；中轴区宽；中心区大。

生态：海水生活。

分布：采自福建的厦门（春季）、平潭（9 月）的海洋动物消化道，海南西沙群岛永兴岛和琛航岛（3 月）的海藻洗液。此外，澳大利亚斯旺河口，新西兰，科威特，坦桑尼亚，欧洲北海沿岸，格陵兰，挪威的斯匹次卑尔根岛，加拿大的戴维斯海峡等地也有记载。

564. 拟优美舟形藻（图版 XCVII：1021）

Navicula elegantoides Hustedt 1942, p. 76, f. 142; Prowse, 1962, p. 42; Chen et al. (陈长平等), 2006, p. 95-99, f. 2.

壳面椭圆披针形，具嘴状端，端尖，长 60 μm，宽 23 μm（John，1983：长 60-85 μm，宽 22-26 μm）；中轴区宽，向两端逐渐变狭；中心区宽披针形，略不对称；壳缝分行广泛；点条纹在壳面中部放射状排列，向两端转为会聚状排列，10 μm 7 条。

本种与亚伦舟形藻 *N. yarrensis* 和雅致舟形藻 *N. elegans* 相似，但是亚伦舟形藻 *N. yarrensis* 的壳面点条纹 10 μm 4-5 条，长 57-107 μm，宽 20-27 μm；点条纹在壳面中部放射状，向两端转为平行至稍会聚状。雅致舟形藻 *N. elegans* 的壳面点条纹 10 μm 9-11 条，壳面两侧几乎平行，具较大的环状中心区，长 75-80 μm，宽 18-21 μm；点条纹强烈弯曲，在壳面中部放射状排列，向两端转为平行至会聚状排列（John，1983）。

生态：淡水和半咸水生活，底栖和浮游都有。John（1983）报道的盐度范围为 2.2-35.6，我们的样品盐度范围为 5.0-26.1。

分布：采自福建云霄红树林泥滩。曾记录于斯里兰卡（Foged，1976）和澳大利亚的天鹅湖河口（John，1983）。

565. 埃尔舟形藻（图版 XCVII：1022；图版 CXXVII：1306）

Navicula elkab O. Müller 1900 p. 331, 12/22; Van Landingham, 1967-1979, p. 2528; Archibald, 1983, p. 162, f. 33, 34, 270-275, 537; Cheng et al. (程兆第等), 1993, p. 44, 18/138.

异名：*Craticula elkab* (O. Müller) Lange-Bertalot, Kusber et Cocquyt 2007。

壳面舟形，端延长嘴状，长 10-14 μm，宽 5 μm；中轴区狭，中心区偏在一侧，弓形扩大，小；横点条纹平行排列，10 μm 24 条。

Archibald（1983）记述：本种长 15-32 μm，宽 4-6 μm；中央区缺；点条纹 10 μm 20-25 条。

本种类似叶状舟形藻 *N. phyllepta*，但后者中心区大，圆形；点条纹在中节两侧放射状，转为平行，到近壳端又呈会聚状排列（Hendey，1964；Riaux and Germain，1980）。

生态：半咸水生活。

分布：采自海南海藻体表（8 月），厦门港潮间带的浒苔（*Enteromorpha* sp.）体表（7 月）。本种曾记录于南非的森迪斯河和大鱼河的河口。

566. 无裸舟形藻（图版 XCVII：1023；图版 CXXVII：1307，1308）

Navicula epsilon Cleve 1895, p. 12, 1/3; p. 49; Hustedt, 1966, p. 694, f. 1691; Van Landingham, 1967-1979, p. 2532; Chin et al., 1984, p. 521; Jin et al. (金德祥等), 1992, p. 136, 98/1195.

壳面宽舟形，壳端嘴状，偏向相反方向，长 48 μm，宽 21 μm（Hustedt，1966：长 62-100 μm，宽 30-40 μm；金德祥等，1992：长 80-100 μm，宽 40 μm）；壳缝的中央小孔分叉，端壳缝向相反的方向弯曲；中轴区狭，略微扩大地围绕中节；点条纹放射状，10 μm 10 条，点纹靠近壳缘处 10 μm 10 个，在中轴区两侧凹陷的部分 10 μm 约 6 个，并呈波浪状的纵列。

生态：海水生活。

分布：采自福建长乐漳港海水（7 月）和泉州海水（7 月），东海大陆架柱样沉积物的海参消化道；Cleve（1895）记录于我国南海。日本也有记录。

567. 依塔舟形藻（图版 XCVII：1024）

Navicula eta Cleve 1895, p. 13, 1/5; p. 42; Hustedt, 1966, p. 725, f. 1706a-c; Van Landingham, 1967-1979, p. 2533; Du and Jin (杜琦和金德祥), 1983, p. 83; Jin et al. (金德祥等), 1992, p. 132, 97/1181.

细胞包埋在胶质块中，营群体生活。壳面橄榄形，两端略楔形，长 30-60 μm，宽 17-21 μm；中心区两侧的点纹较粗；点条纹较稀且长短相间，10 μm 15-16 条，向着两端点纹逐渐较细；点条纹排列逐渐密集，10 μm 16-20 条；壳缝明显，中节大，中央小孔粗；中轴区狭，线形；中心区略加宽。

生态：生活在半咸水区的石头和咸草上；Cleve（1895）记录为海水种。

分布：采自福建龙海石码的紫泥海滨（10 月）。也曾在日本和红海找到。

568. 艾氏舟形藻（图版 XCVIII：1025）

Navicula eymei Coste et Ricard 1982, p. 313, f. 40-41; Jin et al. (金德祥等), 1992, p. 149-150, 101/1233.

壳面狭舟形，长 49 μm，宽 9 μm；点条纹 10 μm 7-7.5 条，在中部放射状，壳端较为平行排列；中心区不对称，一侧是很短的点条纹，其邻近的 2 条间断形成一条纵线，另一侧是 2 条较短的点条纹；壳缝凸起，似方格舟形藻（*N. cancellata*），两者的区别仅仅在于它们的中心区形状不同。

生态：海水种类。

分布：采自广东汕头珠池高潮区的油泥（10月）。Coste 和 Ricard（1982）首次记录于毛里求斯和塞舌尔。

569. 钳状舟形藻原变种（图版 XCVIII：1026；图版 CXXVII：1309）

Navicula forcipata Greville var. **forcipata** 1859b, p. 83, 6/10, 11; Schmidt et al., 1874-1959, 70/17; Cleve, 1895, p. 65; Chin, 1939a, p. 408; Jin（金德祥），1951, p. 98; Van Landingham, 1967-1979, p. 2545; Jin et al.（金德祥等），1992, p. 138, 38/370.

异名：*Fallacia forcipata* (Greville) Stickle et Mann 1990。

壳面长椭圆形，端锐圆，长 40-60 μm，宽 20-29 μm；壳面点条纹近乎平行，在壳端呈放射状排列，10 μm 约 13 条；两侧区的中部略微缢缩，在壳端向壳缝靠拢，形似钳状。

生态：海水生活，也有化石记载。

分布：采自南海表层沉积物和冲绳海槽表层沉积物；也发现于厦门海洋动物胃肠（Chin，1939a），海南西沙群岛的海藻洗液，海南岛三亚中潮带的海藻（11月），广西北海养殖物的毛蚶、紫贻贝和偏顶蛤消化道（10月），山东烟台的油泥（7月、9-10月）。此外，还分布于菲律宾，印度的科巴群岛，红海，地中海，欧洲北海，黑海，格陵兰，北美洲大西洋和太平洋沿岸。匈牙利的化石里，坦桑尼亚也有记录。

钳状舟形藻密条变种（图版 XCVIII：1027；图版 CXXVII：1310）

Navicula forcipata var. **densestriata** A. Schmidt 1881 in Schmidt et al., 1874-1959, Atlas, 70/12-16, 32; Peragallo and Peragallo, 1897-1908, p. 130, 21/29, 30; Cleve, 1895, p. 66; Van Landingham, 1967-1979, p. 2546; Jin and Cheng（金德祥和程兆第），1979, p. 145; Jin et al.（金德祥等），1982, p. 138, 38/371.

本变种与原变种的区别是：壳面长椭圆形，端宽圆，以及点条纹较密，10 μm 15 条（Cleve，1895：15-22 条）。我们的样品长 23.3 μm，宽 9.3 μm。

生态：海水生活。

分布：采自福建平潭（8月）、广西北海（10月）潮间带的紫贻贝、毛蚶和藤壶的体表。此外，日本，印度尼西亚的爪哇，好望角，北海，美国和墨西哥的坎佩切湾沿岸也有记载。

570. 折断舟形藻（图版 XCVIII：1028）

Navicula fracta Hustedt 1961, p. 127, f. 1259; Van Landingham, 1967-1979, p. 2549; Krammer and Lange-Bertalot, 1986, p. 192, 66/31; Guo et al., 2000, p. 97, f. 4e.

异名：*Fallacia fracta* (Hustedt ex Simonsen) D. G. Mann 1990。

壳面线形，两侧几乎平行，端钝圆，长 11 μm，宽 2.6 μm；点条纹由明显的点纹组成，平行排列，10 μm 30 条。Krammer 和 Lange-Bertalot（1986）记录：本种壳面长 14-21 μm，宽 6-7 μm；点条纹 10 μm 26-32 条。

生态：海水生活。

分布：采自闽南-台湾浅滩渔场海水。曾记录于英国海水中。

571. 福建舟形藻（图版 XCVIII：1029）

Navicula fujianensis Chin et Cheng 1979, p. 143, f. A-B; Jin et al. (金德祥等)，1982, p. 134, 37/358, 359.

壳面橄榄形，壳端楔形，尖，长 30-60 μm，宽 14-22 μm；壳面由不易分辨的点纹组成粗的、放射状的、光滑的点条纹，中央部分长短相间，其余的呈放射状排列，10 μm 12-13 条；中心区圆，其中有 1 个粗点；中轴区狭，从中心向壳端逐渐变细，似针形。

本种的形态与 Schmidt 等（1874-1959）描述的假陷舟形藻 *N. pseudodemerarae* 相似。但是，后者的点条纹较密，而且在壳端是横向平行排列。

生态：海水生活。

分布：采自福建厦门的海藻（8 月）和平潭东庠岛打捞船底的附着物（9 月）。

572. 虫瘿舟形藻（图版 XCVIII：1030）

Navicula gallica (W. Smith) Lagerstedt 1873, p. 33; Cleve, 1895, p. 150; Van Heurck, 1896, p. 229, 5/237; Van Landingham, 1967-1979, p. 2555; Du and Jin (杜琦和金德祥)，1983, p. 81; Jin et al. (金德祥等)，1992, p. 156, 102/1254, 1255.

异名：*Diadesmis gallica* W. Smith 1857; *Humidophila gallica* (W. Smith) Lowe, Kociolek, Q. You, Q. Wang et Stepanek 2017。

细胞小型；壳面长椭圆形，壳端钝圆，长 8-15 μm，宽 3-6 μm；中轴区很狭，中心区小；中节圆形，明显；点条纹在壳缘较明显，略微放射状，很细，10 μm 约有 28 条。

生态：海水生活。

分布：在福建九龙江口的石码（4 月）和金山（6 月）海滨找到。比利时，法国，英国也有记录。

573. 曲膝舟形藻（图版 XCVIII：1031）

Navicula genuflexa Kützing 1844, p. 101, 21/6; Cleve, 1895, p. 25; Boyer, 1927, p. 400; Du and Jin (杜琦和金德祥)，1983, p. 83; Van Landingham, 1967-1979, p. 2563; Jin et al. (金德祥等)，1992, p. 150, 102/1235, 1236.

异名：*Rhoicosphenia genuflexa* (Kützing) L. K. Medlin 1984。

壳面线椭圆形，长 25-32 μm，宽 9 μm；中轴区很狭，中心区小，有点横向延伸；点条纹放射状，在中央 10 μm 14 条，壳端点条纹较密，10 μm 16-17 条（Cleve, 1895：18 条）。细胞弓形，环面观形似曲壳藻属 *Achnanthes*。

生态：海水，底栖生活。

分布：采自福建厦门曾厝垵潮间带的石莼、叉枝藻（7月），厦门海沧油泥（8月）。斯里兰卡，萨摩亚，新西兰，法国的克罗瓦海峡，以及北美洲大西洋沿岸也有记载。本种首次见于秘鲁。

574. 冰河舟形藻（图版 XCVIII：1032）

Navicula glacialis (Cleve) Grunow 1884, p. 55; Schmidt et al., 1874-1959, 6/39; Cleve, 1895, p. 40, 1/28; Van Landingham, 1967-1979, p. 2566; Jin and Cheng (金德祥和程兆第), 1979a, p. 146; Jin et al. (金德祥等), 1982, p. 144, 40/392.

壳面长椭圆形，端圆，长 55 μm，宽 27 μm；壳面点纹组成放射状的点条纹，10 μm 11-12 条；中轴区很狭；中心区小，圆形。

生态：海水生活。

分布：采自福建东山（6月）。日本、澳大利亚、斯里兰卡、地中海、欧洲北海和格陵兰海等地也有记载。

575. 纤细舟形藻原变种

Navicula gracilis Ehrenberg var. **gracilis** 1830, p. 54, f. 69; Boyer, 1927, p. 385; Werff and Huls, 1957-1974, p.109; Van Landingham, 1967-1979, p. 2569; Jin et al. (金德祥等), 1992, p. 153.

异名：*Navicula tripunctata* (O. F. Müller) Bory de Saint-Vincent 1822。

壳面狭舟形，中节有 2-3 条点条纹较短，非长短相间，平行或略射出状；点条纹也较稀，10 μm 12 条，壳端为平行排列，10 μm 14-15 条（Werff and Huls, 1957-1974：长 35-60 μm，宽 6-10 μm；点条纹 11-12 条）；中心区横列。细胞生活于胶质管内。

备注：由于文献不足，仅提供文字描述，缺图。

纤细舟形藻忽视变种（图版 XCVIII：1033；图版 CXXVII：1311）

Navicula gracilis var. **neglecta** (Thwaites) Grunow 1880 in Van Heurck, 1880-1885, 7/9-10; Van Heurck, 1896, p. 179, 3/110; Werff and Huls, 1957-1974, p. 109; Van Landingham, 1967-1979, p. 2570; Jin et al. (金德祥等), 1992, p. 153, 102/1244-1246.

异名：*Navicula tripunctata* (O. F. Müller) Bory de Saint-Vincent 1822；*Schizonema neglectum* Thwaites 1848。

本变种与原变种的差异是：前者中节两侧短的点条纹较原变种长而且不相等。细胞包埋于胶质管内，营群体生活。我们采到的种类长 30 μm，宽 8 μm。

本变种似系带舟形藻 *N. cincta*（金德祥等，1982），但前者中节两侧点条纹平行排列，后者为放射状。

生态：淡水和半咸水生活。

分布：采自福建平潭澳前海水（10 月），浙江朱家尖后门山岩石石沼附着物的洗液（7 月）。此外，比利时的勒芬，英国的布里斯托尔等地也有记录。

576. 颗粒舟形藻（图版 XCVIII：1034；图版 CXXVII：1312-1315）

Navicula granulata Bailey 1854, p. 10, f. 16; Schmidt et al., 1874-1959, 244/7; Cleve, 1895, p. 48; Jin (金德祥), 1951, p. 99; Hustedt, 1966, p. 702, f. 1696; Van Landingham, 1967-1979, p. 2572; Li (李家维), 1978, p. 793; Jin et al. (金德祥等), 1982, p. 142, 40/384-386.

异名：*Petroneis granulata* (Bailey) D. G. Mann 1990。

壳面椭圆形，端钝，长 50.6-90.9 μm，宽 25-34 μm（金德祥等，1982：长 63-78 μm，宽 32-34 μm）；粗点纹在壳面中央稀而粗（有的明显，有的不明显），壳缘较密而细，10 μm 11-13 点，组成略放射状的点条纹，10 μm 11 条，在点纹稀疏的部分还形成波浪状的纵列；中轴区在近中节和端节处明显变狭；中心区圆，略向两边扩大。

生态：海水生活。

分布：采自南海表层沉积物，山东青岛的油泥（3-4 月、9-10 月）和烟台的海藻（3-4 月），福建厦门（1 月）、平潭的海洋动物消化道（8 月）和紫菜叶状体（2 月）及东山，台湾澎湖列岛的石莼（5 月、12 月）和马尾藻（*Sargassum* sp.）（5 月），海南西沙群岛永兴岛的海藻体表（3 月），湛江的浮筏（5 月、6 月），潮间带的杂草（10 月）和试验挂板（11 月），香港吐露港的试验挂板（4 月），广西北海的船底附着物、紫菜和藤壶体表及紫菜育苗池（10 月），东海大陆架柱样（深度 24-30 cm、40-60 cm、106-115 cm、140-160 cm）沉积物。此外，澳大利亚斯旺河口、科威特、坦桑尼亚、新西兰、日本、澳大利亚的悉尼、斯里兰卡、地中海、欧洲北海、墨西哥湾、美国大西洋、太平洋沿岸等地也有记载。

577. 群生舟形藻（图版 XCVIII：1035；图版 CXXVII：1316）

Navicula gregaria Donkin 1861, p. 10, 1/10; Cleve, 1894, p. 108; Van Landingham, 1967-1979, p. 2573; Schoeman and Archibald, 1987, p. 479-487, f. 15-21, 37-40; Cheng et al. (程兆第等), 1993, p. 44, 19/139.

异名：*Schizonema gregarium* (Donkin) Kützing 1898；*Navicula gregalis* Cholnoky 1963。

壳面舟形，端延长略呈嘴状，长 11.4-27.3 μm，宽 2.9-5.6 μm；横点条纹在壳面中央呈放射状（Cox，1987：有的多少接近平行），较稀，10 μm 15-16 条；在壳端转为平行至稍会聚状排列，较密，10 μm 20-21 条；中轴区狭，中心区和端节明显，端壳缝向同一方向弯曲。

生态：海水，半咸水生活。Hustedt（1957）认为本种是半咸水与污染水域的原变种。

分布：采自福建大嶝油泥（11 月），厦门港海水（7 月），海南海藻体表（8 月）。在欧洲，南非，阿根廷等地也有记载。

578. 格氏舟形藻（图版 XCVIII：1036）

Navicula grimmii Krasske 1925, p. 45, 1/14; Schmidt et al., 1874-1959, 405/26-29; Hustedt, 1930, p. 274, f. 448; Proschkina-Lavrenko, 1950, p. 161, 54/18; Hustedt, 1966, p. 769, f. 1742a-b; Van Landingham, 1967-1979, p. 2575; Jin et al. (金德祥等), 1992, p. 158, 103/1265; Cheng et al. (程兆第等), 1993, p. 45, 19/140.

壳面椭圆形至长椭圆形，端嘴状突明显，长 22-24 μm，宽 12-13 μm；点纹明显，10 μm 16-17 点，组成放射状的点条纹，10 μm 21-22 条（Hustedt，1966：长 15-21 μm，宽 5-6 μm；程兆第等，1993：长 9.5 μm，宽 3.5 μm，点纹 10 μm 约 45 点；点条纹 10 μm 27-28 条）；中心区横向扩大，近长方形。

本种外形类似瞳孔舟形藻 *N. pupula* 某些个体，但是后者的端节向两侧扩大，而本种的端节不向两侧扩大。

生态：淡水生活。

分布：在福建厦门港海水（7 月）和广西北海避风港里木船底附着物上（10 月）找到。本种记录于印度尼西亚的苏门答腊和德国的黑森。Hustedt（1966）认为是淡水种类，可能为世界性分布。

579. 白 H 舟形藻（图版 XCIX：1037）

Navicula H-album Cleve 1894, p. 55, 4/8, 9; 1895, p. 55; Van Landingham, 1967-1979, p. 2577; Jin et al. (金德祥等), 1982, p. 139, 38/374.

壳面接近圆形，长 47 μm，宽 30 μm（Cleve，1895：长 66 μm，宽 52 μm）；点条纹放射状，侧区与壳缘之间 10 μm 14 条，侧区与壳缝之间 10 μm 14-15 条；侧区狭，近乎平行，向壳端逐渐变狭，不达壳端，形似"H"形；壳缝直，端壳缝几乎成直角地向同一侧弯曲。

生态：海水生活。

分布：采自福建的平潭潮间带岩石附着物（8 月），三都湾的潮间带（9 月）。本种首次记录于我国南海（Cleve，1895）。

580. 盐生舟形藻（图版 XCIX：1038；图版 CXXVIII：1317-1322）

Navicula halophia (Grunow) Cleve 1894, p. 109; Hendey, 1964, p. 190; Van Landingham, 1967-1979, p. 2578; Lange-Bertalot and Rumrich, 1981, p. 140, f. 64-66; Krammer and Lange-Bertalot, 1985, p. 73, 23/16-21; Cheng et al. (程兆第等), 1993, p. 45, 19/141.

壳面舟形至长椭圆形，长 11-22 μm，宽 3.7-5.4 μm；壳面点纹呈短线状（Lange-Bertalot and Rumrich，1981：点纹是椭圆形；Krammer and Lange-Bertalot，1985：点纹是椭圆形至短线条状），纵的和横的排列；横点条纹在中部平行排列，较稀，在壳端较密，呈会聚状，10 μm 15-17 条（Hendey，1964：16-18 条）；中轴区狭，中心区明显或有的比中轴区略宽点，端节明显。

Krammer 和 Lange-Bertalot（1985）把 *N. buderi* Hustedt 1954 作为本种的同物异名。Lange-Bertalot 和 Rumrich（1981）的图 64-66 显示，10 μm 内壳面中央 18 条，壳端 21-24 条。

生态：海水或半咸水生活。

分布：采自福建厦门海沧油泥（3 月），长乐海水（9 月），漳港海水（7 月），东山海水（9 月），大嶝油泥（11 月），厦门港海水（12 月，盐度约 25），海南海藻体表（8 月）。此外，在英吉利海峡沿岸的英国、法国、荷兰、丹麦、比利时及瑞典、德国等地常能采到。

581. 海氏舟形藻原变种（图版 XCIX：1039；图版 CXXVIII：1323）

Navicula hennedyi W. Smith var. **hennedyi** 1856, p. 93; Schmidt et al., 1874-1959, 3/18; Cleve, 1895, p. 57; Boyer, 1927, p. 413; Chin and Wu, 1950, p. 47; Cleve-Euler, 1953, p. 107, f. 713a; Van Landingham, 1967-1979, p. 2583; Jin et al. (金德祥等), 1982, p. 136, 37/361; Huang (黄穰), 1984, p. 188, 6/49; 1990, p. 218.

异名：*Lyrella hennedyi* (W. Smith) Stickle et D. G. Mann 1990。

壳面宽椭圆形，长 69-147 μm，宽 35-55.5 μm，侧区宽新月形；点条纹放射状排列，10 μm 10-12 条（Cleve，1895：为 9-11 条；Boyer，1927：为 11 条）。

生态：海水生活。化石里也有记载。

分布：采自厦门潮间带和牡蛎的消化道及金门的沿岸水（7 月），台湾岛大陆架表层沉积物，我国南海（Cleve，1895）；也见于海南西沙群岛永兴岛（3 月）的海藻洗液，南海外海（6 月）的试验挂板，长江口和钱塘江口外侧的表层沉积物，东海大陆架柱样（深度 20-40 cm、106-125 cm、165-190 cm）沉积物。此外，澳大利亚斯旺河口，科威特，坦桑尼亚，新西兰，日本，菲律宾，红海，马达加斯加，好望角，地中海，北海，加利福尼亚，西印度群岛，智利的合恩角，格陵兰和芬马克等地也有分布。匈牙利的化石里曾有记载。

海氏舟形藻云状变种（图版 XCIX：1040；图版 CXXVIII：1324）

Navicula hennedyi var. **nebulosa** (Gregory) Cleve 1895, p. 58; Van Heurck, 1896, p. 204, 27/755; Boyer, 1927, p. 413; Cleve-Euler, 1953, p. 107, f. 713b; Van Landingham, 1967-1979, p. 2587; Jin and Cheng (金德祥和程兆第), 1979, p. 146; Jin et al. (金德祥等), 1982, p. 136, 37/362.

异名：*Navicula nebulosa* Gregory 1857。

壳面椭圆形，长 72.9-96 μm，宽 30.7-38 μm；侧区宽，新月形；点条纹纤细，略放射状，10 μm 14-15 条。

本变种和原变种的差异在于本变种的点纹密；点条纹较纤细。

生态：海水生活，也有化石记载。

分布：采自南海表层沉积物中，福建同安刘五店文昌鱼的消化道（6 月），东海大陆架柱样（深度 24-30 cm）沉积物和江苏海州湾至苏北浅滩的表层沉积物。还分布于斯里兰卡，马达加斯加，地中海，摩洛哥，北大西洋欧洲沿岸，美国的佛罗里达，厄瓜多尔的加拉帕戈斯群岛等地。阿尔汉格尔斯克（Arkhangel'sk）的化石里曾有记载。

582. 异点舟形藻（图版 XCIX：1041；图版 CXXIX：1325）

Navicula hetero-punctata Chin et Cheng 1979, p. 144, f. C-D; Jin et al. (金德祥等), 1982, p. 148, 41/401, 402.

壳面长舟形，沿着纵轴鼓起，长 126 μm，宽 17 μm；点条纹排列奇特，在鼓起部分为纵的和斜的排列，两端为横的排列，10 μm 13 条；中节各有 3 条较粗的、距离较远的点条纹；壳缝直，端壳缝向相同的方向弯曲，似 "，" 形；中轴区狭，中心区很小。

本种最大的特点在于它的中节两侧有 3 条较粗大的点组成的点条纹。

生态：半咸水生活。

分布：采自福建泉州湾近江牡蛎的消化道（4 月）和福鼎红树林边的泥滩表面（7 月）。

583. 霍瓦舟形藻（图版 XCIX：1042；图版 CXXIX：1326）

Navicula hochstetteri Grunow 1863, p. 153, 14/2a-c; Schmidt et al., 1874-1959, 8/53-55; Cleve, 1894, p. 135; Hustedt, 1966, p. 663, f. 1664; Van Landingham, 1967-1979, p. 2590; Huang (黄穰), 1984, p. 188, 6/49; Jin et al. (金德祥等), 1992, p. 144, 101/1217.

壳面椭圆形，长 29-63 μm，宽 16-32 μm（Hustedt, 1966：长 27-57 μm，宽 13-32 μm）；中轴区和中心区相连成一个多少宽的近菱形的空区；点纹细；点条纹放射状，中部较稀，10 μm 14 条，两端较密，Cleve（1894）和 Hustedt（1966）记录为 10 μm 20 条；中央小孔明显，大，端壳缝弯向相同方向。

生态：海水生活，也有化石记载。

分布：在福建金门潮间带（7 月）、广西北海牡蛎养殖场和白虎头珍珠养殖场的油泥与船底附着物上找到（10 月）。本种曾记录于印度尼西亚的爪哇，印度的尼科巴群岛，澳大利亚的卡彭塔里亚湾和智利的合恩角等地，以及新西兰和美国加利福尼亚的化石材料中。

584. 豪纳舟形藻（图版 XCIX：1043）

Navicula howeana Hagelstein 1939, p. 385, 7/4; Van Landingham, 1967-1979, p. 2591; John, 1983, p. 92, 39/7; Jin et al. (金德祥等), 1992, p. 128, 96/1171.

异名：*Haslea howeana* (Hagelstein) Giffen 1980。

壳面线舟形至舟形，端楔形，长 40 μm，宽 8 μm（John, 1983：长 35-71 μm，宽 8-13 μm）；中轴区很狭；壳缝直；中节明显，端壳缝同向弯曲，纵横点条纹交角几乎垂直；横点条纹呈很弱的射出状而且中部排列较稀，10 μm 14-16 条（John, 1983：14-16 条）。

生态：海水生活。

分布：采自海南西沙群岛琛航岛（3月）潮间带海藻。澳大利亚斯旺河口也有少量记录。

585. 肩部舟形藻原变种（图版 XCIX：1044；图版 CXXIX：1327-1330）

Navicula humerosa Brébisson var. **humerosa** 1856 in W. Smith, p. 93; Schmidt et al., 1874-1959, 6/4; Cleve, 1895, p. 43; Cleve-Euler, 1953, p. 114, f. 732a-b; Hustedt, 1930, p. 311, f. 559; 1933, p. 719, f. 1702a-c, e; Van Landingham, 1967-1979, p. 2591; Jin and Cheng (金德祥和程兆第), 1979, p. 146; Jin et al. (金德祥等), 1982, p. 143, 40/388.

异名：*Petroneis humerosa* (Brébisson ex W. Smith) A. J. Stickle et D. G. Mann 1990。

壳面长椭圆形，两侧几乎平行，具短的嘴状端，长 29 μm，宽 17.4 μm（金德祥等，1982：长 37-42 μm，宽 22-25 μm）；点纹在中央部分较稀，壳端较密，10 μm 16-18 点，组成放射状的点条纹直至壳端，10 μm 12 条（Cleve，1895：9-10 条）；中心区两侧的点条纹长短相间；中轴区很狭；壳缝直，端壳缝弯向同一方向；中心区向两侧扩大，中心小孔膨大。

本种的若干变种是根据点条纹的数量来确立的，我们认为点条纹数量的差别，不是主要的特征。

生态：海水和半咸水生活。

分布：采自福建长乐漳港（7月）、平潭澳前（10月）、东山（4月）、厦门（5月）的海水，海南西沙群岛永兴岛（3月）、琛航岛（3月）的海藻洗液，永兴岛（3月）潮间带膜状附着物，海南岛三亚（11月）潮间带绳索、海藻、杂草、石头和沙滩，广西北海白虎头（10月）沙地表面的附着物和浒苔。此外，坦桑尼亚，新西兰，印度尼西亚的爪哇，澳大利亚的悉尼，塞舌尔，喀麦隆，红海，地中海，欧洲北海，黑海，以及挪威北部等地也有记载。

肩部舟形藻缢缩变种（图版 XCIX：1045；图版 CXXIX：1331-1334）

Navicula humerosa var. **constricta** Cleve 1895, p. 43; Schmidt et al., 1874-1959, 243/6; Hustedt, 1966, p. 721, f. 1702d; Van Landingham, 1967-1979, p. 2592; Jin and Cheng (金德祥和程兆第), 1979, p. 146; Jin et al. (金德祥等), 1982, p. 143, 40/390.

异名：*Petroneis humerosa* var. *constricta* (Cleve) E. Y. Haworth et M. G. Kelly 2002。

本变种的主要特征是：壳面两侧的中部缢缩。我们的样品长 33.8-85.7 μm，宽 21.3-38.1 μm。

生态：海水生活。

分布：采自福建的长乐漳港（7月）、平潭澳前（10月）、泉州（7月）和三都湾（9月）海水，海南西沙群岛（3月）的海藻洗液和潮间带膜状附着物，海南岛三亚（11月）的潮间带和南海外海（6月）的试验挂板，广西北海白虎头（10月）的沙滩表面挂取物（呈金黄色）。此外，印度尼西亚的松巴哇岛、地中海也有记载。

肩部舟形藻小型变种（图版 XCIX：1046；图版 CXXIX：1335，1336）

Navicula humerosa var. **minor** Heiden 1903 in Schmidt et al., 1874-1959, 243/7; Mills, 1933-1935, p. 1063; Van Landingham, 1967-1979, p. 2593; Jin et al. (金德祥等), 1982, p. 143, 40/389.

异名：*Petroneis humerosa* var. *minor* (Heiden) E. Y. Haworth et M. G. Kelly 2002。

本变种的细胞小型；壳面两侧近乎平行，端呈短的鸭嘴状，长 28.8-38.8 μm，宽 10-20.7 μm（金德祥等，1982：长 31 μm，宽 17 μm）；点纹 10 μm 10 点；点条纹放射状，10 μm 12 条。

生态：海水生活。

分布：采自福建长乐漳港（7 月）海水，平潭（8 月）的潮间带，海南岛三亚（11 月）中潮带的石头和广西北海（10 月）的紫贻贝、毛蚶、藤壶体表。此外，也记载于波罗的海西部的德国沿岸。

586. 扁平舟形藻（图版 XCIX：1047；图版 CXXX：1337，1338）

Navicula impressa Grunow 1875 in Schmidt et al., 1874-1959, 6/18; Wolle, 1890, 14/25; Cleve, 1895, p. 50; Boyer, 1927, p. 407; Van Landingham, 1967-1979, p. 2598; Jin and Cheng (金德祥和程兆第), 1979, p. 146; Jin et al. (金德祥等), 1982, p. 143-144, 40/391.

壳面呈延长的六边形（Cleve，1895：椭圆-长舟形），两侧平行，端头呈宽而短的楔形，长 62.7 μm，宽 29.7 μm（金德祥等，1982：长 44-50 μm，宽 21-24 μm）；壳面的粗点纹中央较稀，壳缘较密，10 μm 约 10 点，中央部分呈不规则的波浪状纵列；点条纹略呈放射状，10 μm 11 条（Cleve，1895：7-9 条；Boyer，1927：7 条）；中轴区狭；中心区横向扩大，略呈椭圆形。

Cleve（1895）记述在中线两侧有大的压低的半月形区。

生态：海水生活。

分布：采自海南海藻洗液（8 月），福建平潭（8 月）、广东湛江（10 月）潮间带石头。此外，印度尼西亚的松巴哇岛和墨西哥的坎佩切湾也有记载。

587. 内实舟形藻（图版 C：1048）

Navicula infirma Grunow 1882, p. 146, 30/53; Cleve, 1894, p. 133; Cleve-Euler, 1953, p. 170, f. 854; Van Landingham, 1967-1979, p. 2602; Cheng et al. (程兆第等), 1993, p. 45, 19/142.

壳面长椭圆形，端钝圆，长 11-13 μm，宽 4-4.5 μm；中轴区从中节处向壳端逐渐变狭，端壳缝向同一方向弯曲；横点条纹在壳面中部平行排列，较稀，10 μm 约 40 条。

Cleve（1894）和 Cleve-Euler（1953）记录本种点条纹 10 μm 内在壳面中部 13 条或 13-15 条，在壳端 17 条。我们检视的标本的点条纹数显然较多，其余特征与他们描述的相同，可能是生态环境的不同所致。

生态：Cleve-Euler（1953）记录为淡水生活，也有化石记载。

分布：采自厦门港海水（9 月）和试验挂板（7-8 月）。此外，记录于欧洲，也在匈牙利化石材料中找到过。

588. 吸入舟形藻（图版 C：1049）

Navicula inhalata A. Schmidt 1874 in Schmidt et al., 1874-1959, 2/30; Cleve, 1895, p. 57; Mann, 1925, p. 107, 23/2; Van Landingham, 1967-1979, p. 2063; Chin et al., 1984, p. 521; Huang (黄穰), 1990, p. 218; Jin et al. (金德祥等), 1992, p. 141, 100/1213.

异名：*Lyrella inhalata* (A. Schmidt) D. G. Mann 1990。

壳面宽椭圆形或橄榄形，长 102-112 μm，宽 56-70 μm；点纹成横的和波浪状的排列；横点条纹 10 μm 14 条；中心区小，侧区宽线形，中部向内凹入，其中具斑点。

本种与美丽舟形藻 *N. specrabilis* 很相似。然而，前者侧区具斑点，后者无斑点；再则，本种与后者侧区内具斑点的个别变种也极易混淆，但它们的点条纹数目及排列形式往往不同。

生态：海水生活，也有化石记载。

分布：采自东海大陆架柱样（深度 200-230 cm）沉积物，台湾岛大陆架表层沉积物。此外，菲律宾，萨摩亚群岛和马达加斯加，以及德国的特格尔，匈牙利，加利福尼亚圣莫尼卡的化石中都有记载。

589. 可疑舟形藻（图版 C：1050）

Navicula inserata Hustedt 1955b, p. 125, f. 18; Hustedt, 1966, p. 627, f. 1624a; Van Landingham, 1967-1979, p. 2604; Cheng and Du (程兆第和杜琦), 1984, p. 200, f. 6; Jin et al. (金德祥等), 1992, p. 156, 101/1256-1257.

异名：*Luticola inserata* (Hustedt) D. G. Mann 1990。

壳面椭圆形，壳端突然缢缩，头状明显，长 22-24 μm，宽 12-13 μm；中轴区宽，中心区横向扩大，一侧具 1 线状的长条纹；点条纹放射状，10 μm 18 条。

生态：半咸水种。

分布：在福建九龙江口的西边，南溪口和白礁的红树茎基部采到（3 月、6 月），盐度范围为 0.5-18。Hustedt（1966）记录本种出现于河口区水域。

590. 波缘舟形藻原变种（图版 C：1051）

Navicula integra (W. Smith) Ralfs var. **integra** 1861 in Pritchard, p. 395; Schmidt et al., 1874-1959, 299/21-23; Cleve, 1894, p. 141; Hustedt, 1930, p. 284, f. 473; Van Landingham, 1967-1979, p. 2605; Jin and Cheng (金德祥和程兆第), 1979, p. 146; Jin et al. (金德祥等), 1982, p. 149, 41/407.

异名：*Pinnularia integra* W. Smith 1856；*Prestauroneis integra* (W. Smith) K. Bruder

2008。

　　壳面舟形，壳缘波浪状弯曲，长 80-87 μm，宽 15-18 μm（Cleve，1894：长 27-30 μm，宽 8-9 μm；Boyer，1927：长 33-43 μm）；壳面不平，在壳端呈一台阶形式地下降，使壳端比其他部分低陷；壳面具明显的细点纹，在中央部分 10 μm 18-20 点；点条纹在中心区两侧较稀，并作平行排列，其余部分较密，略作放射状排列，10 μm 20-22 条；壳缝直，中节小，中央小孔明显；中轴区不明显，中心区小，椭圆形。

　　生态：半咸水生活。

　　分布：采自福建的三都湾（9 月）。英国，比利时，德国和美国的切斯特河等地也有记载。

波缘舟形藻具点变种（图版 C：1052）

Navicula integra var. **maculata** Chin et Cheng 1979, p. 145, f. F；Jin et al.（金德祥等），1982,
　　p. 150, 42/408.

　　本变种壳面橄榄形，长 94-108 μm，宽 36-41 μm。与原变种的区别是中心区里星散着几个粗点。

　　生态：海水生活。

　　分布：采自福建东山（3 月、8 月）的鲍珠养殖场及潮间带。

591. 贾马舟形藻（图版 C：1053）

Navicula jamalinensis Cleve in Cleve and Grunow, 1880, p. 13, 2/40; Schmidt et al.,
　　1874-1959, 394/15-18; Cleve, 1895, p. 36; Proschkina-Lavrenko, 1950, p. 194, 71/11;
　　Van Landingham, 1967-1979, p. 2613; Jin et al.（金德祥等），1992, p. 153, 102/1243.

　　异名：*Austariella jamalinensis* (Cleve) Witkowski, Lange-Bertalot et Metzeltin 2000。

　　壳面宽舟形，端宽圆，长 30-65 μm，中心小孔靠近；端节远离壳端；中轴区和中心区联合成一个大的舟形区；点条纹 10 μm 7 条，放射状，由线条组成，10 μm 20 条。

　　生态：海水生活。

　　分布：曾记录于我国南海（Cleve，1895）。印度洋和喀拉海也有记录。

592. 空虚舟形藻（图版 C：1054）

Navicula jejuna A. Schmidt 1876 in Schmidt et al., 1874-1959, 46/76; Cleve, 1895, p. 27;
　　Skvortzow, 1932, p. 271, 4/7; Van Landingham, 1967-1979, p. 2614; Jin et al.（金德祥等），1992, p. 155-156, 120/1253.

　　壳面棍形，向着壳端缓慢地变狭，端钝圆或略楔形，长 85-95 μm，宽 11-13 μm；点条纹平行排列，10 μm 5 条（Cleve，1895：5 条；Skvortzow，1932：4 条）；中轴区狭，中心区小，几乎与中轴区等宽，向两端延长。

　　本种与直舟形藻爪哇变种 *N. directa* var. *javanica* 极相似，但后者中心区大，圆形。

生态：海水生活。

分布：采自海南西沙群岛石岛的潮间带（3 月）；在福建的东山、厦门和金门的大土参消化道（2 月）也有记录。本种首次记录于印度尼西亚的松巴哇岛。

593. 詹氏舟形藻（图版 C：1055）

Navicula jentzschii Grunow 1882, p. 156, 30/64; Schmidt et al., 1874-1959, 404/14-16; Cleve, 1895, p. 44; Hustedt, 1966, p. 640, 642, f. 1641; Van Landingham, 1967-1979, p. 2614; Cheng and Du (程兆第和杜琦), 1984, p. 200, f. 7; Jin et al. (金德祥等), 1992, p. 134, 97/1187.

壳面椭圆形，长 22-25 μm，宽 10-12 μm；中轴区和中心区很狭，点纹放射状，在壳端更明显；壳面点纹密集，壳面中部的横点条纹较稀，两端较密。Cleve（1895）记录：点条纹在中央，10 μm 8-10 条，在壳端 10 μm 12-16 条。

Hustedt（1966）订名的细点舟形藻 *N. finitima*，Van Landingham（1975）把它归并入本种名，我们也同意引用。

生态：淡水或半咸水种类。

分布：采自福建九龙江口的曾厝垵潮间带（7 月），盐度范围为 28-30。此外，芬兰，瑞典的波的尼亚湾，德国，苏联的拉多加湖，以及中非共和国曾有记载。

594. 强壮舟形藻（图版 C：1056）

Navicula lacertosa Hustedt 1955b, p. 123, f. 24/25; Schmidt et al., 1874-1959, 196/24; Hustedt, 1966, p. 629, f. 1626; Van Landingham, 1967-1979, p. 2623; Jin et al. (金德祥等), 1992, p. 131, 96/1175, 1176.

异名：*Luticola lacertosa* (Hustedt) D. G. Mann 1990。

壳面宽椭圆形，端圆，长 26-35 μm，宽 15-21 μm；点条纹放射状排列，10 μm 16-18 条；点纹粗而明显，10 μm 8-10 点；中轴区向着中节逐渐加宽，类似梭形，中心区向两侧延伸。其一侧有 1 列由长点组成的特殊点纹向中节延伸，在靠近中节处的一个点较粗大。

生态：附着生长于淡水-半咸水区域潮间带的海洋植物上。

分布：采自福建九龙江口紫泥海滨（4 月）。日本的横滨，勿拉湾和西贡河均有记载（Hustedt，1966）。

595. 湖沼舟形藻（图版 C：1057）

Navicula lacustris Gregory 1856a, p. 6, 1/23; Cleve, 1895, p. 44; Boyer, 1927, p. 407; Patrick and Reimer, 1966, p. 447, 40/5; Van Landingham, 1967-1979, p. 2624; Jin et al. (金德祥等), 1992, p. 136, 97/1193.

异名：*Cavinula lacustris* (W. Gregory) D. G. Mann et Stickle 1990。

壳面橄榄形，两端具轻微鸭嘴状，长 59 μm，宽 24 μm；中心区略规则或呈方形；点条纹稍放射状，10 μm 12-13 条，略呈波浪状的纵列，在中心区的周围点条纹较粗大。

生态：淡水生活。

分布：采自福建漳州龙海的石码（12 月）中潮区油泥。苏格兰，芬兰，德国，加拿大和美国也有记载。

596. 兰达舟形藻（图版 C：1058）

Navicula lambda Cleve 1894, p. 136, 5/19; Schmidt et al., 1874-1959, 312/4-6, 369/43, 44; Proschkina-Lavrenko, 1950, p. 164, 57/20; Van Landingham, 1967-1979, p. 2627; Jin et al. (金德祥等), 1992, p. 158, 103/1266.

壳面宽棍形，壳缘中部略缢缩，长 55 μm，宽 15 μm（Cleve，1894：长 50-100 μm，宽 16 μm）；中轴区很狭，中心区小，略圆形；壳缝两侧硅质较厚，端节向两侧扩大；壳面点条纹纤细，略放射状，向着壳端逐渐转为平行排列，中心区两侧的点条纹较稀疏，其余部分较密，中部 10 μm 13-14 条，壳端部分 18-20 条。

Schmidt 等（1874-1959）（前者订名为 *N. lambda*，后者为 *N. bacillum* var. *gregoryana*）认为，差异不明显。Cleve（1894）在文字中叙述：前者壳面中部略缢缩，后者与原变种（即 *N. bacillum*）的区别也仅是壳面中部略缢缩（原变种的壳面中部平行或略凸出）。为此，金德祥等（1992）认为后者应归并入前者。

生态：淡水生活。

分布：采自冲绳海柱样沉积物（深度 184-190 cm）。本种首次记述于南美洲圭亚那的德梅拉拉河。

597. 宽阔舟形藻（图版 C：1059）

Navicula latissima Gregory 1856b, p. 40, 5/4; Schmidt et al., 1874-1959, 6/7; Cleve, 1895, p. 43; Boyer, 1927, p. 403; Proschkina-Lavrenko, 1950, p. 198, 71/18; Hustedt, 1966, p. 715, f. 1701A; Van Landingham, 1967-1979, p. 2632; Jin et al. (金德祥等), 1992, p. 132, 97/1180.

异名：*Petroneis latissima* (Gregory) A. J. Stickle et D. G. Mann 1990。

壳面宽舟形至椭圆形，端略楔形，长 74-92 μm，宽 40-44 μm（Hustedt，1966：长 50-170 μm，宽 40-65 μm）；中心区圆形；中轴区自中心区向壳端逐渐变狭似针形；点纹明显，10 μm 11-13 点；点条纹放射状，10 μm 7-9 条，在中心区两侧长短相间明显，向着壳端逐渐较密。

本种类似串珠舟形藻 *N. monilifera*，但后者点纹粗，10 μm 7-9 点；中轴区较狭，呈线形。

生态：海水生活，也有化石记载。

分布：采自海南西沙群岛石岛低潮带的海藻和永兴岛低潮带的膜状附着物（3 月）；Cleve（1895）曾记录于我国南海。此外，日本，斯里兰卡，意大利的那不勒斯，英国，欧洲北海，苏联的塞瓦斯托波尔，挪威的芬马克，美国和匈牙利的化石里都有找到。

598. 长舟形藻（图版 CI：1060；图版 CXXX：1339-1342）

Navicula longa (Gregory) Ralfs in Pritchard 1861, p. 906; Van Heurck, 1896, p. 185, 25/716; Peragallo and Peragallo, 1897-1908, p. 90, 12/1; Boyer, 1927, p. 397; Van Landingham, 1967-1979, p. 2645; Jin et al. (金德祥等), 1982, p. 154, 42/418; Huang (黄穰), 1990, p. 218.

异名：*Pinnularia longa* Gregory 1856。

壳面呈延长的舟形或长菱形，两侧中部凸出，壳端狭长，锐，长 53-90 μm，宽 7-9.3 μm；点条纹肋状，10 μm 6 条，射出状排列，也有的是中部放射状，壳端略趋向平行；中轴区很狭，中心区小。

本种有人订名为长羽纹藻 *Pinnularia longa*，我们认为，由于肋状条纹中能见到点纹，故应订名为长舟形藻。

生态：海水生活。

分布：采自福建的东山海水（7 月），平潭、三都湾及厦门的小土参和牡蛎的消化道（金德祥等，1957），台湾岛西部和南部大陆架表层沉积物，广东湛江麻斜（10 月）的池筒、蛇口（6 月）的试验挂板，海南岛三亚（11 月）潮间带的绳索、杂草、海藻、石头和沙滩，西沙群岛的永兴岛（3 月）、石岛（3 月）和琛航岛（3 月）的海藻洗液，广西北海（10 月）的紫贻贝、毛蚶和藤壶体表，香港吐露港（4 月）的试验挂板，浙江泗礁岛（7 月）的基湖沙滩，山东青岛（7 月）的海藻。此外，科威特，坦桑尼亚，英国，丹麦和北美洲大西洋沿岸也有记载。

599. 洛氏舟形藻（图版 CI：1061）

Navicula lorenzii (Grunow) Hustedt 1961, p. 29, f. 1188; Cleve, 1894, p. 151; Van Heurck, 1896, p. 236, f. 34; Peragallo and Peragallo, 1897-1908, p. 68, 8/28; Van Landingham, 1967-1979, p. 2645; Jin and Cheng (金德祥和程兆第), 1979, p. 146; Jin et al. (金德祥等), 1982, p. 147, 41/399; Podzorski and Hakansson, 1987, p. 78, 31/1-2.

壳面长棍形，端钝圆，中部和两端膨大，长 135-250 μm，中央处宽 10-13 μm；壳面点条纹明显，组成横列和纵列的点条纹；横点条纹 10 μm 17-18 条；中轴区狭，中心区很小。

本种的壳面形状似岩石舟形藻 *N. scopulorum*，但是，本种的主要特征在于：细胞内具横列的隔片。

Van Heurck（1896）将本种订名为 *Stictodesmis australis*，Peragallo 和 Peragallo（1897-1908）订名为 *N. scopulorum* var. *craticularis*。我们同意 Hustedt（1961）的意见，订名为洛氏舟形藻 *N. lorenzii*。

生态：海水生活。

分布：采自福建三都湾（9 月）的海藻，厦门小土参消化道（春季）。此外，澳大利亚曾有记录。

600. 壮丽舟形藻（图版 CI：1062；图版 CXXX：1343）

Navicula luxuriosa Greville 1863a, p. 18, 1/10; Cleve, 1894, p. 74; Boyer, 1927, p. 363; Van Landingham, 1967-1979, p. 2648; Jin and Cheng (金德祥和程兆第), 1979, p. 146; Jin et al. (金德祥等), 1982, p. 146, 41/398; Huang (黄穰), 1984, p. 178, 7/60, 61.

异名：*Diademoides luxuriosa* (Greville) K. D. Kemp et T. B. B. Paddock 1990。

壳面长椭圆形，端收缩略尖，长 57-88 μm，宽 25-30.4 μm；壳面点条纹粗大；点条纹放射状，中央较稀，壳缘密集，10 μm 10-11 条（Cleve，1894：7-9 条；Boyer，1927：8 条）；中轴区略凸起，两侧略微凹陷，其中各有 3-5 条在中节处向内弯的无纹纵线，分割点条纹，组成 3-5 条向内弯的纵点纹，其外侧还可见 1 条较明亮的类似美壁藻属（*Caloneis*）那样的"纵线"。壳缘内侧为模糊的点条纹；中轴区线形；中心区小，不对称。

本种点纹的排列与纵列亚属（*Naviculae Orthostichae*）不同，后者的点纹微细，分布均匀，而且成 90° 的纵横交叉。

生态：海水生活。

分布：采自福建长乐漳港海水（7 月），厦门（1 月）和平潭（8 月）的海藻，台湾兰屿潮间带（7 月），我国南海（Cleve，1894），浙江岱山岛潮间带的海藻（7 月）。此外，日本，新西兰，新南威尔士，澳大利亚斯旺河口，美国的华盛顿等地也有记载。

601. 琴状舟形藻原变种（图版 CI：1063，1064；图版 CXXX：1344-1348）

Navicula lyra Ehrenberg var. **lyra** 1841, p. 419, 1/1, f. 9a (1843); Schmidt et al., 1874-1959, 2/16; Cleve, 1895, p. 63; Li (李家维), 1978, p. 794; Van Landingham, 1967-1979, p. 2648; Jin et al. (金德祥等), 1982, p. 139, 39/375, 376; Huang (黄穰), 1990, p. 218.

异名：*Lyrella lyra* (Ehrenberg) Karayeva 1978a。

壳面长椭圆形，长 32-85 μm，宽 20-43 μm（金德祥等，1992：长 45-68 μm，宽 23-27 μm）；侧区狭，直，近针形，中部缢缩，侧区内无斑纹；点纹细，但明显可辨，10 μm 18 点；点条纹在侧区外侧的 10 μm 12 条，侧区内侧的 10 μm 13-14 条。

本种的细胞大小、点条纹数目、壳端和侧区形状等的变化多样，变种众多，它们之间的差别，有的不甚明显。

生态：海水生活，也有化石记载。

分布：采自福建长乐漳港海水（7 月），平潭的潮间带（8 月），厦门的海藻（1 月），同安和厦门的海洋动物胃肠，海南海藻（8 月），南海表层沉积物，台湾澎湖列岛的石莼、马尾藻（5 月），大陆架表层沉积物，虱目鱼池底（12 月），冲绳海槽的表层沉积物，海南西沙群岛梅花参的消化道和永兴岛（3 月）、石岛（3 月）、琛航岛（3 月）的海藻洗液和膜状附着物，永兴岛（3 月）潮间带海龟的消化道、广东湛江（11 月）潮间带的石头、杂草、海藻和泥沙滩，广西北海（10 月）的紫贻贝、毛蚶、藤壶、马氏珍珠贝和浒苔体表，以及紫贻贝、毛蚶和偏顶蛤的消化道，东海大陆架柱样（深度 20-70 cm、80-106 cm、115-125 cm、135-155 cm、165-175 cm、200-230 cm）沉积物，山东青岛（3-4 月、7 月）、辽宁大连（7 月）和营口（9-10 月）、河北秦皇岛（7 月）的油泥，烟台（7 月）、大连（9-10 月）、营口（7 月）、秦皇岛（7 月、9-10 月）的海藻。此外，澳大利亚，新西兰，科威特，坦桑尼亚，菲律宾，新加坡，塞舌尔，斯里兰卡，马达加斯加，红海，地中海，欧洲北海和北美洲大西洋沿岸等地也有记录。

琴状舟形藻膨胀变种（图版 CI：1065；图版 CXXXI：1349，1350）

Navicula lyra var. **dilatata** A. Schmidt 1874 in Schmidt et al., 1874-1959, 2/26; Cleve, 1895, p. 63; Peragallo and Peragallo, 1897-1908, p. 134, 22/5, 6; Cleve-Euler, 1953, p. 106, f. 710d; Van Landingham, 1967-1979, p. 2650; Jin et al. (金德祥等), 1982, p. 140, 39/378.

本变种壳面椭圆形，长 70-110 μm，宽 37-55 μm；具有比较稀的点纹和点条纹，点纹 10 μm 12-14 点；点条纹 10 μm 11 条；侧区等宽，在壳端不变狭。

生态：海水生活。

分布：采自福建厦门（1 月）和三都湾（9 月）潮间带油泥，南海表层沉积物，海南西沙群岛琛航岛（3 月）的海藻洗液，海丰油尾（10 月）的油泥，广西北海（10 月）紫菜育苗池和马氏珍珠贝的体表，东海大陆架柱样（深度 20-40 cm、184-190 cm、200-230 cm）沉积物，辽宁大连（7 月）的油泥。此外，科威特，墨西哥湾，法国的维尔弗朗什，意大利的那不勒斯等地也有记录。

琴状舟形藻椭圆变种（图版 CI：1066）

Navicula lyra var. **elliptica** A. Schmidt 1874, p. 89, 1/35, 38; Schmidt et al., 1874-1959, 2/29, 34; Cleve, 1895, p. 63-64; Peragallo and Peragallo, 1897-1908, p. 133, 23/1, 4, 5; Skvortzow, 1932, p. 272, 3/9; Van Landingham, 1967-1979, p. 2651; Chin et al., 1984, p. 521; Jin et al. (金德祥等), 1992, p. 142, 101/1215.

异名：*Lyrella david-mannii* Witkowski, Lange-Bertalot et Metzeltin 2000。

壳面椭圆形，端圆或略嘴状，壳面点条纹放射状排列，10 μm 8-11 条，点纹 10 μm 9-11 点（Cleve，1895：点条纹 6-7 条或 9-11 条，点纹 7-11 点或 17-22 点）。

与琴状舟形藻膨胀变种（*N. lyra* var. *dilatata*）的区别：后者具嘴状端；点条纹 10 μm 11 条。

生态：海水生活，也有化石记载。

分布：采自海南西沙群岛永兴岛低潮带石头上金黄色的附着物（3 月），广东湛江低潮带的油泥（10 月），东海大陆架柱样（深度 106-115 cm）沉积物。此外，菲律宾，印度尼西亚的苏门答腊，新加坡，斯里兰卡，塞舌尔，马达加斯加，红海，地中海和欧洲北海也有，也曾在德国 Moravian Teyel 的化石材料中找到。

琴状舟形藻特异变种（图版 CI: 1067；图版 CXXXI: 1351-1353）

Navicula lyra var. **insignis** A. Schmidt 1874 in Schmidt et al., 1874-1959, 2/27; Cleve, 1895, p. 64; Van Landingham, 1967-1979, p. 2652; Jin and Cheng (金德祥和程兆第), 1979, p. 146; Jin et al. (金德祥等), 1982, p. 140, 39/377.

壳面橄榄形，壳端圆，长 72.9-90 μm，宽 36.2-44 μm（金德祥等，1982：长 85-90 μm，宽 37-40 μm）；点条纹 10 μm 11 条；侧区几乎等宽，不达壳端，近壳端明显变狭。

本变种细胞外形及侧区形状和 Schmidt 等（1874-1959）描述的相似，但后者侧区在中节处不向内凹。Schmidt 等（1874-1959）描述的侧区很狭，与我们观察的标本的特征相差较大。

生态：海水生活。

分布：采自福建同安刘五店的文昌鱼消化道（6 月）、三都湾的潮间带（9 月），海南海藻洗液（8 月），以及我国南海（Schmidt, 1874-1959），东海大陆架柱样（深度 0-230 cm）沉积物。日本横滨和马达加斯加也有记载。

琴状舟形藻劲直变种（图版 CI: 1068）

Navicula lyra var. **recta** Greville 1859a, p. 28, 4/3; Schmidt et al., 1874-1959, 2/18; Cleve, 1895, p. 64; Peragallo and Peragallo, 1897-1908, p. 134, 22/7, 8; Van Landingham, 1967-1979, p. 2652; Jin and Cheng (金德祥和程兆第), 1979, p. 146; Jin et al. (金德祥等), 1982, p. 140, 39/379.

壳面橄榄形，长 125-149 μm，宽 57-63 μm。本变种较原变种具较稀的点纹和点条纹。点纹 10 μm 11 点；点条纹 10 μm 7 条。

生态：海水生活，也有化石记载。

分布：采自福建厦门（6 月）的海藻，海南西沙群岛琛航岛（3 月）的海藻洗液，广西北海（10 月）的油泥，东海大陆架柱样（深度 200-230 cm）沉积物，江苏连云港（9-10 月）和山东青岛（7 月）、烟台（7 月、9-10 月）的油泥。此外，科威特和坦桑尼亚，萨摩亚，塞舌尔，地中海，墨西哥湾，加利福尼亚的鸟粪里和匈牙利的化石中也有记载。

琴状舟形藻符号变种（图版 CI: 1069）

Navicula lyra var. **signata** A. Schmidt 1874 in Schmidt et al., 1874-1959, 2/4, 129/4; Castracane, 1886, p. 31, 28/8; Cleve, 1895, p. 64; Boyer, 1927, p. 412; Mills, 1933-1935, p. 1088; Van Landingham, 1967-1979, p. 2653; Jin and Cheng (金德祥和程兆第), 1979, p. 147; Jin et al. (金德祥等), 1982, p. 140, 39/380, 381.

壳面橄榄形，端锐，长 200 μm，宽 63 μm。本变种的最大特点在于：侧区各有 1 个圆形的眼状构造，直径约 17 μm，眼内有横的波浪状的条纹，各条纹的中央加厚，形成 1 纵的点条纹列。

本标本似 Schmidt 等（1874-1959）的图 129/4，而与图 2/4 的壳面外形略有不同。

生态：海水生活。

分布：采自福建三都湾（9 月）的螺、贝消化道。此外，印度尼西亚的苏门答腊，塞舌尔，马达加斯加，桑给巴尔和墨西哥湾等地也有记载。

琴状舟形藻亚模式变种（图版 CI：1070）

Navicula lyra var. **subtypica** A. Schmidt et al., 1874-1959, 2/24; Wolle, 1890, 16/14; Peragallo and Peragallo, 1897-1908, p. 135, 22/2; Van Landingham, 1967-1979, p. 2654; Chin et al., 1984, p. 521; Jin et al. (金德祥等), 1992, p. 143, 101/1216.

壳面为延长的六边形，长 70-138 μm，宽 32-68 μm；侧区近壳端明显变狭，不达壳缘；点条纹 10 μm 6-9 条。本变种与原变种的区别在于：本变种壳面是延长的六边形，两侧平行。

生态：海水生活。

分布：采自海南西沙群岛永兴岛（3 月）低潮带石头上金黄色黏稠物的附着物；也曾在东海大陆架柱样（深度为 40-60 cm）沉积物中找到。此外，日本的横滨，地中海和欧洲北海也有记录。

602. 似琴状舟形藻（图版 CI：1071；图版 CXXXI：1354）

Navicula lyroides (Ehrenberg) Hendey 1958, p. 60, 5/3; Van Landingham, 1967-1979, p. 2654; Li (李家维), 1978, p. 794, 10/1; Huang (黄穰), 1979, p. 200, 5/12; 1990, p. 218; Jin et al. (金德祥等), 1982, p. 141, 40/382.

异名：*Lyrella lyroides* (Hendey) D. G. Mann 1990。

壳面舟形、椭圆-舟形或长椭圆形，长 70-102.7 μm，宽 30-46.5 μm（Li，1978：长 110 μm，宽 54 μm；金德祥等，1982：长 70-90 μm），具略楔形或钝圆或宽的壳端；壳面的点条纹略呈放射状，在壳缝的两侧被侧向延长的中心区所间断；侧区狭，多少直的，或向着端节稍微靠拢，其中有粗斑点；壳缝与侧区之间的点条纹一般是短的，向着壳端或减少到 1-2 点。

生态：海水生活。

分布：记录于南海表层沉积物中，台湾澎湖列岛石莼上（5 月），兰屿的潮间带（10 月）和大陆架表层沉积物里，东海大陆架柱样（深度 60-80 cm）沉积物，江苏海州湾至北浅滩表层沉积物里。此外，科威特，坦桑尼亚和西非也有记载。

603. 点状舟形藻（图版 CI：1072）

Navicula maculata (Bailey) Edwards 1860, p. 128; Schmidt et al., 1874-1959, 6/38, 244/2; Cleve, 1895, p. 46; Jin et al. (金德祥等), 1957, p. 9; Van Landingham, 1967-1979, p. 2655; Jin et al. (金德祥等), 1982, p. 144, 41/393.

异名：*Stauroneis maculata* Bailey 1851。

壳面橄榄形，端略鸭嘴状，长 90-120 μm，宽 35-45 μm；中轴区线形，狭；中心区大，有时横列；点条纹 10 μm 6.5 条，放射状；点纹粗，10 μm 6-7 点，形成波浪状的纵列。

生态：海水和半咸水生活。

分布：采自福建厦门的牡蛎消化道（金德祥等，1957），海南西沙群岛（3月）的海藻洗液，广西北海（10月）的紫菜育苗池和山东青岛（3-4月）的海藻体表。美国的佛罗里达和大西洋沿岸也有记录。

604. 海洋舟形藻（图版 CII：1073；图版 CXXXI：1355）

Navicula marina Ralfs in Pritchard 1861, p. 903; Schmidt et al., 1874-1959, 6/9; Cleve, 1895, p. 47; Van Heurck, 1896, p. 212, 4/284; Chin and Wu, 1950, p. 47; Hustedt, 1966, p. 705, f. 1607; Van Landingham, 1967-1979, p. 2662; Jin et al. (金德祥等), 1982, p. 144, 41/394; Huang (黄穰), 1990, p. 218.

异名：*Petroneis marina* (Ralfs) D. G. Mann 1990。

壳面橄榄形，端略尖或圆，长 88 μm，宽 35 μm（金德祥等，1982：长 54-72 μm，宽 25-31 μm）；壳面点纹明显，排列均匀，组成放射状的点条纹，10 μm 11-13 条；中轴区很狭，中心区小，圆形。

生态：海水和半咸水生活。

分布：采自福建的漳港海水（7月），厦门和三都湾（9月）及金门的大土参消化道，台湾岛大陆架表层沉积物，海南岛三亚高潮区沙滩（11月），广东湛江的浮筏（6月）、油泥（10月）和试验挂板（11月），海丰（10月）的油泥、潮间带和船底附着物，南澳（10月）的油泥；还采自广西北海（10月）的油泥、浒苔和马氏珍珠贝体表，东海大陆架柱样（深度 200-300 cm）沉积物，山东青岛（3-4月、7月）、烟台（3-4月）和河北秦皇岛（7月）的油泥，以及天津塘沽（9-10月）、辽宁大连（3-4月）的海藻，其中在烟台（3-4月）、秦皇岛（7月）油泥中的为优势种。此外，坦桑尼亚，斯里兰卡，地中海，欧洲北海，里海，加利福尼亚，西印度群岛的巴巴多斯，以及格陵兰均有记载。

605. 膜状舟形藻（图版 CII：1074；图版 CXXXI：1356-1360）

Navicula membranacea Cleve 1897a, p. 24, 2/25-28; Schmidt et al., 1874-1959, 26/34; Cupp, 1943, p. 193, f. 142; Jin et al. (金德祥等), 1965, p. 194, f. 179; Van Landingham, 1967-1979, p. 2666; Guo and Yang (郭玉洁和杨则禹), 1982, p. 32; Guo and Zhou (郭玉洁和周汉秋), 1985, p. 96; Jin et al. (金德祥等), 1992, p. 126, 95/1165.

异名：*Meuniera membranacea* (Cleve) P. C. Silva 1996。

细胞壁薄，借助壳面相连成短的带状群体；壳面舟形，壳环面长方形，长 42-92 μm（纵轴），宽 31-40 μm（贯壳轴）；中节加厚成十字形。在光学显微镜下观察，壳面和壳环面的花纹不易见，色素体 2 个。我们的样品壳面长 140-194 μm，环面高 40-64 μm。

本种在秋季发现带有双鞭毛的小孢子，数目 4 个，小的（6 μm）为梨形，大的（11 μm）

为圆形，前者可能为雄性，后者可能为雌性（金德祥等，1965）。

生态：海水种类，浮游生活。

分布：本种为沿岸性，分布广，适应温度范围大，温带，热带海皆有。采自广东大亚湾海水（10 月），福建东山（11 月）、漳浦（5 月）和厦门（9 月）的浮游生物，东海大陆架区浮游植物（1975 年），台湾海峡黑潮暖流海域；也采自浙江奉化湖头渡（7 月）潮间带浒苔，中沙和西沙群岛附近海域。印度尼西亚的爪哇，地中海，欧洲沿岸，美洲的加利福尼亚湾都曾有出现。

606. 柔软舟形藻（图版 CII：1075，1076；图版 CXXXII：1361，1362）

Navicula mollis (W. Smith) Cleve 1895, p. 26; Van Heurck, 1896, p. 231, 27/780; Boyer, 1927, p. 383; Jin (金德祥), 1951, p. 102; Cleve-Euler, 1953, p. 129, f. 752A; Van Landingham, 1967-1979, p. 2676; Jin et al. (金德祥等), 1982, p. 155, 42/423-425.

异名：*Schizonema molle* W. Smith 1856。

壳面狭舟形，长 46.2 μm，宽 8.1 μm（金德祥等，1982：长 17-35 μm，宽 3-8 μm）；点条纹平行排列，10 μm 15 条（Cleve-Euler, 1953：14-16 条；Van Heurck, 1896：14 条；Cleve, 1895：15 条）；壳缝明显；中轴区和中心区不明显。

本种生活在胶质管里，组成丝状群体。在鲍鱼人工养殖池里和水管中能大量繁殖，是幼鲍的饵料之一。

生态：海水生活。

分布：采自福建东山海水（7 月）和鲍鱼养殖场（3 月）；也曾记录于福州外海（Skvortzow, 1932），海南西沙群岛琛航岛（3 月）的海藻洗液，广东湛江麻斜（10 月）的试验挂板，浙江奉化湖头渡（7 月）的潮间带浒苔、油泥、海蜇育苗池的附着板和出水管，以及泗礁岛（7 月）青沙湾船底附着物和基湖沙滩。此外，南非，欧洲北海，英格兰，亚得里亚海，美洲沿岸水域和北极海等地也有记载。

607. 串珠舟形藻（图版 CII：1077；图版 CXXXII：1363-1366）

Navicula monilifera Cleve 1895, p. 43; Schmidt et al., 1874-1959, 243/1; Cleve-Euler, 1953, p. 114, f. 731; Hustedt, 1966, p. 711, f. 1699A; Van Landingham, 1967-1979, p. 2676; Jin et al. (金德祥等), 1982, p. 142, 40/387; Huang (黄穰), 1979, p. 200, 5/13; 1984, p. 188, 6/45; 1990, p. 218.

异名：*Navicula granulata* de Brébisson 1855；*Petroneis monilifera* (Cleve) A. J. Stickle et D. G. Mann 1990。

壳面长椭圆形，端鸭嘴状，长 31-70 μm，宽 16-41 μm（金德祥等，1982：长 53-67 μm，宽 28-35 μm）；粗点纹 10 μm 7-9 点，组成放射状的点条纹，10 μm 8 条；点条纹在中心区两侧长短相间，在壳端较密集；中轴区狭；中心区小，略向两侧扩大。

生态：海水生活。

分布：采自福建长乐漳港和泉州海水（7 月），平潭澳前海水（10 月），厦门和东山的潮间带海泥（2 月），金门沿岸水（7 月），台湾兰屿的潮间带（10 月）和大陆架表层沉积物，广西北海白虎头的潮间带和浒苔沙滩（10 月）。此外，科威特，坦桑尼亚，斯里兰卡，欧洲北海和马达加斯加等地也有记载。

608. 单眼舟形藻（图版 CII：1078）

Navicula monoculata Hustedt 1945, p. 921, 41/4; Van Landingham, 1967-1979, p. 2677; Lange-Bertalot and Rumrich, 1981, p. 145, f. 93; Cheng et al. (程兆第等), 1993, p. 46, 19/144.

壳面宽舟形至长椭圆形，长 6.5-11 μm，宽 2.5-4.7 μm；壳面花纹有长室孔结构（类似 *Pinnularia*），10 μm 约 30 条，在中轴区两侧各被 1 条无纹的纵线切断，靠近壳缘的部分较长。在壳缝两侧的中轴区部分，直到无纹纵线内侧的长室孔上，覆盖着一层薄的硅质膜，膜上具横向排列的细小点纹，10 μm 约 140 点。中心区不清晰，端节明显，端裂缝向同一方向弯曲。

本种壳面外形和长室孔的排列形式与 *N. pseudomuralis* 相似（Lange-Bertalot and Rumrich，1981），根据 Lange-Bertalot 和 Rumrich（1981）所述，后者壳缝两侧和长室孔上缺乏一层薄的硅质膜。

生态：海水生活。

分布：采自厦门港海水（5 月、11 月）。

609. 穆氏舟形藻（图版 CII：1079；图版 CXXXII：1367-1369）

Navicula muscatineii Reimer et Lee 1988, p. 339-351; Lee and Xenophontes, 1989, p. 69-77, f. 1-12; Cheng et al. (程兆第等), 1993, p. 46-47, pl. 19, f. 145-147.

壳面椭圆形至宽舟形，长 4.7-10.3 μm，宽 2.6-3.5 μm；壳缝直，中心区的一侧有一个独立的孔纹；中轴区窄，中心区小，向两侧不规则扩散；壳套有 1 列孔纹。

本种的细胞形态在生活史过程中多变：细胞球形、椭圆形或哑铃形；壳面无孔纹或孔纹在壳缝两侧不规则排列；壳缝变形且中节不在壳面中央。

生态：海水生活。

分布：采自海南海藻洗液（8 月），厦门港的海水（5 月）。Reimer 和 Lee（1988）首次发现于红海的埃拉特湾，本种在较大型的有孔虫（foraminifera）体内形成胞内共生，还记录于澳大利亚的大堡礁南部海域。

610. 麦舟形藻（图版 CII：1080）

Navicula my Cleve 1895, p. 42, 1/17; Hustedt, 1966, p. 693, f. 1690; Van Landingham, 1967-1979, p. 2688; Jin et al. (金德祥等), 1992, p. 137, 98/1196.

壳面舟形，从中部逐渐地变狭，壳端钝圆，长 74-110 μm，宽 23-26 μm；中轴区很狭，中心区很小；点条纹在中部，为平行排列，10 μm 14 条；在壳端为放射状并轻微地弯曲，10 μm 20 条，点纹 10 μm 16 个。

　　本种形状和点条纹排列形式有点类似线形亚属中的 *N. bortnica*，但是，本种壳面较大，并具有更明显的点纹，以及壳端的点条纹是放射状；后者点条纹细，10 μm 20 条，在壳面中部放射状和长短相间，在壳端转为会聚状。

　　生态：海水生活。

　　分布：曾采自我国南海海参消化道（Cleve，1895）。

611. 诺森舟形藻（图版 CII：1081，1082；图版 CXXXIII：1370-1374）

Navicula northumbrica Donkin 1861, p. 9, 1/5; Schmidt et al., 1874-1959, 47/19-20; Cleve, 1895, p. 31; Van Heurck, 1896, p. 189, 25/726; Werff and Huls, 1957-1974, p. 109; Van Landingham, 1967-1979, p. 2695; Jin et al. (金德祥等), 1992, p. 154, 102/1250, 1251.

　　细胞短形，从壳环面观，中部凹入；壳面舟形至狭舟形，壳端翘起，长 28.2-105.8 μm，宽 8.7-33.3 μm（Cleve，1895：长 46-76 μm，宽 8-10 μm；金德祥等，1992：长 40-42 μm，宽 8 μm）；中轴区不清晰，中心区小；点条纹平行排列，10 μm 9.5-10 条（Van Heurck，1896：7-8 条；Cleve，1895 和 Cleve-Euler，1953：10-11 条）；点条纹由纵线纹组成，Cleve（1895）记录纵线纹 10 μm 25 条。中心区两侧的点条纹较明显和略远距。

　　生态：海水生活。

　　分布：采自福建长乐漳港海水（7 月），海南海藻洗液（8 月），海南西沙群岛的石岛的潮间带（3 月），浙江泗礁岛的潮间带（7 月）。也曾记录于欧洲北海。

612. 货币舟形藻（图版 CII：1083）

Navicula nummularia Greville 1859a, p. 29; Schmidt et al., 1874-1959, 70/73, 38; Cleve, 1895, p. 66; Van Landingham, 1967-1979, p. 2696; Li (李家维), 1978, p. 794, 10/6; Jin et al. (金德祥等), 1982, p. 138, 38/369.

　　异名：*Fallacia nummularia* (Greville) D. G. Mann 1990。

　　壳面椭圆形，长 23-45 μm，宽 17-38 μm；点纹细，10 μm 约 18 点；点条纹 10 μm 10 条；侧区狭，针形。

　　生态：海水生活。

　　分布：记录于台湾澎湖列岛的石莼（5 月），海南西沙群岛琛航岛低潮带的海藻（3 月）。此外，坦桑尼亚，爪哇，佛罗里达，马达加斯加，好望角，亚得里亚海等地及加利福尼亚的鸟粪里也有记载。

613. 直丝舟形藻（图版 CII：1084）

Navicula orthoneoides Hustedt 1955a, p. 31, 7/14; Van Landingham, 1967-1979, p. 2705; Foged, 1978, p. 95, 32/12; Jin et al. (金德祥等), 1992, p. 148, 101/1230.

　　壳面椭圆至椭圆菱形，长 25 μm，宽 17 μm；点条纹射出状，细，10 μm 30 条以上；

中轴区狭；中心区小，圆。

　　生态：海水生活。

　　分布：采自海南西沙群岛琛航岛（10 月）低潮带的网胰藻。此外，澳大利亚东岸，欧洲，美国和非洲东岸都有记录。

614. 潘土舟形藻（图版 CIII：1085；图版 CXXXIII：1375）

Navicula pantocsekiana De Toni 1891-1894, p. 64; Cleve, 1895, p. 19; Cleve-Euler, 1953, p.
　　161, f. 824; Van Landingham, 1967-1979, p. 2713; Jin and Cheng（金德祥和程兆第），
　　1979, p. 147; Jin et al.（金德祥等），1982, p. 152, 42/414.

　　壳面舟形，端锐，长 66-70.4 μm，宽 17-19.2 μm；壳面点纹密集，组成粗的点条纹，10 μm 7-8 条（De Toni，1891-1894：12.5 条；Cleve，1895：10-11 条；Cleve-Euler，1953：7-11 条）；点条纹在壳面中部较稀，短或长短相间，并为放射状，在壳端转为平行排列；中轴区不明显；中心区小。

　　生态：半咸水生活，我们采自海水中。

　　分布：采自福建三都湾码头（9 月）中潮带表泥，广东湛江（10 月）和南澳（10 月）、山东青岛（7 月）和河北秦皇岛（9-10 月）的油泥。匈牙利的化石也有记载。

615. 小对舟形藻（图版 CXXXIII：1376-1378）

Navicula pargemina Underwood et Yallop 1994, p. 474-478; Li（李扬），2006, p. 214, pl. 10,
　　f. 170, 171.

　　壳面线性或披针形，长 8.4-14 μm，宽 2.1-3.6 μm；壳端和中节均不对称，壳面一侧的点纹靠近壳缝，另一侧的点纹较远，之间有一块无纹区；壳面点纹是径向延长的线性孔，孔内具 1 层硅质膜，点纹密度为 10 μm 内 20-23 条；壳缝直，中壳缝的末端略微向同一个方向弯曲，端壳缝弯曲显著并呈钩状。

　　本种经过酸化后，多呈现出两个壳面连在一起的现象，所以命名为小对舟形藻。

　　生态：于潮间带沉积物中栖息，附着生活。

　　分布：采自福建东山海水（7 月），平潭澳前海水（10 月），大嶝油泥（11 月），厦门港宝珠屿表层海水（7 月）和底层海水（7 月、12 月）。曾记录于英国塞文（Severn）河口的潮间带沉积物中。

616. 帕氏舟形藻（图版 CIII：1086；图版 CXXXIII：1379）

Navicula patrickae Hustedt 1955, p. 26, 8/15-16; 1966, p. 647, f. 1648; Van Landingham,
　　1967-1979, p. 2715; Cheng et al.（程兆第等），1993, p. 47, 19/148.

　　壳面椭圆形，长 10.7-18 μm，宽 7.7-12.5 μm；壳缝直，不到达壳端，距壳端还有一段明显的距离；中轴区狭，中心区小；点条纹放射状排列，10 μm 18-20 条，在壳面中部长短交替。

Hustedt（1955）记述，本种壳面长 13-18 μm，宽 8-10 μm；点条纹 10 μm 20 条，与我们的样品基本一致。程兆第等（1993）记录：壳面长 5-6 μm，宽 3.5-3.7 μm；点条纹 10 μm 53-70 条，他们根据壳面形状和壳缝的特点订立，但点条纹数目显然比 Hustedt（1955，1966）记录的多得多了，他们认为或许可以考虑作为 1 个新变种。

生态：海水生活。

分布：采自厦门港海水（7 月）和试验挂板（8 月），海南海藻洗液（8 月）。首次记录于美国北卡罗来纳的博福特。

617. 帕维舟形藻（图版 CIII：1087；图版 CXXXIV：1380-1385）

Navicula pavillardi Hustedt 1939, p. 635, f. 86-90; Cleve-Euler, 1953, p. 140, f. 787a; Van Landingham, 1967-1979, p. 2716; Li (李家维), 1978, p. 794, 11/1; Jin et al. (金德祥等), 1982, p. 154, 42/419.

壳面狭舟形，具锐的、楔形的端，长 66.7 μm，宽 15.8 μm（Li，1978：长 35-65 μm，宽 6-8 μm；Cleve-Euler，1953：长 30-80 μm，宽 4.5-8 μm）；中轴区不明显，中心区很小；点纹很细；点条纹略放射状，10 μm 12-14 条。

生态：海水生活。

分布：采自福建东山海水（7 月），北部湾海水（7 月、10 月），台湾澎湖列岛的石莼和虱目鱼池底部（12 月），海南岛海口的潮间带（11 月），广东湛江浮筏的附着物（5 月），广西北海养殖场的海水泡沫（10 月）。此外，南非，英国曾有记录。

618. 矩室舟形藻（图版 CIII：1088，1089；图版 CXXXIV：1386）

Navicula pennata A. Schmidt 1876 in Schmidt et al., 1874-1959, 48/41-43; Cleve, 1895, p. 32; Peragallo and Peragallo, 1897-1908, p. 104, 11/25, 26; Hendey, 1964, p. 203, 30/21; Van Landingham, 1967-1979, p. 2718; Abbott and Andrews, 1979, p. 247, 4/25; Jin et al. (金德祥等), 1992, p. 152, 102/1240, 1241.

异名：*Schizonema pennatum* (A. Schmidt) Kützing 1898。

壳面舟形，长 39-61 μm，宽 8-15 μm；壳面对称或不对称，壳面不对称的个体壳缝不在中线上；壳缝的两侧不等宽，端壳缝弯向宽的一侧，壳面对称的个体类似放射舟形藻 *N. radiosa*，后者壳端点条纹是平行或会聚状排列，中央小孔靠近。点纹很密，组成的点条纹粗，10 μm 7-10 条（Cleve，1895：5-6 条，Abbott and Andrews，1979：5 条）；点条纹放射状排列，在壳端较密，在中节两侧较短，因此呈现一个方形或稍微圆形的中心区；中轴区狭。

生态：海水生活，也有化石记载。

分布：采自海南海藻洗液（8 月），海南西沙群岛琛航岛（3 月）低潮带的海藻，浙江泗礁岛（7 月）潮间带的石头附着物；也在冲绳海槽的柱样沉积物中找到过；郭玉洁和周汉秋（1985）在西沙群岛附近海域也有记录。本种在地中海，亚得里亚海，摩洛哥，西印度群岛，墨西哥湾，美国的佛罗里达等地及匈牙利的化石材料中都曾有记录。根据

Abbott 和 Andrews（1979）及 Andrews（1980）的记录，本种从新近纪的中新世到近代海岸的沿岸带都能找到。

619. 极小舟形藻（图版 CIII：1090；图版 CXXXIV：1387-1395）

Navicula perminuta Grunow in Van Heurck, 1880, 14/7; Van Landingham, 1967-1979, p. 2723; Guettinger, 1990, p. 205, f. 1-6; Cheng et al. (程兆第等), 1993, p. 47, pl. 19, f. 149; Li (李扬), 2003, p. 32-33, pl. 7, f. 50; Zhao (赵东海), 2005, p. 131, pl. 7, f. 3, 4; Li (李扬), 2006, p. 214, pl. 10, f. 172; Gao et al. (高亚辉等), 2021, p. 85, 30/4-6.

　　异名：*Navicula cryptocephala* var. *perminuta* (Grunow) Cleve 1895；*Navicula diserta* Hustedt 1939；*Navicula hanseni* Möller 1950；*Navicula dulcis* Patrick 1959；*Navicula mendotia* Van Landingham 1975。

　　壳面舟形，长 8-20 μm，宽 2.7-4.8 μm；点条纹 10 μm 内 15-18 条；在中部几乎平行，在壳端略为会聚状；中轴区狭，中心区横向扩大，两侧各有 1 列较短的点纹。

　　生态：海水生活。

　　分布：采自厦门火烧屿海水（2 月），海南海藻洗液（8 月），北部湾海水（7 月），厦门港及大亚湾海水（1986-1987 年），厦门港海水（2 月）；黄海北部海域有分布，福建东山鲍鱼养殖池内也大量存在。还曾记录于欧洲和大西洋西北海域，波罗的海，亚得里亚海。

620. 似菱舟形藻（图版 CIII：1091；图版 CXXXV：1396）

Navicula perrhombus Hustedt 1936 in Schmidt et al., 1874-1959, 394/28-31; Van Landingham, 1967-1979, p. 2724; Li (李家维), 1978, p. 794, 10/9; Jin et al. (金德祥等), 1982, p. 154, 42/420.

　　壳面橄榄形，长 25.9 μm，宽 10.7 μm（Li, 1978：长 11-25 μm，宽 8-12 μm）；点条纹放射状，10 μm 6-11 条（Schmidt et al., 1874-1959）或约 6 条（Li, 1978）。

　　生态：海水生活。

　　分布：采自我国福建长乐漳港海水（7 月），台湾的澎湖列岛石莼（5 月）和虱目鱼池底部（12 月）。还发现于 Ebenda。

621. 佩氏舟形藻（图版 CIII：1092，1093）

Navicula perrotettii (Grunow) Cleve 1894, p. 110, 3/2; Schmidt et al., 1874-1959, 211/33; Boyer, 1927, p. 367; Van Landingham, 1967-1979, p. 2724; Foged, 1980, p. 652, 3/1-2; Ma et al. (马俊享等), 1984, p. 78-89; Jin et al. (金德祥等), 1992, p. 128, 96/1169, 1170.

　　异名：*Craticula perrotettii* Grunow 1868。

　　壳面长橄榄形，壳端楔形，长 158 μm，宽 35 μm；中心区和中轴区狭；点纹明显；点条纹纵横交叉排列；横点条纹 10 μm 12 条，纵点条纹较明显，10 μm 10 条（Cleve,

1894：横点条纹 13-14 条，纵点条纹 11-12 条）。细胞内具隔片。

生态：半咸水，淡水生活。

分布：在福建龙海石码中潮区的油泥里找到（6 月、9 月）；Skvortzow（1925）曾记录于福建厦门和黑龙江哈尔滨。在意大利，新加坡和非洲的塞内加尔也有记载。

622. 叶状舟形藻（图版 CIII：1094）

Navicula phyllepta Kützing 1844, p. 94, 30/56; Werff and Huls, 1957-1974, p. 109; Hendey, 1964, p. 190, 37/3; Van Landingham, 1967-1979, p. 2726; Riaux and Germain, 1980, 2/1, 2; Guo et al. (郭健等), 1998, p. 126.

异名：*Navicula minuscula* var. *istriana* Grunow 1880；*Navicula lanceolata* var. *phyllepta* (Kützing) Van Heurck 1885；*Navicula istriana* (Grunow) Pantocsek 1902。

壳面长舟形，长 15-20 μm，宽 4-4.5 μm；点纹线条状，10 μm 40 条；点条纹放射状直达壳端，10 μm 18 条（Hendey，1964：13-14 条；Riaux and Germain，1980：20 条）；点条纹在中节处较短，不整齐，中心区横向扩大；中轴区狭线状。

生态：海水或半咸水生活。

分布：采自闽南-台湾浅滩渔场。曾记录于西欧的英国、荷兰、法国近岸海水或半咸水里。

623. 皮舟形藻

Navicula pi Cleve 1895, p. 15, 1/13; Cleve, 1895, p. 50; Van Landingham, 1967-1979, p. 2727; Jin et al. (金德祥等), 1992, p. 137.

壳面菱舟形，壳端钝，长 80 μm，宽 22 μm；中轴区不清晰，中心区小，端壳缝向相同的方向弯曲；点条纹几乎平行排列，在中部 10 μm 11 条，在壳端 10 μm 12 条；点纹 10 μm 约 12 个，形成略波浪状的纵列。

生态：海水生活。

分布：Cleve（1895）记载，在我国南海采到。

备注：由于文献不足，仅提供文字描述，缺图。

624. 羽状舟形藻（图版 CIII：1095；图版 CXXXV：1397，1398）

Navicula pinna Chin et Cheng 1979, p. 144, f. E; Jin et al. (金德祥等), 1982, p. 148, 41/403.

壳面棍形，两侧平行，端截圆，长 31-35 μm，宽 5.8-6 μm（金德祥等，1982：长 65 μm，宽 9 μm）；壳面点条纹纤细，纵的和横的排列，10 μm 24 条，到壳端转为会聚状的排列；中轴区很狭，中心区小，椭圆形；壳缝直，中央小孔明显，膨大；端节明显，大，在光学显微镜下闪闪发亮。

本种的外形似羽纹藻属（*Pinnularia*）。

生态：半咸水生活。

分布：采自福建平潭（8 月）棱鲛的消化道，海南西沙群岛琛航岛（3 月）的海藻洗液和三亚（11 月）潮间带的杂草及海藻。

625. 侧偏舟形藻（图版 CIII：1096）

Navicula platyventris Meister 1935, f. 33; Chen et al. (陈长平等), 2006, p. 95-99, f. 3.

壳面长椭圆形，两端喙形，长 17 μm，宽 4.5 μm（Navarro，1982：长 11-22 μm，宽 5-7 μm）；点纹呈短线条；点条纹放射状，10 μm 内 27 条；中轴区由中间向两端变狭；中央区环状，两侧各有 1 短的点条纹。

本种与缝舟舟形藻 *Navicula rhaphoneis* 的区别是前者中央区两侧的短点条纹数及点纹形状（程兆第等，1993）。后者壳面长 9.6-23.8 μm，宽 4.8-10.3 μm；壳缝两端向同一方向弯曲；中央区扩大，两侧各有 1 条短的点条纹（每条只有 2 个孔纹）；点条纹在中部放射状，向两端转为平行排列，至壳端转为稍会聚状，10 μm 11-12.5 条。

生态：海水，半咸水生活，浮游。Navarro（1982）报道盐度范围为 25-40，深圳红树林样品的盐度范围为 17.6-21.8。

分布：采自深圳红树林海水。曾发现于美国佛罗里达（Navarro，1982）。

626. 折迭舟形藻（图版 CIII：1097；图版 CXXXV：1399）

Navicula plicatula Grunow in Cleve and Möller 1878, No. 154-155; Cleve, 1894, p. 155, 3/28; Peragallo and Peragallo, 1897-1908, p. 65, 8/17; Mann, 1925, p. 115, 24/8, 9; Van Landingham, 1967-1979, p. 2735; Jin et al. (金德祥等), 1992, p. 145, 101/1220, 1221.

壳面椭圆至线舟形，端略锐，长 75-115 μm，宽 20-25 μm；壳缝波状弯曲，两侧具有多少低凹的部分；中央小孔靠近，端节小；中轴区不清晰；点纹细；点条纹平行排列，中部略放射状，10 μm 15-19 条，在壳端 10 μm 18-20 条。

这是一个很特殊的种类，主要是它的壳缝波浪状弯曲。

生态：海水生活。

分布：采自我国西沙群岛附近海域（郭玉洁和周汉秋，1985）。在日本，塞舌尔，马达加斯加，西班牙的巴利阿里群岛和意大利的那不勒斯湾也有记载。

627. 交织舟形藻（图版 CIII：1098）

Navicula praetexta Ehrenberg 1840, p. 214; Schmidt et al., 1874-1959, 3/30-34; Cleve, 1895, p. 55; Jin (金德祥), 1951, p. 103; Jin et al. (金德祥等), 1957, p. 9; Van Landingham, 1967-1979, p. 2738; Jin et al. (金德祥等), 1982, p. 137, 38/367, 368.

异名：*Pinnularia praetexta* (Ehrenberg) Ehrenberg 1854；*Lyrella praetexta* (Ehrenberg) D. G. Mann 1990。

壳面椭圆形，长 90-110 μm，宽 57-67 μm；侧区新月形，中部略缢缩，其中星散着粗斑点；壳面的点纹粗，10 μm 9 点；点条纹 10 μm 6-7 条。

生态：海水生活。

分布：采自福建厦门牡蛎的消化道（金德祥等，1957）和冲绳海槽的表层沉积物，山东烟台、广西北海（10月）养殖场的紫菜育苗池中及东海大陆架的表层和柱样（深度0-17 cm、34-60 cm、106-125 cm、155-190 cm）沉积物。此外，日本，印度尼西亚的望加锡，澳大利亚，斯里兰卡，红海，地中海，欧洲北海，美国，西印度群岛，新西兰等地也有记载；亦曾在日本，匈牙利等地的化石中采到。

628. 假头舟形藻（图版 CIV：1099；图版 CXXXV：1400-1406）

Navicula pseudacceptata Kobayasi et Mayama 1986, p. 96, 1/1-4, 7-12; Cheng et al. (程兆第等), 1993, p. 47, pl. 20, f. 150, 151; Li (李扬), 2003, p. 33, pl. 7, f. 51; 2006, p. 214, pl. 10, f. 173.

壳面长椭圆形，长 5.3-9.2 μm，宽 2.3-4.5 μm；壳端圆，有 1 无纹空区；端壳缝直，点纹呈短线条；点条纹几乎平行，在壳端略微会聚状，密度为 10 μm 内 16-22 条；中心区长方形，两侧各有 1 短的点条纹。

生态：海水生活。

分布：采自海南海藻洗液（8月），厦门港和大亚湾海水（1986-1987年），福建厦门港（11月、12月）；胶州湾、浙江温州海域有少量分布。本种首次记录于日本的伊岛。

629. 假疑舟形藻（图版 CIV：1100；图版 CXXXVI：1407-1412）

Navicula pseudoincerta Giffen 1970a, p. 285, f. 60-62; Cheng et al. (程兆第等), 1993, p. 48, pl. 20, f. 152-153; Li (李扬), 2003, p. 33, pl. 7, f. 52; 2006, p. 215, pl. 10, f. 174; Gao et al. (高亚辉等), 2021, p. 85-86, 31/2-4.

壳面舟形，壳端略尖锐，长 11-15 μm，宽 2.6-4.5 μm；点条纹平行排列，由竖条状的点组成，10 μm 内 17-19 条；中节两侧的点纹较短，中心区长方形；端壳缝镰刀状，向同一方向弯曲。

生态：海水生活。

分布：采自福建厦门港（2月、7月、9月、11月）、平潭（2月）和三都湾（2月）的海水，大嶝油泥（11月），北部湾海水（7月），海南海藻洗液（8月）；胶州湾，浙江温州海域及黄海北部海域也有分布。本种首次记录于南非 Kowie 河口。

630. 近黑舟形藻（图版 CIV：1101）

Navicula pullus Hustedt 1955, p. 30, 7/18; Van Landingham, 1967-1979, p. 2749; Cheng et al. (程兆第等), 1993, p. 48, pl. 20, f. 154.

壳面长椭圆形，长 6.5-8 μm，宽 2.5-3.4 μm；中轴区狭，中心区圆形，小；孔纹圆形；点条纹在壳面中部几乎平行排列，密度为 10 μm 内约 30 条，在壳端转为放射状，密度为 10 μm 内约 40 条；壳缝位于壳面中央，线形，中壳缝直，端壳缝弯向同一侧。

生态：海水生活。

分布：采自福建厦门港试验挂板（8月），厦门港宝珠屿底层海水（8月）、胡里山底层海水（4月、6月）、筼筜湖附着硅藻（5月），广东大亚湾表层海水（8月）。本种首次记录于美国北卡罗来纳的博福特。

631. 瞳孔舟形藻原变种（图版 CIV：1102；图版 CXXXVI：1413）

Navicula pupula Kützing var. **pupula** 1844, p. 93, 30/40; Schmidt et al., 1874-1959, 396/15-21; Cleve, 1894, p. 131; Boyer, 1927, p. 369; Werff and Huls, 1957-1974, p. 109; Van Landingham, 1967-1979, p. 2715; Hu and Wei (胡鸿钧和魏印心), 1980, p. 64, 36/11; Jin et al. (金德祥等), 1992, p. 157, 103/1261, 1262.

异名：*Sellaphora pupula* (Kützing) Mereschkovsky 1902。

壳面棍形至舟形，常在中部凸出，具宽、圆或略截形的末端，长 20-24 μm，宽 6-8 μm（Cleve，1894：长 22-37 μm，宽 7-9 μm），端节向两侧扩大；中心区宽，向两侧扩大，但不达壳缘；点条纹放射状，由很细的点组成，10 μm 16 条（Cleve，1894：在中央部分为 13-15 条，在壳端为 22-23 条）。

生态：淡水河口生活，半咸水里也有。

分布：在福建九龙江口的石码、西边（12月）采到（盐度 18-28）；在黑龙江哈尔滨（Skvortzow，1925）、江苏、江西鄱阳湖（Skvortzow，1935）曾有记录。本种广泛地分布于日本，孟加拉国，美国的夏威夷群岛和堪萨斯，新西兰，阿根廷，厄瓜多尔，南非，英国，比利时，瑞典，芬兰，挪威，以及北极的格陵兰岛。

瞳孔舟形藻椭圆变种（图版 CIV：1103）

Navicula pupula var. **elliptica** Hustedt 1911, p. 291, 3/40; Schmidt et al., 1874-1959, 396/28; Cleve-Euler, 1953, p. 187, f. 890k; Van Landingham, 1967-1979, p. 2725; Jin and Cheng (金德祥和程兆第), 1979, p. 147; Jin et al. (金德祥等), 1982, p. 158, 43/442; Jin et al. (金德祥等), 1992, p. 157.

异名：*Sellaphora pupula* var. *elliptica* (Hustedt) Bukhtiyarova 1995；*Sellaphora elliptica* (Hustedt) J. R. Johansen 2004。

本变种壳面椭圆形，近端处缢缩，略呈短鸭嘴状，长 16 μm，宽 9 μm。

生态：半咸水或淡水生活。

分布：采自福建厦门海沧（2月）的紫菜养殖场，广东蛇口（6月）的实验挂板和浙江乐清（2月）对虾苗培育站出水沟，泗礁岛（7月）菜园码头的黄褐色附着物。德国不来梅也有记录。

瞳孔舟形藻可变变种（图版 CIV：1104）

Navicula pupula var. **mutata** (Krasske) Hustedt 1930, p. 282, f. 467f; Schmidt et al.,

1874-1959, 396/29-31; Cleve-Euler, 1953, p. 163, f. 829a-b; Van Landingham, 1967-1979, p. 2753; Du and Jin (杜琦和金德祥), 1983, p. 81; Jin et al. (金德祥等), 1992, p. 157, 103/1263, 1264.

异名：*Navicula mutata* Krasske 1929；*Sellaphora mutata* (Krasske) Lange-Bertalot 1996。

细胞小型。壳面两端延伸成头状，长 14-28 μm，宽 5-11 μm；中轴区很狭，线形，中心区宽，横向扩大但接近壳缘；点纹细；点条纹密，放射状排列，10 μm 14-21 条。

与原变种的区别是：本变种壳端延伸成明显的头状。

本变种与瞳孔舟形藻椭圆变种（*N. pupula* var. *elliptica*）的区别是：后者点条纹较稀，10 μm 13-15 条，端略呈短鸭嘴状。

生态：生活于淡水-低盐区的潮间带海藻；Hustedt（1930）记载为淡水种。

分布：采自福建九龙江口海澄码头（3月）。德国的萨克森曾有记录。

632. 侏儒舟形藻（图版 CIV：1105）

Navicula pygmaea Kützing 1849, p. 77; Schmidt et al., 1874-1959, 70/6, 7; Cleve, 1895, p. 65; Boyer, 1927, p. 416; Werff and Huls, 1957-1974, p. 109; Hendey, 1964, p. 211; Van Landingham, 1967-1979, p. 2756; Jin et al. (金德祥等), 1992, p. 140-141, 99/1205, 1206.

壳面狭椭圆形，长 28 μm，宽 13 μm（Van Heurck，1896：长 22.5-45 μm，宽 10-12.5 μm）；侧区在中节处扩大成宽的透明区，向两端聚合，几通达末端；点条纹很细，射出状排列，中部 10 μm 约 26 条，近两端更细（Van Heurck，1896：10 μm 26 条）。

生态：海水，半咸水和淡水生活。

分布：采自海南西沙群岛附近海域（郭玉洁和周汉秋，1985）及浙江乐清潮间带油泥（2月）。比利时的安特卫普和布兰肯贝赫，英格兰，法国的特拉华，厄瓜多尔的加拉帕戈斯群岛，阿根廷，德国，苏联，荷兰，喀拉海，芬马克等均有记录。

633. 金坎舟形藻（图版 CIV：1106）

Navicula quincunx Cleve 1892b, p. 76, 12/6; Cleve, 1895, p. 5; Schmidt et al., 1874-1959, 396/1; Van Landingham, 1967-1979, p. 2759; Jin et al. (金德祥等), 1992, p. 129, 96/1172.

壳面宽舟形，长 85 μm，宽 24 μm；中轴区不清晰，中心区小，圆形；壳缝直；横点条纹 10 μm 17 条，几乎平行排列；点条纹由点纹组成，10 μm 12 点，斜列地互相交叉成约 80°角，斜列的点条纹 10 μm 14 条。

生态：海水生活。

分布：Cleve（1895）记录，曾发现于我国南海。

634. 来那舟形藻（图版 CIV：1107）

Navicula raeana (Castracane) De Toni 1891-1894, p. 30; Cleve, 1895, p. 69; Castracane,

1886, p. 25, 15/3; Schmidt et al., 1874-1959, 212/57, 58; Van Landingham, 1967-1979, p. 2762; Jin et al. (金德祥等), 1982, p. 134, 37/360.

壳面橄榄形，扭曲，中部凸起，端钝，长 80 μm，宽 34 μm；壳缝粗，斜，至壳端向相反方向弯曲成"S"形；在中节处具略似双壁藻属 *Diploneis* 硅质角那样的构造；中轴区和中心区联合，狭，中心区略扩大；壳面由两列紧挨的不易分辨的点组成放射的、肋条状的粗条纹，10 μm 5-6 条（Cleve，1895：4.5-5 条）。

生态：海水或半咸水生活。

分布：采自福建厦门（1 月）的海藻，广东湛江（10 月）的潮间带油泥；还记述于香港（Cleve，1895）。此外，菲律宾，新加坡，印度尼西亚的爪哇、苏门答腊和松巴哇岛，斯里兰卡等地也有记载。

635. 多枝舟形藻（图版 CIV：1108；图版 CXXXVI：1414-1417）

Navicula ramosissima (Agardh) Cleve 1895, p. 26; Van Heurck, 1896, p. 232, 5/244; Boyer, 1927, p. 384; Jin (金德祥), 1951, p. 104; Van Landingham, 1967-1979, p. 2762; Jin et al. (金德祥等), 1982, p. 154, 42/421, 422.

异名：*Schizonema ramosissimum* Agardh 1824。

细胞包埋于胶质管中形成群体。壳面狭舟形，端尖，长 32-48 μm，宽 5.8-11.1 μm（金德祥等，1982：长 42-52 μm，宽 6-10 μm）；点条纹略平行，10 μm 11-12 条；壳缝直；中轴区和中心区很狭，几乎缺。

本种是普通的海水沿岸种，常与短柄曲壳藻 *Achnanthes brevipes*、双眉藻 *Amphora* spp.、念珠直链藻 *Melosira moniliformis* 和平片针杆藻 *Synedra tabulata* 等一起附生在礁石和大型海藻（如紫菜等）上组成集合体。

生态：海水和半咸水生活。

分布：采自海南海藻洗液（8 月），福建的福州外海（Skvortzow，1932）、厦门（12 月）的紫菜叶状体、东山（6 月），辽宁的大连（Skvortzow，1928），海南西沙群岛的海藻洗液，广东湛江（11 月）、蛇口（6 月）的试验挂板（该海区在试验挂板下水一年后细胞多达 14 250 个/5 cm×10 cm）；也采自海丰汕尾（10 月）的油泥，南澳岛（10 月）的浮标和潮间带油泥，南海外海的实验挂板，香港吐露港（4 月）试验挂板，江苏连云港（7 月）的油泥。此外，澳大利亚斯旺河口，英国，法国及美国纽约有记载。

636. 复原舟形藻（图版 CIV：1109）

Navicula restituta A. Schmidt in Cleve and Möller 1878, No. 102; Schmidt et al., 1874-1959, 70/60; Cleve, 1895, p. 50; Peragallo and Peragallo, 1897-1908, p. 148, 27/14, 15; Hustedt, 1966, p. 641, f. 1642; Van Landingham, 1967-1979, p. 1767; Jin et al. (金德祥等), 1992, p. 134, 97/1188, 1189.

壳面长椭圆形，壳端钝圆，长 22 μm，宽 10 μm；壳缝两侧的点纹较粗，形成纵列；壳缝点条纹较密；点条纹平行排列，近壳端转为略放射状，10 μm 约 20 条（Cleve，1895：

点条纹在中部 10 μm 14 条，壳端 18 条）；中轴区几乎缺，中心区小，近四方形。

生态：海水生活。

分布：采自海南西沙群岛低潮带的海藻（3 月）。曾记录于欧洲北海及苏联的塞瓦斯托波尔。

637. 反折舟形藻（图版 CIV：1110；图版 CXXXVII：1418，1419）

Navicula retrocurvata J. R. Carter ex R. Ross et P. A. Sims 1978, p. 159, pl. 2, f. 14-19; Cox and Ross, 1981, f. 1; Cheng et al. (程兆第等), 1993, p. 48, pl. 20, f. 155; Zhao (赵东海), 2005, p. 132, pl. 8, f. 1; Li (李扬), 2006, p. 216, pl. 10, f. 177; Gao et al. (高亚辉等), 2021, p. 86, 30/7, 31/1.

异名：*Hippodonta lesmonensis* (Hustedt) Lange-Bertalot, Metzeltin et Witkowski 1996。

壳面橄榄形，具嘴状或头状端，在较小的细胞上则不明显；壳面长 9.8-23.6 μm，宽 5-8.2 μm（程兆第等，1993：长 12-16 μm，宽 5-6.5 μm；李扬，2006：长 11-16 μm，宽 5-7 μm）；中轴区狭线形，中心区横向扩大；点纹纵条状，组成放射状排列的点条纹，密度为 10 μm 内 10-12 条；中节两侧各有 1 条较短的点条纹；端壳缝向同一侧弯曲，没有到达壳端，壳端分布有几个点纹。

生态：半咸水或海水生活。

分布：采自福建厦门筼筜湖海水（11 月）、东山海水（7 月）、平潭澳前海水（10 月）、厦门港海水（1986-1987 年），海南海藻洗液（8 月）；曾采自福建厦门港海水（7 月、11 月）及东山鲍鱼养殖池。本种首次记录于英国的马尔、艾奥特、奥克尼、设得兰、斯考里和苏格兰西沿岸。

638. 缝舟舟形藻（图版 CIV：1111；图版 CXXXVII：1420，1421）

Navicula rhaphoneis (Ehrenberg) Grunow 1867, p. 19, 1/19; Cleve, 1895, p. 36, 1/30; Boyer, 1927, p. 393; Van Landingham, 1967-1979, p. 2768; Archibald, 1983, p. 198, f. 317; Jin et al. (金德祥等), 1992, p. 147, 101/1224; Cheng et al. (程兆第等), 1993, p. 48-49, pl. 20, f. 156; Li (李扬), 2006, p. 217, pl. 10, f. 178.

壳面舟形-橄榄形，壳端略延长或呈短的嘴状；壳面长 9.6-23.8 μm，宽 4.8-10.3 μm（Cleve，1895：长 27 μm，宽 11 μm；Boyer，1927：长 27-35 μm；金德祥等，1992：长 19 μm，宽 8 μm；程兆第等，1993：长 11.5-16 μm，宽 5-6.5 μm）；壳缝丝状，端壳缝向同一侧弯曲，镰刀状；端节向两侧扩大；中轴区中等；中心区向两侧扩大，两侧各有 1 条较短的点条纹；壳面点条纹放射状，由短条状的孔纹组成，近壳端转为平行或略微会聚状，密度为 10 μm 内 11-13 条（Cleve，1895：8 条；金德祥等，1992：约 9 条；程兆第等，1993：11-12.5 条）。

生态：海水生活。

分布：采自福建长乐漳港海水（7 月），厦门港海水（9 月、11 月）和试验挂板（8 月），湛江低潮带的油泥（10 月），海南海藻洗液（8 月）。此外，还记录于萨摩亚群岛、塔希提岛和牙买加等地。

639. 罗舟形藻（图版 CV：1112）

Navicula rho Cleve 1894, 3/35; Cleve, 1895, p. 19; Van Landingham, 1967-1979, p. 2768; Jin et al. (金德祥等), 1992, p. 149, 101/231.

壳面舟形，端鸭嘴状，钝，长 11 μm，宽 26 μm；中轴区很狭，在中央扩大成 1 个大的圆形的中心区；点条纹 10 μm 11 条，由明显的纵线组成，10 μm 25 条；点条纹在中部放射状且长短交替，在壳端转为平行排列。

本种类似平滑亚属中的雅致舟形藻 *N. elegans*，但是，本种的点条纹由明显的纵线组成。

生态：半咸水种类。

分布：Cleve（1895）记录，本种在我国珠江口采到。

640. 喙头舟形藻（图版 CV：1113；图版 CXXXVII：1422，1423）

Navicula rhynchocephala Kützing 1844, p. 152, 30/35; Donkin, 1871, p. 38, 6/4; Cleve, 1895, p. 15; Hustedt, 1930, p. 296, f. 501; Jin (金德祥), 1951, p. 105; Van Landingham, 1967-1979, p. 2770; Jin et al. (金德祥等), 1982, p. 153, 42/415.

异名：*Schizonema rhynchocephala* (Kützing) Kützing 1898；*Navicula rhynchocephala* var. *constricta* Hustedt 1954。

壳面舟形，壳端延长成鸭嘴状突，长 19.8-25.3 μm，宽 4.6-7.1 μm；壳面点条纹 10 μm 19-20 条，呈放射状排列，在壳端转为会聚状（金德祥等，1982：长 40 μm，宽 10 μm；点条纹 10 μm 12-13 条）；中轴区不明显，中心区小。

生态：半咸水和淡水生活。

分布：采自福建平潭澳前（10 月）和漳港（7 月）海水、东山的沙滩（5 月），海南岛天涯（11 月）的潮间带沙滩，浙江乐清（2 月）潮间带油泥。此外，泰国，南非，挪威的芬马克，喀拉海，欧洲波罗的海的波的尼亚湾，瑞典，比利时，德国，美国等地也有记载。

641. 盐地舟形藻（图版 CV：1114；图版 CXXXVII：1424-1430）

Navicula salinicola Hustedt 1939, p. 638, f. 61-69; Hendey, 1964, p. 204; Van Landingham, 1967-1979, p. 2781; Archibald, 1983, p. 200, f. 318, 319; Cheng et al. (程兆第等), 1993, p. 49, pl. 20, f. 157; Li (李扬), 2003, p. 33, pl. 7, f. 53; Li (李扬), 2006, p. 217, pl. 10, f. 179.

壳面梭形，端钝，长 20.7-32.5 μm，宽 3.6-6.7 μm（程兆第等，1993：长 18-21 μm，宽 2-4 μm）；点条纹 10 μm 内有 20 条左右，平行或放射状排列；中央区明显，两侧各有 1 短条纹。

生态：海水或半咸水生活。

分布：采自福建厦门港（2月，1986-1987年）和长乐（9月）海水、东山鲍鱼池附着物（8月），广东大亚湾（1986-1987年）海水，海南海藻洗液（8月）；曾采自福建厦门港的试验挂板，东海外海海域也有少量分布。英国、德国、法国、荷兰等欧洲国家均有记录，南非也有发现。

642. 饱满舟形藻（图版 CV：1115）

Navicula satura A. Schmidt 1876 in Schmidt et al., 1874-1959, 46/27; Cleve, 1895, p. 31; Van Landingham, 1967-1979, p. 2782; Jin and Cheng（金德祥和程兆第），1979, p. 147; Jin et al.（金德祥等），1982, p. 157, 43/440.

壳面棍棒形，短，端钝圆，两侧平行，长 32 μm，宽 8 μm；壳面点条纹粗且稀，10 μm 8 条，平行排列直至壳端；壳缝直，端节远离壳端；中轴区几乎消失；中心区很小。

本种壳面的点条纹：Cleve（1895）记载为 10 μm 5.5 条，Schmidt 等（1874-1959）记载壳面两侧略鼓出。其他特征与本志描述相同。

生态：海水生活。

分布：采自福建龙海的紫菜养殖场，东海大陆架柱样（深度 170-175 cm）沉积物。此外，非洲的好望角，智利的合恩角等地也有记载。

643. 沙氏舟形藻

Navicula schaarschmidtii Pantocsek 1886, p. 28, 12/121; Cleve, 1895, p. 49, 55; Van Landingham, 1967-1979, p. 2784; Jin et al.（金德祥等），1992, p. 144.

异名：*Lyrella schaarschmidtii* (Pantocsek) D. G. Mann 1990。

壳面椭圆形，长 75-100 μm，宽 40-65 μm；侧区无明显的界限，分散着点纹，有时是较大的点，壳缘处的点条纹 10 μm 9-15 条，点纹 10 μm 10-14 点；壳缝两侧的点纹 10 μm 4-8 点。

本种类似斑点亚属中的横开舟形藻 *N. transfuga*，Pantocsek（1886）曾订名为 *N. transfuga* var. *neupenum*。

生态：海水生活，也有化石记载。

分布：Cleve（1895）记载，本种曾采自我国南海和马达加斯加，在日本，匈牙利和马里兰的化石材料中也有找到。

备注：由于文献不足，仅提供文字描述，缺图。

644. 闪光舟形藻（图版 CV：1116）

Navicula scintillans A. Schmidt 1881 in Schmidt et al., 1874-1959, 70/61; Cleve, 1895, p. 40; Van Landingham, 1967-1979, p. 2786; Li（李家维），1978, p. 794, 10/8; Jin et al.（金德祥等），1982, p. 145, 41/395.

壳面椭圆形，具宽的、圆的壳端（Li，1978：长 27 μm；Cleve，1895：长 35 μm，宽 26 μm）；中轴区不明显；中心区小，有时横列；中心区两侧的点条纹较粗，且稀疏，组成的点条纹不等长，10 μm 10 条，向着壳端逐渐变小而密，10 μm 12 条。

生态：海水生活。

分布：记录于台湾澎湖列岛的虱目鱼池底部（12 月），东海大陆架柱样（深度 170-175 cm）沉积物。此外，坦桑尼亚，墨西哥的坎佩切湾也有记载。

645. 岩石舟形藻（图版 CV：1117；图版 CXXXVIII：1431-1436）

Navicula scopulorum Brébisson in Kützing 1849, p. 81; Cleve, 1894, p. 151; Chin, 1939a, p. 408; Jin (金德祥), 1951, p. 105; Cleve-Euler, 1953, p. 220, f. 970a-c; Van Landingham, 1967-1979, p. 2787; Jin et al. (金德祥等), 1982, p. 147, 41/400.

异名：*Pinnularia johnsonii* W. Smith 1853；*Berkeleya scopulorum* (Brébisson ex Kützing) E. J. Cox 1979。

壳面狭，棍形，中部和两端膨大，壳端宽圆形，长 117.6-180 μm，宽 10.5-13.8 μm（金德祥等，1982：长 107-173 μm，宽 8-14 μm）；点纹明显；点条纹在中部呈放射状，向着壳端转为平行排列，继而又逐步反转为会聚状直至壳端，10 μm 17-18 条；点纹呈等距离排列的纵列点条纹；中轴区几乎缺，中心区很小。

生态：海水生活。

分布：采自福建大嶝盐藻池（11 月）、金门（3 月）的大土参消化道、厦门（10 月）育苗池的表泥、厦门的底栖动物胃肠（Chin，1939b），三都湾（10 月）、平潭（9 月）、东山（3 月）等地，以及海南西沙群岛的海藻洗液，海南岛榆林港（11 月），广东湛江蛤岭（10 月）的浒苔，南海外海（6 月）的试验挂板，辽宁营口（2 月、7 月）的海藻。此外，新西兰，南非，日本，地中海，亚得里亚海，英国沿岸，法国，比利时，洪都拉斯等地也有记载。

646. 盾片舟形藻（图版 CV：1118）

Navicula scutelloides W. Smith 1856, p. 91; Schmidt et al., 1874-1959, 6/34, 404/22-25; Cleve, 1895, p. 40; Boyer, 1927, p. 409; Hustedt, 1966, p. 631, f. 1629; Van Landingham, 1967-1979, p. 2709; Jin et al. (金德祥等), 1992, p. 133, 97/1182, 1183.

壳面椭圆形，端圆，长 25 μm，宽 18 μm（Hustedt，1966：长 10-35 μm，宽 8-20 μm）；中轴区很狭或不清晰，中心区不规则，点纹大，稀疏，10 μm 10-11 点；点条纹放射状，中部不等长，10 μm 约 10 条（Hustedt，1966：10 μm 内点纹 10-16 点；点条纹 8-10 条）。

生态：淡水生活和半咸水生活，也有化石记载。

分布：采自广西北海的马氏珍珠贝养殖场（10 月）。此外，西欧和北美洲都有分布。

647. 盾形舟形藻（图版 CV：1119；图版 CXXXVIII：1437）

Navicula scutiformis Grunow 1881 in Schmidt et al., 1874-1959, 70/62; Cleve, 1895, p. 9;
 Hustedt, 1930, p. 290, f. 494; Van Landingham, 1967-1979, p. 2791; Jin and Cheng (金德
 祥和程兆第), 1979, p. 147; Jin et al. (金德祥等), 1982, p. 149, 41/405, 406.

异名：*Cavinula scutiformis* (Grunow ex A. Schmidt) D. G. Mann et A. J. Stickle 1990。

细胞小型，硅质壁薄弱；壳面椭圆形，长 26 μm，宽 16.7 μm（金德祥等，1982：长
15-28 μm，宽 9-17 μm）；壳面点纹微小，但明显可辨；点条纹放射状排列直至壳端，中
节两侧较稀，且长短交替，10 μm 约 16 条，向着壳端逐渐密集，10 μm 20-22 条；中心
区圆形；中轴区直线状，明显。

生态：海水生活。Cleve（1895）记载为淡水种类。

分布：采自福建的漳港海水（7 月），东山紫菜养殖场（3 月）和鲍鱼育苗池（7 月）。
挪威，瑞典的乌默奥化石中曾有记载。

648. 半十字舟形藻（图版 CV：1120）

Navicula semistauros Mann 1925, p. 119, 26/5; Van Landingham, 1967-1979, p. 2795; Jin et
 al. (金德祥等), 1992, p. 133, 97/1185.

壳面长舟形，壳端锐，圆；壳面有些拱起，两侧不对称，中心区的一侧小，另一侧
大、扇形；点条纹略放射状，10 μm 8 条；中节明显，不对称，偏向非扇形的一侧，端
壳缝也向这一侧弯曲。

本标本与 Mann（1925）描述的一致，Van Landingham（1975）认为不能成立，但没
另给予种名，所以我们按 Mann（1925）的意见订名。

生态：海水生活。

分布：Mann（1925）首次发现本种于菲律宾。我们在海南西沙群岛琛航岛（3 月）
低潮带的海藻体表，福建沿海的潮间带和冲绳海槽水深 820 m 的海底表层沉积物中都
曾采到，数量不多，但并非罕见。这与 Mann（1925）在菲律宾沉积物中发现的情况
相似。

649. 锡巴伊舟形藻（图版 CV：1121）

Navicula sibayiensis Archibald 1966, p. 489-490, pl. 97(1), f. 27; Jin et al. (金德祥等), 1992,
 p. 145, 101/1218, 1219.

壳面椭圆形，端宽圆，长 19 μm，宽 14 μm（Archibald，1966：长为 8.5-14.5 μm，
宽 5.5-8 μm）；中轴区很宽，约占壳面宽度的一半，两侧具弧形的界限；横点条纹放射状，
10 μm 约 2 条；壳缝直，中央小孔远距；中节长形；壳缝两侧无点条纹。

Archibald（1966）记录：本种类似 *N. oculiformis* 和 *N. peudony*，也略似 *N. microlyra*。
然而，不同的地方在于本种具有很宽的中轴区及其两侧有弧形的暗淡的界限。

本种与 *N. forinae* 的区别，仅在于后者中轴区两侧无弧形暗淡的界限，以及中央小孔不远距。

本种壳面构造类似霍瓦舟形藻 *N. hochstetteri*，但后者壳面椭圆形，中轴区狭菱形，而且点纹较稀，10 μm 14 条。本种也与 *N. glabriusoula* 相似，不同之处是后者的壳面长椭圆-宽舟形，壳端呈楔形。

生态：Archibald（1966）首次记录于南非通加兰（Tongaland）纳塔尔（Natal）的锡巴伊（Sibayi）湖和恩兰格（Nhlange）湖中。我们在海水中找到的。

分布：采自广东湛江（10 月）低潮带的油泥和广西北海（10 月）白虎头中潮区沙质地上的附着物。

650. 苏灯舟形藻（图版 CV：1122；图版 CXXXIX：1438-1440）

Navicula soodensis Krasske 1927, p. 272, f. 20-22; Hustedt, 1930, p. 276, f. 457; Cleve-Euler, 1953, p. 39, f. 564A; Van Landingham, 1967-1979, p. 2807; Cheng et al. (程兆第等), 1993, p. 49, 20/158.

壳面长棍形，壳端钝圆，长 15.5-28.2 μm，宽 4.3-6.4 μm（程兆第等，1993：长 20 μm，宽 4 μm）；壳面点条纹略放射状排列，仅在壳端稍为平行排列，中央较稀，壳端较密，10 μm 内在中央约 16 条，壳端约 30 条（Cleve-Euler，1953：中央 18 条，壳端 20 条）；中轴区狭，中心区向两侧扩大到壳缘，或仅存在于一侧。

生态：淡水生活，我们在海水中采到。

分布：采自厦门港海水（9 月，1986-1987 年），海南海藻洗液（8 月）。在德国中南部，北欧等地可找到。

651. 美丽舟形藻原变种（图版 CV：1123；图版 CXXXIX：1441-1446）

Navicula spectabilis Gregory var. **spectabilis** 1857, p. 481, 9/10; Schmidt et al., 1874-1959, 3/29; Cleve, 1895, p. 60; Jin (金德祥), 1951, p. 105; Cleve-Euler, 1953, p. 170, f. 712; Jin et al. (金德祥等), 1957, p. 9; Li (李家维), 1978, p. 794; Van Landingham, 1967-1979, p. 2820; Jin et al. (金德祥等), 1982, p. 138, 38/372; 1992, p. 139, 100/1210, 1211; Huang (黄穰), 1990, p. 218.

异名：*Lyrella spectabilis* (Gregory) D. G. Mann 1990。

壳面橄榄形，长 64.7-121.3 μm，宽 31.2-76.3 μm（金德祥等，1982，1992：长 63 μm，宽 38 μm）；壳面点纹明显，10 μm 12-13 点；点条纹较稀，在中部近乎平行，向壳端逐渐转为放射状，10 μm 8-9 条；侧区不达壳端，在中部较宽，缢缩，向壳端逐渐变狭，似锥形。

生态：海水生活。

分布：采自南海表层沉积物，浙江泗礁岛的基湖沙滩（7 月），福建厦门牡蛎的消化道（金德祥等，1957），台湾澎湖列岛的虱目鱼池底（12 月）和台湾岛西部大陆架表层沉积物里，海南西沙群岛的试验挂板、海口（11 月）中潮带的绳索，广西北海（10

月）的紫贻贝、毛蚶、藤壶和马氏珍珠贝体表，以及白虎头潮间带沙滩表面，东海大陆架柱样（深度 20-50 cm、80-90 cm、106-125 cm、135-160 cm、165-170 cm、180-200 cm）沉积物；冲绳海槽的表层沉积物，山东烟台的化石里也曾有记载。此外，科威特，日本，菲律宾，印度尼西亚的爪哇，斯里兰卡，红海，地中海，欧洲北海，格陵兰海，匈牙利的化石里也曾有记载。

美丽舟形藻发掘变种（图版 CV：1124）

Navicula spectabilis var. **excavata** (Greville) Cleve 1895, p. 61; Wolle, 1890, 14/15, 27; Van Landingham, 1967-1979, p. 2822; Chin et al., 1984, p. 521; Jin et al. (金德祥等), 1992, p. 140, 100/1212.

壳面椭圆形，长 110-130 μm，宽 60-64 μm；侧区宽，在中央深深地缢缩，侧区内具分散的斑点；壳面点纹 10 μm 12-13 点，组成的点条纹 10 μm 6.5-8 条。

Cleve（1895）记录：本变种点条纹 10 μm 14-16 条，点纹 10 μm 12-14 点，与 *N. spectabilis* var. *angelorum*（点条纹 10 μm 7-15 条，点纹 14-16 点）的区别是后者侧区内无分散的斑点。在美国加利福尼亚的泥土中曾发现介于这两者之间的中间类型。Van Landingham（1967-1979）认为 Schmidt 等（1874-1959）记录的图 70/46（侧区内无斑点）和图 258/15（侧区内具斑点）都是 *N. spectabilis* var. *angelorum*。我们采到的标本根据 Cleve（1895）的文字记载：10 μm 内点条纹的数目似 *N. spectabilis* var. *angelorum*，而侧区的构造又类似本变种，介于两者之间。这里，按照 Cleve（1895）的意见，将侧区内有无斑点作为主要特征，从而订名。

生态：海水生活。

分布：采自冲绳海槽柱样沉积物。此外，红海，马达加斯加，美国加利福尼亚和匈牙利的化石中都有记载。

652. 肥肌舟形藻（图版 CVI：1125）

Navicula stercus muscarum Cleve 1895, p. 55, 1/27; Schmidt et al., 1874-1959, 257/5; Van Landingham, 1967-1979, p. 2829; Jin et al. (金德祥等), 1992, p. 138, 98/1199.

壳面椭圆形，长 72 μm，宽 42 μm；侧区大，新月形，侧区的中部光滑无纹，外缘具分散的较大点纹，点纹在壳缘处较密；点条纹 10 μm 10 条；中轴区两侧的点纹较稀；点条纹 10 μm 13-14 条。

生态：海水生活。

分布：Cleve（1895）记载，本种系 Van Heurck 记录于我国南海。

653. 似船状舟形藻（图版 CVI：1126；图版 CXXXIX：1447；图版 CXL：1448-1454）

Navicula subcarinata (Grunow ex A. Schmidt) Hendey 1951, p. 50, 10/2-3; Schmidt et al., 1874-1959, 2/5; Cleve, 1895, p. 64; Peragallo and Peragallo, 1897-1908, p. 135, 22/10,

11; Boyer, 1927, p. 412; Hendey, 1964, p. 210; Van Landingham, 1967-1979, p. 1653, 2834; Chin et al., 1984, p. 521; Jin et al. (金德祥等), 1992, p. 142, 99/1208, 1209.

异名：*Navicula lyra* f. *subcarinata* Grunow in A. Schmidt et al. 1874；*Lyrella lyra* var. *subcarinata* (Grunow) Moreno 1996。

壳面舟形至长舟形，常有短的嘴状端，长 62.9-83.8 μm，宽 25-32.4 μm（金德祥等，1992：长 76-121 μm，宽 30-39 μm）；壳面点纹明显，10 μm 12-14 点；点条纹 10 μm 11-14 条（Cleve，1895：11-16 条）；侧区线状，平行，直达壳端；壳缝及壳缝两侧，自中节慢慢地向着壳端抬高，类似船底的龙骨。

本种类似琴状舟形藻 *N. lyra* 的某些变种。Cleve（1895）和 Boyer（1927）把它列为琴状舟形藻的一个变种。本种的主要特征在于：壳面中央部分自中节逐渐地向着壳端抬起，在显微镜下观察，壳面不在同一平面上。

生态：海水生活。

分布：采自海南海藻洗液（8 月），海南西沙群岛永兴岛、琛航岛和石岛潮间带的海藻和泥土表面（3 月），东海大陆架柱样（深度 184-190 cm）沉积物。曾记录于菲律宾，新加坡，印度尼西亚的爪哇，大洋洲的萨摩亚和塔希提岛，印度洋的塞舌尔和斯里兰卡，坎佩切湾，巴拿马的科隆和海地的太子港。

654. 较小舟形藻（图版 CVI：1127；图版 CXL：1455，1456）

Navicula subminuscula Manguin 1942, p. 139, 2/39; Van Landingham, 1967-1979, p. 2837; Lange-Bertalot and Rumrich, 1981, p. 136, f. 1-20, 63; Cheng et al. (程兆第等), 1993, p. 49-50, pl. 21, f. 160; Zhao (赵东海), 2005, p. 132, pl. 8, f. 6, 7; Li (李扬), 2006, p. 217, 218, pl. 10, f. 180.

异名：*Eolimna subminuscula* (Manguin) Gerd Moser, Lange-Bertalot et D. Metzeltin 1998。

壳面宽舟形，端钝；壳面长 13.4-20.3 μm，宽 4.5-6 μm（程兆第等，1993：长 8.5 μm，宽 4 μm；李扬，2006：长 7.3-9 μm，宽 3.7-4.2 μm）；中轴区很狭，中心区小；点条纹在壳面中央部分几乎平行排列，密度为 10 μm 内约 20 条，近壳端处为 22-23 条；壳端点条纹略呈放射状。

生态：淡水或海水生活。

分布：采自海南海藻洗液（8 月），福建厦门港海水（5 月）；东山鲍鱼养殖池里也有分布。欧洲等地也有记录。

655. 重迭舟形藻（图版 CVI：1128）

Navicula superimposita A. Schmidt 1874 in Schmidt et al., 1874-1959, p. 90, 2/34; Schmidt et al., 1874-1959, 46/61; Cleve, 1895, p. 34; Van Landingham, 1967-1979, p. 2845; Jin et al. (金德祥等), 1992, p. 150, 102/1237.

壳面狭舟形，偶尔略具波浪状的壳缘，端钝，长 58-125 μm，宽 12-18 μm，端节远离壳端；中轴区狭，中心区宽，向两侧扩张；点条纹由细线组成，10 μm 5.5-7 条，略呈放射状，被 1 条纵的空白线交叉着。

生态：海水种类。

分布：Cleve（1895）记录于我国南海，摩洛哥，波罗的海和挪威。

656. 塔科舟形藻（图版 CVI：1129）

Navicula takoradiensis Hendey 1958, p. 67, 1/8; Schmidt et al., 1874-1959, 394/42; Cleve, 1894, p. 152; Jin et al. (金德祥等), 1957, p. 9; Van Landingham, 1967-1979, p. 2846; Jin et al. (金德祥等), 1982, p. 150, 42/411.

壳面扁菱形，具钝的端，长 80-85 μm，宽 26-34 μm；中轴区不清晰，在中央和端具有清晰的孔（即无孔空隙）；端壳缝不清晰；中心区小而细长；横的点条纹在中央，10 μm 15 条，在壳端呈放射状排列，10 μm 20 条；在壳缝两侧点纹较稀，10 μm 11 点，形成纵的波浪状排列，向着壳端逐渐转为细而密。

生态：海水生活。

分布：采自福建厦门的牡蛎消化道（金德祥等，1957）。墨西哥的坎佩切湾，巴拿马的科隆等地也有记载。

657. 善氏舟形藻（图版 CVI：1130；图版 CXLI：1457）

Navicula thienemannii Hustedt 1939 in Schmidt et al., 1874-1959, 402/53-56; Hustedt, 1966, p. 774, f. 1747; Van Landingham, 1967-1979, p. 2850; Cheng et al. (程兆第等), 1993, p. 50, 20/159.

壳面舟形，两侧近乎平行，端延长成嘴状，长 19.3 μm，宽 7.3 μm（程兆第等，1993：长 13-19.5 μm，宽 4-6 μm）；壳面点纹 10 μm 约 50 点，组成放射状排列的点条纹，10 μm 26-27 条（Hustedt，1966：长 14-18 μm，宽 5 μm；点条纹 10 μm 25 条）；中轴区狭，中心区宽，两侧各有 2-3 条短的点条纹。

本种与格氏舟形藻 *N. grimmii* 有许多相似之处，根据 Hustedt（1966）的意见，两者之间的区别是：前者壳面舟形，壳缘稍为凸出；后者壳面椭圆形至长椭圆形，壳缘明显凸出。

生态：海水、淡水生活。

分布：采自厦门港海水（1 月、11 月，1986-1987 年）。曾在印度尼西亚的爪哇，非洲等地找到。

658. 滔拉舟形藻（图版 CVI：1131）

Navicula toulaae Pantocsek 1892, 12/196; Cleve, 1895, p. 44; Cleve-Euler, 1953, p. 120, f. 740a; Van Landingham, 1967-1979, p. 2852; Jin and Cheng (金德祥和程兆第), 1979, p. 147; Jin et al. (金德祥等), 1982, p. 146, 41/397.

壳面椭圆形，长 68-140 μm，宽 32-47 μm；中轴区狭，近中心区处更狭；中心区圆形；壳缝直；点纹明显，组成略呈放射状的点条纹，10 μm 10-11 条；点纹在中央部分较稀，呈波浪状的纵列，壳缘较密，相互紧挨，不易分辨。

生态：半咸水生活。Cleve（1895）记载为淡水种，Cleve-Euler（1953）记载为化石种。

分布：采自江苏连云港（3-4 月）、天津塘沽（7 月、9-10 月）、河北秦皇岛（3-4 月、9-10 月）和辽宁大连（9-10 月）的海藻，以及山东青岛（7 月）的油泥，福建三都湾（9月）和泉州湾的海洋贝类消化道。还发现于匈牙利 Kopeez。

659. 横开舟形藻（图版 CVI：1132）

Navicula transfuga Grunow in Cleve, 1883, p. 511, 35/15; Schmidt et al., 1874-1959, 204/17, 244/16, 17; Cleve, 1895, p. 48; Boyer, 1927, p. 404; Hustedt, 1966, p. 697, f. 1693; Van Landingham, 1967-1979, p. 2853; Jin et al. (金德祥等), 1992, p. 136, 97/1192.

异名：*Petroneis transfuga* (Grunow ex Cleve) D. G. Mann 1990。

壳面椭圆形，壳端略嘴状，长 70-100 μm，宽 45-60 μm（Hustedt，1966：长 70-160 μm，宽 45-75 μm）；中轴区狭，中心区不规则或长方形；端壳缝向相同的方向弯曲；壳面在中轴区的两侧凹陷，呈半月形；横点条纹 10 μm 9 条，放射状，点纹在壳缘较密，10 μm 11-12 条，在凹陷的部分较稀，10 μm 6 条，呈波浪状的纵列。

生态：海水生活。

分布：在我国南海有记录（Cleve，1895）。日本，塞舌尔和曼德海峡也有记载。

660. 三点舟形藻（图版 CVI：1133；图版 CXLI：1458-1460）

Navicula tripunctata (O. F. Müller) Bory 1822, p. 128; Van Landingham, 1967-1979, p. 2857; Hendey, 1964, p. 187; Anagnostidis et al., 1981, p. 39, f. 57; Cheng et al. (程兆第等), 1993, p. 50, pl. 21, f. 161; Lange-Bertalot, 2001, p. 73, pl. 1, 67, f. 1-8; Li (李扬), 2006, p. 218, pl. 10, f. 181; Gao et al. (高亚辉等), 2021, p. 86, 31/5-7.

异名：*Vibrio tripunctatus* O. F. Müller 1786；*Navicula transversa* Bory de Saint-Vincent 1824；*Navicula gracilis* Ehrenberg 1832；*Schizonema neglectum* Thwaites 1848；*Colletonema neglectum* (Thwaites) W. Smith 1856；*Navicula neglecta* (Thwaites) Petit 1877；*Navicula gracilis* var. *neglecta* (Thwaites) Grunow 1880；*Frustulia neglecta* (Thwaites) De Toni 1891；*Vanheurckia rhomboides* var. *neglecta* (Thwaites) Playfair 1913；*Vanheurckia neglectum* (Thwaites) F. W. Mills 1935。

细胞单独生活或形成胶质管群体生活。壳面舟形，两侧几乎平行，壳端呈锥形（程兆第等，1993：壳面长 12-15.5 μm，宽 4-4.5 μm；李扬，2006：壳面长 12-24 μm，宽 4-6.5μm）；点纹短线条状，组成几乎平行排列的点条纹，中心区两侧各有 1 条短的点条纹；点条纹密度为 10 μm 内 15-17 条，有的点条纹在中央部分略呈放射状；中轴区狭，中心区小；壳缝直，端节明显。

生态：半咸水或咸水生活。

分布：采自福建厦门港海水（1986-1987 年），厦门笣筜湖海水（11 月），海南海藻洗液（8 月）；曾记录于厦门港海水（2 月）。本种为世界性广布种，可作为水质监测的指标种。曾广泛记录于欧洲北海沿岸水域。

661. 吐丝舟形藻原变种（图版 CVI：1134）

Navicula tuscula (Ehrenberg) Van Heurck var. **tuscula** 1880-1885, p. 95; Boyer, 1927, p. 385; Hendey, 1964, p. 196, 31/10; Van Landingham, 1967-1979, p. 2861; Huang (黄穰), 1979, p. 200, 5/11; Jin et al. (金德祥等), 1982, p. 145.

异名：*Pinnularia tuscula* Ehrenberg 1840；*Aneumastus tuscula* (Ehrenberg) D. G. Mann et A. J. Stickle 1990。

壳面椭圆形，具嘴状至头状端，长 70 μm，宽 6 μm；中轴区狭；中心区扩大成 1 大且横的不规则区；点条纹呈粗糙的线状，10 μm 5-7 条，通常被几条纵的空白线切断。Boyer（1927）记录：壳面长 50-80 μm；点条纹 10 μm 12 条。

吐丝舟形藻楔形变种（图版 CVI：1135）

Navicula tuscula var. **cuneata** Cleve-Euler 1953, p. 121, f. 742e; Van Landingham, 1967-1979, p. 2861; Jin et al. (金德祥等), 1982, p. 145, 41/396.

本变种壳面长 43 μm，宽 17 μm（Cleve-Euler，1953：长 95 μm，宽 22 μm）；壳缝波浪状；点纹 10 μm 9-10 点；点条纹 10 μm 12 条。

与原变种的区别是本变种的壳端呈楔形。

生态：海水生活。Cleve-Euler（1953）记载为化石种类。

分布：采自渤海，黄海沿岸；也见于浙江杭州湾至长江口表层沉积物中，福建厦门（8 月）。此外，法国的索姆也有记载。

662. 尤氏舟形藻（图版 CVI：1136；图版 CXLI：1461）

Navicula utermoehli Hustedt 1936 in Schmidt et al., 1874-1959, 404/31-32; Cleve-Euler, 1953, p. 180, f. 879a; Van Landingham, 1967-1979, p. 2865; Cheng et al. (程兆第等), 1993, p. 50-51, pl. 21, f. 162; Li (李扬), 2006, p. 218, pl. 10, f. 182.

壳面椭圆形，长 6.3 μm，宽 3.5 μm（程兆第等，1993：长 6-6.5 μm，宽 3-3.2 μm；李扬，2006：长 6-8 μm，宽 2.5-3.4 μm）；中轴区狭，中心区宽，两侧的点条纹长短相间，中央一条常常较长；点条纹密度 10 μm 内 46-48 条；壳缝位于壳面中央，中壳缝直，相距一段距离，端壳缝向同侧弯曲。

生态：淡水或半咸水生活。

分布：采自深圳生态公园红树林海水（7 月），长江口海域（2003 年 5 月），厦门港宝珠屿底层海水（12 月），笣筜湖（4 月、8 月）；曾采自福建厦门港海水（8 月、9 月、

11 月）。欧洲曾有记录。

663. 不定舟形藻（图版 CVII：1137；图版 CXLI：1462-1466）

Navicula vara Hustedt 1934 in Schmidt et al., 1874-1959, 397/20-21; Hustedt, 1955a, p. 25, 7/5-7; 1966, p. 647, f. 1649; Van Landingham, 1967-1979, p. 2862; Cheng et al. (程兆第等), 1993, p. 51, pl. 21, f. 163.

壳面椭圆形，端稍锐圆，长 3.9-8.6 μm，宽 2.6-3.3 μm（程兆第等，1993：长 7.3-8.5 μm，宽 3.5-4.5 μm）；横点条纹由纵的短线条组成，10 μm 18-20 条；中轴区很狭，中心区小，不很规则，端节离开壳端。在人工培养下出现壳缝弯曲的个体。

Hustedt（1955）记述：本种壳面长 12-32 μm，宽 8-14 μm；横点条纹 10 μm 18-22 条，被几条不规则的纵线交叉。

生态：海水生活。

分布：采自厦门港海水（2 月、3 月，1986-1987 年），厦门港宝珠屿海水（2 月），大亚湾海水（1986-1987 年）。本种曾记录于印度洋的塞舌尔，美国北卡罗来纳的博福特。

664. 文托舟形藻（图版 CVII：1138；图版 CXLII：1467-1473）

Navicula ventosa Hustedt 1957, p. 281, f. 28-31; Van Landingham, 1967-1979, p. 2870; Lange-Bertalot and Rumrich, 1981, p. 142, f. 44-49, 73, 74, 85, 86; Cheng et al. (程兆第等), 1993, p. 51, pl. 21, f. 164.

壳面舟形，端钝圆，长 5.1-10.6 μm，宽 1.9-3.0 μm（程兆第等，1993：长 6.3 μm，宽 2 μm）；壳面的点条纹由长室孔组成，呈肋纹状，类似羽纹藻属（*Pinnularia*），放射状排列，10 μm 约 48 条；壳缝直，中心区大，圆形，端节明显；壳套有 1 列孔纹，环面也有长室孔。Lange-Bertalot 和 Rumrich（1981）的图 73、图 74 显示，条纹 10 μm 约 30 条。

生态：海水生活。

分布：采自厦门港海水（8 月，1986-1987 年），厦门港宝珠屿海水（2 月），大亚湾海水（1986-1987 年）。曾在德国的不来梅，冰岛，荷兰找到。

665. 微绿舟形藻原变种（图版 CVII：1139）

Navicula viridula (Kützing) Ehrenberg var. **viridula** 1838, p. 183; Kützing, 1844, p. 91, 30/47; Cleve, 1895, p. 15; Jin et al. (金德祥等), 1982, p. 153; Hu and Wei (胡鸿钧和魏印心), 2006, p. 368, pl. IX-4, f. 14.

异名：*Frustulia viridula* Kützing 1833；*Navicula viridula* (Kützing) Ehrenberg 1836；*Pinnularia viridula* (Ehrenberg) Ehrenberg 1843；*Pinnularia viridula* (Kützing) Rabenhorst 1853；*Schizonema viridulum* (Kützing) Kützing 1898。

壳面舟形，端钝，略呈鸭嘴状；壳面长 50-70 μm，宽 10-15 μm；中轴区不清晰；中心区大，圆形；点条纹粗，10 μm 10 条，在壳面中部较宽，呈放射状，在壳端略为会聚状排列。

生态：淡水生活。生长在贫营养的水体中，喜中性及略偏碱性的水体。

分布：在我国采自稻田、水坑、池塘、湖泊、水库、河流、溪流、沼泽等生境中。国内外广泛分布。曾记录于英国，罗马尼亚，北美洲，西班牙，瑞典，冰岛，澳大利亚，新西兰，夏威夷群岛，巴西等地。

微绿舟形藻斯来变种（图版 CVII：1140）

Navicula viridula var. **slesvicensis** (Grunow) Grunow 1880 in Van Heurck, 1880, p. 84, VII/28, 29; Cleve, 1895, p. 15; Van Heurck, 1896, p. 180, 3/118; Chin and Wu, 1950, p. 47; Jin (金德祥), 1951, p. 106; Van Landingham, 1967-1979, p. 2878; Jin et al. (金德祥 等), 1982, p. 153, 42/416.

异名：*Navicula slesvicensis* Grunow 1880。

本变种壳面舟形，具不延长的宽的略呈鸭嘴状的端，长 44 μm，宽 9 μm。

生态：淡水和半咸水生活。

分布：采自福建厦门的海洋动物消化道；福州鼓岭（Skvortzow，1929）浙江宁波、黑龙江哈尔滨（Skvortzow，1925）等地有记载。芬兰，德国，比利时和格陵兰等地也有记载。

666. 沃氏舟形藻（图版 CVII：1141）

Navicula voigtii Meister 1932, p. 38, f. 101-102; Schmidt et al., 1874-1959, 405/43-45; Hustedt, 1966, p. 625, f. 1622; Van Landingham, 1967-1979, p. 2879; Cheng et al. (程兆 第等), 1993, p. 51-52, pl. 21, f. 165-168.

异名：*Luticola voigtii* (F. Meister) D. G. Mann 1990。

壳面直椭圆形，长 7-9 μm，宽 2.5-4.4 μm（Hustedt，1966：长 35-53 μm，宽 20-27 μm）；壳面点纹四方形，呈纵的和横的排列；横点条纹整齐地平行排列，10 μm 约 60 条，纵的点条纹略不规则波浪状；壳缝丝状，端壳缝向同一方向弯曲，端节很明显；中轴区很狭，中心区横列直达壳端，经常不对称，从一侧的壳缘向内延伸 1 条线纹，类似壳缝。

本标本与 Hustedt（1966）记述的不同之处仅在于：后者点条纹呈放射状排列，10 μm 16-18 条。上述的文字描述根据的是我们在室内培养的标本，因此，这个不同点是否是经人工培养后导致的差异，或产地的不同，还有待发现。

生态：海水生活。

分布：采自厦门港海水（5-9 月）。此外，曾记载于越南的西贡河，印度尼西亚的穆西岛和苏门答腊。

667. 亚伦舟形藻（图版 CVII：1142）

Navicula yarrensis Grunow 1876 in Schmidt et al., 1874-1959, 46/1-6; Cleve, 1895, p. 69;

Boyer, 1927, p. 418; Proschkina-Lavrenko, 1950, p. 206, 72/10; Cleve-Euler, 1955, p. 3, f. 971; Van Landingham, 1967-1979, p. 2883; Jin et al. (金德祥等), 1992, p. 127, 96/1166.

异名：*Pinnunavis yarrensis* (Grunow) H. Okuno 1975。

壳面舟形至线椭圆形，长 57-107 μm，宽 20-27 μm；中轴区狭，和中心区汇合，呈 1 狭梭形；点条纹光滑，远距，分辨不出点纹，呈放射状排列，然而壳端为会聚状，类似羽纹藻属（*Pinnularia*），10 μm 4-5 条（Cleve，1895：4-4.5 条；Boyer，1927：4-5 条）。

生态：海水种类，也有化石记载。

分布：在海南西沙群岛试验挂板上（10 月），湛江海上试验浮筏上（6 月）和南澳岛的盐田沟（10 月）采到。此外，日本，印度尼西亚的爪哇，新加坡，澳大利亚，斯里兰卡，马达加斯加，南非，德国的基尔，北美洲大西洋沿岸，以及匈牙利和美国的化石材料中都曾采到。

668. 带状舟形藻（图版 CVII：1143；图版 CXLII：1474）

Navicula zostereti Grunow 1860, p. 528, 4/23; Schmidt et al., 1874-1959, 47/42-44; Cleve, 1895, p. 31; Boyer, 1927, p. 400; Van Landingham, 1967-1979, p. 2886; Jin and Cheng (金德祥和程兆第), 1979, p. 147; Jin et al. (金德祥等), 1982, p. 156, 43/439.

壳面狭舟形，端尖，长 63.8-65 μm，宽 9.5-10 μm；壳面沿着中轴区略凸起。点纹较密；点条纹在中部近乎呈放射状排列，向壳端转为平行排列，并略弯曲，10 μm 10 条（Cleve，1895：7 条）；中轴区几乎缺；中心区很小。

生态：海水生活。

分布：采自福建东山（2 月）紫菜养殖场，海南西沙群岛琛航岛（3 月）的海藻洗液、石岛（3 月）的潮间带，广东海丰（10 月）的船底附着物，山东青岛（9-10 月）的油泥。此外，坦桑尼亚，北美洲大西洋沿岸和印度洋的塞舌尔等地也有记载。

（66）伯克力藻属 Berkeleya Greville

Greville 1827, p. 102-124.

细胞单独生活或形成胶质管或生物膜；壳面线形至线披针形，两端钝圆或略微膨大，形成头状；壳面点条纹单行排列；壳缝被壳面中部的隆起部分分隔，类似于短缝藻的壳缝。

本属种类与双肋藻属（*Amphipleura*）种类在外形上相似，主要区别特征是：①本属种类的壳面孔纹为圆形点纹；后者种类的壳面孔纹为长条形裂纹。②本属种类壳面点条纹间隙较大，密度低；后者种类点条纹排列细密，密度很高，一般为 10 μm 内 37-40 条。③本属种类的壳缝两端常弯曲成钩状；后者种类的壳缝直，末端不弯曲，略微扩大成点状。④本属种类的壳缝两侧较平，无隆起的沟状结构；后者种类的壳缝两侧，有硅质隆起而形成的一条沟状结构，包围在壳缝两侧，沟状结构的中端与壳面的中轴区融合，形成"Y"字形。

本属种类半咸水或海水生活，全球广布种，附着于石头或植物上，常见于潮间带的石头上，或珊瑚状的红藻上。

本属模式种为 *Berkeleya fragilis* Greville 1827。

669. 海岛伯克力藻（图版 CXLIII：1475，1476）

Berkeleya insularis Takano 1983, p. 14, f. 1, 5-10; Li (李扬), 2006, p. 220, pl. 11, f. 188-189.

壳面长椭圆形，两端钝圆，长 11 μm，宽 2.5 μm（Takano，1983：长 6-17 μm，宽 2.4-2.8 μm）；壳面有 2 条短的壳缝分支，分布在靠近壳端的位置，中部有 1 条线状无纹区占据壳缝的位置；壳缝的中端略微膨大成一个点状，端壳缝则弯曲成钩状；壳面分布单行点纹组成的点条纹，点纹密度为 1 μm 内 3-4 点。在无壳缝的大部分，点条纹平行排列，密度较稀，10 μm 内 18-25 条；壳缝两侧的点条纹排列较紧密，10 μm 内 24-30 条。

本种与 *Berkeleya capensis* 相似，区别特征是：本种两侧点纹平行排列，后者的点纹呈放射状排列。

生态：半咸水或海水附着生活。

分布：标本采自厦门港附着硅藻（1986-1987 年），香港 WM1 站位 17 m 水层（4 月）。曾记录于日本大岛（Oshima）、伊豆半岛（Izu Island），附着生活于石花菜属 *Gelidium* 上。

670. 橙红伯克力藻（图版 CXLIII：1477，1478）

Berkeleya rutilans (Trentepohl) Grunow 1868; Medlin, 1990, p. 77-89, f. 1, 4, 10-13; Li (李扬), 2006, p. 221, pl. 11, f. 190; Gao et al. (高亚辉等), 2021, p. 80, 27/7, 28/1-2.

异名：*Conferva rutilans* Trentepohl ex Roth 1806；*Bangia rutilans* (Roth) Lyngbye 1819；*Hydrolinum rutilans* (Trentepohl ex Roth) Link 1820；*Schizonema rutilans* (Trentepohl ex Roth) Agardh 1824；*Girodella rutilans* (Roth) Gaillon 1833；*Monema rutilans* (Trentepohl ex Roth) Meneghini 1845；*Berkeleya dillwynii* var. *rutilans* (Trentepohl ex Roth) Eiben 1871；*Amphipleura rutilans* (Trentepohl ex Roth) Cleve 1894；*Carrodoria rutilans* (Roth) Kützing 1898。

壳面舟形，两端钝圆，长 10-32 μm，宽 3-6.5 μm；中节纵向延长成直线形，中央小孔呈弯钩状，相距约壳面全长的三分之一；壳面点条纹由圆形孔纹组成，或多个孔纹联合成 1 条长室孔，平行排列或略微放射状，10 μm 内 24-30 条；壳缝具端节，端壳缝处分布有 1 圈放射状排列的点条纹。

细胞生活于胶质管中，群体绒毛状，具分支，淡橙红色。

生态：海水或半咸水生活。

分布：标本采自胶州湾（3 月、4 月、11 月），厦门港宝珠屿底层海水（7 月）、胡里山表层海水（8 月）、筼筜湖（3 月、6 月、9 月），香港龙珠岛水域（1 月），北部湾海藻洗液（8 月）；曾记录于福建厦门港（1 月、7 月、11 月）、平潭岛（2 月），也在厦门紫菜叶状体上、浙江舟山群岛的木船底部找到（7月）。在日本、地中海、黑海、欧洲和北美洲大西洋沿岸都有记载。

（67）对纹藻属 Biremis Mann et Cox

Mann et Cox in Round et al., 1990, p. 548, 644.

细胞单独或形成小群体生活。壳面线形或棒状，两侧对称或一侧显著隆起（类似双眉藻种类）；壳面中部下陷；壳缝直，位于壳面中央或偏向一侧；外壳面有 1 或 2 条纵向延伸的点条纹，内壳面可见长室孔。

Hustedt 最初于 1934 年在 A. Schmidt 编写的 *Atlas der Diatomaceenkunde* 中提出对纹藻的属名，并鉴定到一个种类标本，定名为光亮对纹藻 *Biremis lucens*，但未对该属、种进行文字描述，因此该属名未得到认可和使用。然而 Hustedt 在 1942 年又将最初的对纹藻标本 *Biremis lucens* 鉴定为 *Navicula lucens*，此后，这一种名被 Salah（1953）、Hartley 等（1986）和 Round 等（1990）沿用。Mann 还误将该种归入曲解藻属 *Fallacia*（Round et al., 1990）。Sabbe 等（1995）在对光亮对纹藻进行了全面详尽的观察之后，建议仍使用 Hustedt 最初的属、种名：对纹藻属 *Biremis* 和光亮对纹藻 *Biremis lucens*。

本属种类与双眉藻属 *Amphora*、羽纹藻属 *Pinnularia* 和胸隔藻属 *Mastogloia* 有一定的相似之处，但本属有其独特的形态学特征，即独特的条纹结构：内壳面分布有横向排列而又未完全分隔的长室孔，它们在外壳面上有两个开孔，一个靠近壳缘，一个靠近壳缝区。

本属种类常附生在沙质沉积物和底泥上。

本属模式种为模糊对纹藻 *Biremis ambigua* (Cleve) Mann 1990。

671. 模糊对纹藻（图版 CXLIII：1479-1481）

Biremis ambigua (Cleve) Mann in Round et al., 1990, p. 548; Sabbe et al., 1995, p. 380, 381, 384, f. 34, 35, 38, 51, 52; Krammer in Lange-Bertalot, 2000, p. 204, pl. 215, f. 6-10.

异名：*Navicula retusa* Brébisson 1883；*Pinnularia ambigua* Cleve 1895；*Schizonema ambiguum* (Cleve) Kützing 1898。

壳面线性，几乎左右对称至强背腹性，类似双眉藻；壳面长 34-47 μm；点条纹 10 μm 内 7-8 条（Sabbe et al., 1995：长 30-37 μm；点条纹 10 μm 内 7-8 条，多为 8 条，不超过 9 条）；壳面弯曲，壳套不明显；点条纹结构复杂，每排点条纹由 2 个未完全分离的横向延长的室组成，内部被筛板分隔。靠近壳缘和壳缝区各有 1 条窄的新月形的裂缝；壳面外部，室开孔呈圆形或狭缝状的孔，纵向排列成 2 排，1 排邻近壳缝区，1 排靠近壳缘；壳缝位于壳面中央或偏向一侧；壳缝直或双弧形，位于宽的壳缝区内。外部中壳缝末端简单，膨大，内部壳缝末端形成 2 个喇叭舌。端部喇叭舌窄，末端结构向壳缘弯曲，壳环带由几个至多个具微孔条带组成。

生态：海水生活，附生于底泥表层上。

分布：标本采自福建平潭澳前海水（10月），北部湾附着硅藻（8月）。曾记录于比利时，法国和墨西哥湾。

（68）短纹藻属 Brachysira Kützing

Kützing 1836, p. 153.

细胞单独生活。壳面舟形、披针形、菱形或椭圆形，两端钝圆或具头状端；壳面平，常有疣状突、刺或纵向肋。壳缘有一条硅质脊环绕整个壳面；壳面点条纹横向排列，横向延长。纵轴区狭，中节小或略有扩展，端壳缝或呈"T"形结构。本属的典型特征是：壳面分布有横向延长的孔纹和不规则连接的纵向硅质肋纹。

本属最初由 Kützing 创建于 1836 年，但此后未得到广泛采用，逐步被废弃。Round 和 Mann（1981）重新修订本属，并丰富了种类。

本属种类为淡水或半咸水生活，常见于贫营养的湖泊和沼泽中。

本属模式种为 *Brachysira aponina* Kützing 1836。

672. 透明短纹藻（图版 CXLIII：1482）

Brachysira vitrea (Grunow) Ross in Hartley et al., 1986, p. 607; Shayler and Siver, 2004, p. 326, f. 79-81; Li (李扬), 2006, p. 224, pl. 12, f. 199-201.

异名：*Gomphonema vitreum* Grunow 1878；*Navicula exilis* Grunow 1880；*Navicula variabilis* R. Ross 1947；*Anomoeoneis variabilis* (R. Ross) Reimer 1961；*Anomoeoneis vitrea* (Grunow) Ross 1966。

细胞单独生活。壳面舟形，中部膨大，两端具显著的头状端；壳面长 16-18.8 μm，宽 3.8-4 μm；壳缝直，位于壳面中央，中壳缝和端壳缝也直；中轴区狭，中节不明显；壳面分布有放射状排列的肋纹，密度为 10 μm 内 45-50 条。肋纹间的长室孔被分布不规则的纵向肋分隔，形成横向排列的长方形孔纹，这些纵向肋形成不整齐连接的纵向肋纹。壳套窄，分布有 1 环方向孔纹。

生态：淡水或半咸水生活。

分布：标本采自厦门港胡里山表层海水（2月）和底层海水（10月），大亚湾表层海水（12月）。曾记录于美国佛罗里达中北部奥卡拉（Ocala）国家森林的酸性湖泊里。

（69）等半藻属 Diadesmis Kützing

Kützing 1844, p. 109.

细胞单独生活，或以整个壳面连接而形成带状群体。壳面线形至线披针形，两端宽圆；壳面平，壳套窄，常有硅质脊，为壳面之间相互连接的部位，或有硅质刺或突起结构；壳面孔纹圆形或横向延伸成长室孔（特别是在壳套处），其下有一层硅质膜；壳缝位于壳面中央，壳端直，或弯曲而形成"P"或"Y"形结构。

本属种类均为较小个体，一般都小于 20 μm。大多淡水生活。

本属模式种为 *Diadesmis confervacea* Kützing 1844。

673. 包含等半藻（图版 CXLIII：1483，1484）

Diadesmis contenta (Grunow) Mann in Round et al., 1990, p. 666; Lange-Bertalot and Werum, 2001, p. 6, f. 58, 59; Li (李扬), 2006, p. 222, pl. 11, f. 191, 192.

异名：*Navicula trinodis* f. *minuta* Grunow 1880；*Navicula contenta* Grunow ex Van Heurck 1885；*Schizonema contentum* (Grunow) Kützing 1898。

细胞单独生活，或依靠整个壳面而连接成带状群体。环面观呈长方形，壳面线形，端宽圆，略膨大；壳面长 9 μm，宽 3 μm；壳缝位于壳面中央，中壳缝直，中节向两侧扩展，到达壳缘，呈长方形。端壳缝末端有一条线状凹陷的壳面，垂直于端壳缝，形成"T"形；壳面孔纹横向延伸成长室孔，平行排列，密度为 10 μm 内 45-50 条，在中节两侧被隔断。壳套处有圆形或略延长的孔纹，围绕成 1 个环形。

生态：淡水或半咸水生活。

分布：标本采自厦门港附着硅藻（7 月）。本种广泛分布，曾记录于欧洲的德国，英国，法国等，以及美国东海岸。

674. 极包含等半藻侧凹亚种（图版 CXLIII：1485）

Diadesmis paracontenta ssp. **magisconcava** Lange-Bertalot et Werum 2001, p. 9-10, f. 11-14, 60-64; Li (李扬), 2006, p. 222, pl. 11, f. 193.

壳面线形，中部明显缢缩；壳面长 8.9 μm，宽 2.8 μm（Lange-Bertalot and Werum，2001：长 7-13 μm，宽 2.3-3 μm）；壳缝位于壳面中央，中壳缝和端壳缝均直，末端膨大成圆孔状，中节向两侧扩展，到达壳缘，呈长方形；壳面孔纹长室孔，平行排列，在中节处被隔断，密度为 10 μm 内 35-40 条。壳套处有 1 环孔纹。

本种与极包含等半藻 *D. paracontenta* 原变种的主要区别是：本种壳面的两侧显著凹入，后者的壳面中部向两侧膨大突出。

生态：淡水或半咸水生活。

分布：标本采自长江口海域（11 月），厦门港宝珠屿表层海水（12 月）、胡里山表层海水（4 月）和底层海水（7 月），以及附着硅藻（3 月）。本种分布广泛，曾记录于整个美洲大陆。

675. 塔岛等半藻（图版 CXLIV：1486-1488）

Diadesmis tahitiensis Lange-Bertalot et Werum 2001, p. 13, f. 22-29, 78-84; Li (李扬), 2006, p. 223, pl. 11, f. 194-196.

环面观呈长方形，壳面线形，两侧略凹入或不显著，两端宽圆；壳面长 6.6-6.8 μm，宽 2.8 μm，环面高 2.6 μm（Lange-Bertalot and Werum，2001：长 11.2-14 μm，宽 2.9-3.8 μm）；壳缝位于壳面中央，线形，中壳缝直，或末端膨大成孔状，端壳缝分叉，同时向两侧延伸，呈"T"形结构，这是本种的典型特征；壳面孔纹呈长室孔状，相互平行排列，密度为 10 μm 内 45-50 条。壳套处有 1 环孔纹。

生态：淡水或半咸水生活。

分布：标本采自厦门港附着硅藻（7 月、9 月）。曾记录于法属波利尼西亚的塔希提岛（Tahiti）和莫雷阿岛（Moorea）。

（70）曲解藻属 Fallacia Stickle et Mann

Stickle et Mann in Round et al., 1990, p. 554, f. a-k.

细胞单独生活，内含一个色素体，细胞内原生质体呈"H"形分布。贯壳轴短，壳面舟形、线形、披针形或椭圆形；壳面较平，两端略向下逐渐变低；壳面点纹多为单列，少数有双列的，点纹在壳缝两侧被侧胸区（细纹区或无纹区）分隔；壳缝中节向两侧伸展，并与两侧的侧胸区联合，形成竖琴状或"H"形的结构，该侧胸区大多下陷，也有凸起的。

本属的种类以往多被归入舟形藻属 Navicula，Stickle 和 Mann 对此类型的藻类进行电镜观察后，认为该类藻的外形具有较明显的共同点：细胞内原生质体呈"H"形分布；壳缝两侧具有竖琴状或"H"形的下陷无纹区结构，壳面点条纹具分隔肋纹。因此建议将该类硅藻独立成属：曲解藻属 Fallacia（Round et al.，1990）。

本属种类多为个体较小的海洋性种类。

本属模式种为 Fallacia pygmaea (Kützing) Stickle et D. G. Mann 1990。

676. 弗罗林曲解藻（图版 CXLIV：1489-1491）

Fallacia florinae (Müller) Witkowski 1993, p. 215-219; Li (李扬), 2006, p. 226, pl. 12, f. 205.

异名：Navicula florinae Müller 1950。

壳面椭圆形或卵形，两端宽钝圆，长 6-17 μm，宽 5-8 μm；壳面孔纹单列，在壳面中部平行排列，在两端呈放射状排列；壳面孔纹密度基本一致，有些壳面两端孔纹密度略高于壳面中部的孔纹（Müller，1950：壳面中部孔纹密度为 10μm 内 24 条，两端的则为 30 条；Witkowski，1993：孔纹密度为 10μm 内 24-28 条）。有些壳面的孔纹延长，变成长室孔，我们的标本就是长室孔结构。具有 1 条贯穿长室孔的无纹分隔线；壳缝大部分直，在两端弯曲，呈钩状；壳缝的中节端略膨大成明显的点状，并相距一定的距离；壳缝两侧的竖琴或"H"形无纹区显著，并下陷，低于壳面。

生态：淡水或海水底栖生活。

分布：标本采自胶州湾（4 月、9 月），香港西贡红树林海水（12 月）。曾记录于丹麦（北海海域的潮间带和波罗的海西海域），波兰的 Puck Bay、Fnen 岛的 Naeroo Bay；还曾记录于委内瑞拉的马拉开波湖（Maracaibo Lake）。

677. 鳞片曲解藻（图版 CXLIV：1492，1493）

Fallacia scaldensis Sabbe et Muylaert in Sabbe et al. 1999, p. 18, f. 52-58, 71; Li (李扬), 2006, p. 227, pl. 12, f. 206.

壳面椭圆形至披针形，两端钝圆；壳面长 23.1 μm，宽 9.2 μm（Sabbe et al.，1999：长 9.7-17.5 μm，宽 6-8.1 μm）；壳面平，壳套窄；壳缝两侧的硅质增厚窄，有时略向两侧扩大；点条纹由单排孔纹组成，略呈放射状排列，密度为 10 μm 内 32 条，靠近壳缝的点条纹被"H"形或竖琴状的侧胸区分隔，侧胸区的中部有缢缩，并且下陷，低于壳面；壳缝直，中壳缝末端略膨大且直，端壳缝向同一侧弯曲；中节正方形或长方形，向两侧略扩展，但未超出侧胸区的范围。壳环面至少由 2 条环带组成。

本种与极小曲解藻 F. pygmaea 在壳面外形及点条纹密度上都很相近，主要区别特征是：本种的中节较小，向两侧的扩展未超出侧胸区的范围，而后者的中节较宽，向两侧扩展较大，超出侧胸区的范围之外。

生态：半咸水或海水生活。

分布：标本采自大亚湾底层海水（9 月）。首次记录于荷兰西斯海尔德水道（Westerschelde）河口潮间带的沙质沉积物，还记录于波罗的海（Baltic Sea）。

678. 对称曲解藻（图版 CXLV：1494，1495）

Fallacia symmetrica Li et Gao in Li (李扬) 2006, p. 228, pl. 12, f. 207-214.

壳面卵圆形至长椭圆形，两端钝圆；壳面长 6.5-12 μm，宽 3.1-5.5 μm。

内壳面上：壳缝直或略呈弧形；壳缝周围有明显的硅质增厚，并隆起高于壳面。中壳缝直，无显著膨大，两个端壳缝向同侧弯曲成钩状；中轴区狭长，中节小；壳面点条纹由单排圆形孔纹组成，密度为 10 μm 内 31-35 条；壳面点条纹被"H"形侧胸区分隔，侧胸区"H"形，下陷低于壳面，两侧弧形，中央无缢缩，靠近中轴区两侧各有 1 列或 2 列孔纹，在内壳面上，孔纹之间有硅质增厚形成的若干个小突起；壳面上还有 1 条隆起的硅质脊将侧胸区外的孔纹分隔成两部分，内侧孔纹圆形，外侧孔纹横向延伸形成长室孔。

外壳面上：壳面较平；壳缝周围无硅质增厚，中壳缝略偏向一侧，端壳缝向同一侧弯曲成钩状。端壳缝两侧各有 1 条短的裂缝，沿着壳套延长一段距离。整个外壳面上附有 1 层硅质膜，膜上密布细小孔纹，密度为 12-14 个/μm。外壳面上没有类似内壳面的孔纹，有些标本靠外侧的硅质膜易破裂，在电镜下观察时，容易误认为是孔纹贯穿壳面。离壳缘有一段距离，有若干硅质小突起，形如钉子状，围绕形成一个环形，每个钉状突起与外壳面的孔纹的内侧边缘相对应。

本种的典型特征是：①本种中轴区两侧均有 1-2 排圆形孔纹；②侧胸区外还有一条硅质脊将点条纹分成两部分，内侧为圆形孔纹，外侧为长室孔；③外壳面中轴区两侧的孔纹之间有小的硅质突起将孔纹连接起来。

生态：底栖生活在潮间带的沉积物中。

分布：采自厦门港内宝珠屿潮间带底泥（10月）。

679. 柔弱曲解藻（图版 CVII：1144；图版 CXLV：1496）

Fallacia tenera (Hustedt) Mann in Round et al., 1990, p. 554; Sabbe et al., 1999, p. 18, f. 1-4, 75, 78, 82; Li (李扬), 2006, p. 229, pl. 13, f. 215-217.

异名：*Navicula tenera* Hustedt 1936；*Pseudofallacia tenera* (Hustedt) Liu, Kociolek et Wang 2012。

壳面椭圆形，两端钝圆；壳面长 12-13.5 μm，宽 5.8-6 μm（Archibald，1983：长 9-14.5 μm，宽 4-6.5 μm；Krammer and Lange-Bertalot，1986：长 9-27 μm，宽 4-9 μm）。

内壳面：壳缝明显，一侧分布有 1 排点纹，另一侧没有或只有少数几个小点纹分散排列。侧胸区下陷不明显，无肋纹。横点纹从壳缘向内延伸至壳面 1/3 或 1/2 处。侧胸区外侧还各有 1 条弧形的肋纹，将点条纹分隔成内外两部分，内侧孔纹为规则的圆形，外侧分布较大的点孔或延伸成长室孔。

外壳面：整个外壳面上附 1 层硅质膜，膜上分布有细密的小孔纹；壳缝直，位于壳面中央。中壳缝膨大成孔状，端壳缝向同侧弯曲。端壳缝两侧分别有 1 条断的裂缝，沿壳缘延伸一段距离。

生态：淡水或咸水生活，浮游或底栖。

分布：标本采自厦门港宝珠屿底层海水（8月）、胡里山表层海水（10月）、筼筜湖（6-11月），广东大亚湾表层海水（1月、6-9月、12月）和底层海水（1月、3月、8-12月），香港西贡红树林海水（12月）、牛尾海（2月）；曾记录于深圳红树林区的底泥和水中（陈长平等，2006）。斯里兰卡、美国的密歇根和南非也有记录。

（71）海氏藻属 Haslea Simonsen

Simonsen 1974, p. 46.

细胞单独生活或形成胶质管。细胞内有两个靠近壳壁的色素体或多个小的色素体；壳面观呈舟形至披针形，环面观呈长方形。壳套窄；壳面孔纹为方形或长方形，外壳面覆盖有纵向排列的裂缝，大部分是从壳面的一端延伸至另一端，孔纹内侧有硅质膜；壳缝位于壳面近中央；壳缝在外壳面和内壳面的形态不同。

本属由 Simonsen 于 1974 年建立，最初的种类主要是舟形藻属和布纹藻属的若干种类经修订而来。本属的典型特征是：壳面内外花纹不一样，外壳面上表现为贯穿壳面纵轴的细长裂缝，内壳面则为方形或长方形的孔纹，每个孔纹对应在细长条带上。

本属种类中，浮游和底栖生活的均有。截至目前，已记录的有 39 个种和变种，分别是：*H. alexanderi* Lobban et C. O. Perez、*H. amicorum* W. E. Herwig, M. A. Tiffany, P. E. Hargraves et F. A. S. Sterrenburg、*H. antiqua* Fenner、*H. apoloniae* Lobban et C. O. Perez、*H. arculata* Lobban et Ashworth、*H. britannica* (Hustedt et Aleem) Witkowski, Lange-Bertalot et Metzeltin、*H. clevei* F. Hinz, P. E. Hargraves et F. A. S. Sterrenburg、*H. crucigera* (W.

Smith) Simonsen、*H. crucigeroides* (Hustedt) Simonsen、*H. crystallina* (Hustedt) Simonsen、*H. feriarum* M. A. Tiffany et F. A. S. Sterrenburg、*H. frauenfeldii* (Grunow) Simonsen、*H. fusidium* (Grunow) Lobban et C. O. Perez、*H. gigantea* (Hustedt) Simonsen、*H. gretharum* Simonsen、*H. guahanensis* Lobban et C. O. Perez、*H. howeana* (Hagelstein) Giffen、*H. hyalinissima* Simonsen、*H. indica* Desikachary et Prema、*H. karadagensis* Davidovich, Gastineau et Mouget、*H. kjelmanii* (Cleve) Simonsen、*H. meteorou* F. Hinz et F. A. S. Sterrenburg、*H. nipkowii* (Meister) Poulin et Massé、*H. nusantara* Mouget, Gastineau et Syakti、*H. ostrearia* (Gaillon) Simonsen、*H. provincialis* Gastineau, Hansen et Mouget、*H. pseudostrearia* Massé, Rincé et E. J. Cox、*H. salstonica* Massé, Rincé et E. J. Cox、*H. sigma* D. Talgatti, E. A. Sar et L. Carvalho Torgan、*H. silbo* Gastineau, Hansen et Mouget、*H. spicula* (Hickie) Lange-Bertalot、*H. staurosigmoidea* F. A. S. Sterrenburg et M. A. Tiffany、*H. stundlii* (Hustedt) Blanco, Borrego-Ramos et Olenici、*H. sulcata* (Cleve) Simonsen、*H. trompii* (Cleve) Simonsen、*H. vitrea* (Cleve) Simonsen、*H. dayaus* Li et Gao、*H. xiamensis* Li et Gao、*H. wawrikae* (Hustedt) Simonsen，以及一个未定种：*Haslea* sp.。以往报道的种类的壳面长度都较大，大多在 100 μm 甚至 200 μm 以上。我们在样品中观察到两种较小的种类；壳面长度小于 40 μm，宽度在 7 μm 以下，与以往记录的种类相比，该种类显著的特征就是具有相对小很多的细胞个体，并且具有其特殊的形态学特征，我们根据采样地点分别命名为厦门海氏藻 *H. xiamensis* Li et Gao 和大亚湾海氏藻 *H. dayaus* Li et Gao。

本属模式种为牡蛎海氏藻 *Haslea ostrearia* (Gaillon) Simonsen 1974。

680. 大亚湾海氏藻（图版 CXLV：1497-1501）

Haslea dayaus Li et Gao in Li (李扬) 2006, p. 239, pl. 14, f. 238-244.

细胞单独生活；壳面为披针形，中部略宽，向两端变窄，壳端尖。环面观呈矩形；壳面长 28-37 μm，宽 4.3-6 μm；壳缝位于壳面中央，具狭长的轴区，无中节。

外壳面观：分布有平行排列的裂缝，中部几条裂缝贯穿壳面纵轴，靠近外侧的几条裂缝较短。每条裂缝的一侧具有明显的硅质增厚，形成伴随裂缝而相互平行排列的硅质肋。裂缝密度为 10 μm 内 25-35 条。最靠近壳缝的两条裂缝在中壳缝两侧处断开；壳缝直且平，中壳缝偏向一侧，末端向同一侧呈小的弯钩状，两条端壳缝也向同一侧弯曲，形成大的钩状。

内壳面观：分布有方形孔纹，横向肋纹间断性硅质增厚，即每条横向肋纹均由若干段硅质增厚和不增厚的部分相互交替而构成，纵向肋纹的硅质增厚现象不明显。孔纹的横向密度与裂缝密度一致，纵向密度为 10 μm 内 22-25 个；壳缝直，位于隆起的硅质脊上，中壳缝和端壳缝均直或端壳缝有小的波浪状弯曲，其中端壳缝的末端有硅质化加厚形成的突起。

环面观：细胞呈矩形，环面短。环面中部有一个缢缩部位。未观察到环带的数目及环带间的连接部，环带上无孔纹修饰。

生态：海水浮游生活。

分布：采自广东大亚湾表层海水（12月），含量低。

681. 厦门海氏藻（图版 CXLVI：1502-1512）

Haslea xiamensis Li et Gao in Li (李扬) 2006, p. 240, pl. 14, f. 245-247, pl. 15, f. 248-259; Gao et al. (高亚辉等), 2021, p. 82-83, 29/3-5.

细胞单独生活；壳面为纺锤形或宽舟形，中部较宽，从中部向两端缓慢变窄，两端钝圆；壳面长 18-32 μm，宽 4.3-6.3 μm；壳缝位于壳面中部，轴区狭长，无中节。

外壳面观：壳面平，覆盖细长线形的裂缝，裂缝间几乎相互平行，其中有几条裂缝贯穿整个壳面，靠近壳面中部和外侧的几条裂缝相对较短，裂缝在壳面中部处向外侧弯曲，形成一个波浪形。裂缝的密度为 10 μm 内 30-33 条；壳缝平，中壳缝略偏向壳面的一侧，末端膨大成很小的点状，两个端壳缝向同一方向弯曲，呈钩状，钩弯曲处的外侧有一个无纹区。

内壳面观：壳面平，花纹为长方形孔纹，整齐地纵横排列，孔纹在壳面大部平行排列，在两端略微放射状。孔纹的横向密度与裂缝密度相等，纵向密度为 10 μm 内 16-20 个；壳缝位于隆起的一个长脊上，中壳缝偏向一侧，末端膨大成点状，端壳缝直，顶部硅质化增厚形成突起。内壳面的孔纹与外壳面的裂缝相互对应，每个孔纹都位于裂缝上。

环面观：细胞呈矩形，壳环面短且平整。标本中不能清晰显示环带的数目及环带间的连接部，环带上无任何孔纹修饰。

本种与大亚湾海氏藻在形态学特征上差异较显著：①本种壳面外形为宽舟形，两端钝圆，后者为披针形，两端尖细；②本种的内外壳面均较平，而后者外壳面裂缝的一侧有硅质增厚形成的细长硅质肋，内壳面的横肋纹有间断性的硅质增厚结构；③本种外壳面的中壳缝直或成点状，后者则成小的弯钩状；④本种外壳面的端壳缝弯曲成钩状，后者则相对较直。

生态：底栖生活在潮间带的沉积物中。

分布：采自厦门港内宝珠屿的潮间带底泥（10月）和附着硅藻（3月、4月），含量丰富。

（72）泥生藻属 Luticola Mann

Mann in Round et al., 1990, p. 532.

细胞单独生活，偶尔可形成链状群体。细胞环面矩形，壳面线形、披针形或椭圆形，两端钝圆或具头状；壳面平，壳套窄，分布有 1 环圆形孔纹，有时也有刺。孔纹单排排列；壳缝位于壳面中央，中壳缝和端壳缝分别向两个方向弯曲，呈"S"形，中壳缝弯曲程度小，端壳缝的弯曲程度大，呈大的弯钩状；壳面中部有较大的蝴蝶结状中节，到达壳套，其中一侧的中部有 1 个孔纹。壳环带有 1 排细孔纹。

本属种类淡水或半咸水生活，多生活于泥土中。

本属模式种为钝泥生藻 Luticola mutica (Kützing) Mann 1990。

682. 钝泥生藻（图版 CVII：1145；图版 CXLVII：1513-1515）

Luticola mutica (Kützing) Mann in Round et al., 1990, p. 532, f. a-c, e-j; Li (李扬), 2006, p. 230, pl. 13, f. 218-220.

异名：*Navicula mutica* Kützing 1844；*Schizonema muticum* (Kützing) Kützing 1898；*Placoneis mutica* (Kützing) Mereschkowsky 1903；*Navicula mutica* (Kützing) Frenguelli 1924。

细胞单独生活，环面矩形，壳面宽椭圆形，两端钝圆；壳面长 6.8-15.3 μm，宽 3.9-7.6 μm；壳面点条纹由单排孔纹组成，孔纹圆形或略延长成椭圆形。壳套处有 1 环圆形孔纹，环绕壳面 1 周；壳缝位于壳面中央，中壳缝和端壳缝分别向两个方向弯曲，呈"S"形；中节向两侧扩展，到达壳套，呈显著的蝴蝶结状，中节一侧距离壳套一半处有 1 个圆形或椭圆形孔纹。壳环带由多个环带构成，环带上分布有 1 排小孔纹。

生态：淡水或半咸水生活。

分布：标本采自厦门港附着硅藻（7-9 月）。本种分布广泛，欧洲、美洲及亚洲多个国家均有记录，多见于河口底泥中。

683. 雪白泥生藻（图版 CVII：1146；图版 CXLVII：1516，1517）

Luticola nivalis (Ehrenberg) Mann in Round et al., 1990, p. 670; Li (李扬), 2006, p. 231, pl. 13, f. 221, 222。

异名：*Navicula nivalis* Ehrenberg 1853；*Navicula mesolepta* var. *nivalis* (Ehrenberg) De Toni 1891；*Schizonema nivale* (Ehrenberg) Kützing 1898；*Navicula mutica* var. *nivalis* (Ehrenberg) Hustedt 1911；*Navicula mutica* f. *nivalis* (Ehrenberg) van der Werff et Huls 1960。

壳面椭圆形，两端为嘴状端，两侧壳缘呈波浪状弯曲；壳面长 9.8-12.2 μm，宽 5-6.4 μm（金德祥等，1982：长 18 μm，宽 10 μm）；中轴区狭，中心区向两侧扩展，到达壳缘，其中一侧在距离壳缘一半处有 1 个孔纹；壳面点条纹由单排孔纹组成，放射状排列。壳套处有 1 环孔纹。

生态：淡水或半咸水生活。

分布：标本采自厦门港附着硅藻（7 月）、筼筜湖（9 月）；曾记录于福建厦门海沧的紫菜养殖场。澳大利亚、瑞典、芬兰和比利时等地也有分布。

（73）普氏藻属 Proschkinia Karayeva

Karayeva 1978b, p. 1748.

细胞单独生活，壳环面高，所以常见到环面。色素体分别位于靠近上下壳面的位置，对称排列；壳面披针形或线形，两端尖细或略具头状突；壳面平，壳套窄；点条纹由单排孔纹组成，孔纹多少呈矩形，内有硅质膜。孔纹分布在纵向排列的硅质肋之间，壳面中央的孔纹有所不同，此处的肋纹显著加厚，形成十字形结构。中壳缝末端膨大成较大的圆孔，端壳缝向同一侧弯曲成钩状。壳环面具有多数裂开的环带，环带具有数量不一的凹槽和大孔。

本属种类与舟形藻属 *Navicula*、柳条藻属 *Craticula* 和海氏藻属 *Haslea* 的某些种类很相近，在以往的鉴定中，也常出现误定。

本属与舟形藻属的区别是：本属种类的外壳面分布有纵向排列的硅质肋纹；后者则无。

本属与柳条藻属的区别是：本属外壳具"Y"或十字形中节；后者壳面肋纹均一，没有增厚的区域。

本属与海氏藻属的区别是：本属壳面纵向肋纹隆起成圆柱状，高于壳面；后者的壳面较平，没有隆起的硅质肋纹。

本属种类浮游或底栖生活。

本属模式种为 *Proschkinia bulnheimii* (Grunow) Karayeva 1978b。

684. 平坦普氏藻（图版 CXLVII：1518-1522）

Proschkinia complanatoides (Hustedt ex R. Simonsen) D. G. Mann in Round et al., 1990, p. 675; Li (李扬), 2006, p. 237, pl. 14, f. 232-237.

异名：*Navicula complanatoides* Hustedt 1987。

细胞内有两个色素体，分别位于靠近壳面的位置，对称排列；壳面舟形至披针形，两端对称，末端尖细；壳面长 21.4-31 μm，宽 4.3-5.1 μm，环面高 7.2-7.7 μm（Brogan and Rosowski，1988 记录的范围较大：壳面长 26-55 μm，宽 4-5 μm，环面高 10-24 μm）；壳缝位于壳面近中央位置，偏向一侧。外壳面上：壳缝较平，中壳缝膨大成大圆孔状，端壳缝向同侧弯曲成弯钩状。内壳面上：壳缝位于硅质隆起增厚形成的槽中，中壳缝和端壳缝均较直，端壳缝末端有硅质增厚形成的"硅质棒"。外壳面分布有纵向排列的硅质肋，其中靠近壳缝的一条硅质肋相对较粗。内壳面分布有横向排列的窄的硅质肋，其间为长方形孔纹，孔纹内有穿孔的硅质膜，膜上密布 4-5 排非常小的孔纹，每排有小孔纹 12-14 个，小孔纹的直径为 8-10 nm；壳面中部两侧有横向增厚的肋纹，其中一侧为 1 或 2 条，另一侧为 2 条，形成"Y"或十字形中节；中节在外壳面上较平，在内壳面上则明显隆起。

环面有多数环带构成，包括壳环带、环带和侧环带。壳环带与其他环带在结构上没有大的差别，只是相对较宽。环带上无孔纹，每个环带都较窄，呈"U"形。环带间只是部分相互连接，不紧密，形成凹槽。

本种此前被鉴定为 *Navicula complanatoides*，但本种与其他舟形藻种类之间有很大的形态学差别：①本种的外壳面分布有多条硅质肋纹，这些肋纹纵向排列，隆起突出于壳面，呈圆柱状，这是其他舟形藻种类所不具有的特征；②本种与其他舟形藻种类在壳环面的结构上差异也很明显，本种的壳环面由多条环带构成，环带很窄，无孔纹修饰，呈"U"形排列，环带间连接不紧密，存在裂开的长条形空隙形成的凹槽。

但多数学者对此持怀疑态度，尤其是在 Karayeva 于 1978 年建立普氏藻属 *Proschkinia*

之后。Brogan 和 Rosowski（1988）对本种进行了详细的形态学观察，认为本种更具有普氏藻属的特征，我们也认同这一观点，并对本种进行了修订。

本种壳面硅质化较弱，常规酸化常使壳面破碎。

生态：海洋附着生活。

分布：标本采自厦门港宝珠屿表层海水（5 月）、筼筜湖（5 月），大亚湾表层海水（12 月），香港吐露港 TM8 站位（10 月）。本种曾记录于加勒比海、热带印度洋-西太平洋海域，以及日本神奈川县沿岸。

（74）鞍眉藻属 Sellaphora Mereschkowsky

Mereschkowsky 1902, p. 186.

细胞单独生活，具有一个"H"形的原生质体，位于细胞中央，内有一个多面体的蛋白核；壳面线形、披针形或椭圆形，两端通常截圆，或具有头状突起；壳面平，或在壳套处有起伏；壳缝在外壳面上位于硅质槽中；点条纹由小而圆形的单排孔纹组成，孔纹内侧被硅质膜封闭；壳缝位于壳面中央，端壳缝弯曲成钩状，中壳缝直，末端膨大。壳环面由若干环带构成，环带上无孔纹修饰。

Mereschkowsky 于 1902 年对若干舟形藻属 Navicula 的种类进行修订，从而建立本属。然而此后一段时间内，该属名未得到广泛的认可和采用，Ross（1963）经过重新观察和确认，认为鞍眉藻属和舟形藻属种类之间存在明显的形态学差异，不能继续将两者混在一起。Mann（1989）也认同这一观点，并将若干舟形藻种类归入鞍眉藻属，丰富了该属的种类。本属种类众多，还有很多种类被归入舟形藻中，未能重新修订，多为个体较小的种类，淡水或半咸水生活。

本属模式种为 Sellaphora pupula (Kützing) Mereschkovsky 1902。

685. 极微鞍眉藻（图版 CVII：1147；图版 CXLVIII：1523）

Sellaphora atomus (Grunow) Li et Gao in Li (李扬) 2006, p. 232, pl. 13, f. 223.

异名：Amphora atomus Kützing 1844；Navicula atomus (Kützing) Grunow 1860；Mayamaea atomus (Kützing) Lange-Bertalot 1997。

壳面椭圆形，长 5.8-6.3 μm，宽 2.7-3.1 μm，无明显的喙状端；壳面点条纹辐射状排列，密度为 10 μm 内 40-42 条；孔纹圆形，密度为 7-8 个/μm；壳缝位于壳面中央硅质槽中，外壳面上，中壳缝略膨大成点状，偏向同一侧，端壳缝向同一侧弯曲成大的弯钩状；中轴区狭，中节宽，几乎到达壳缘，蝴蝶结状，有几条"幽灵点条纹"。

生态：淡水或半咸水生活。

分布：标本采自厦门港附着硅藻（8 月）；曾记录于厦门港海水中（10 月）。德国、比利时和斯威士兰也曾有记录。

686. 布莱克福德鞍眉藻（图版 CXLVIII：1524）

Sellaphora blackfordensis Mann et Droop in Mann et al., 2004, p. 476, f. 4g-i, 19/33-37; Li (李扬), 2006, p. 232, pl. 13, f. 224, 225.

壳面宽棒状或椭圆形，具微弱的头状结构，末端截平；壳面长 10.3 μm，宽 3.2 μm（Mann et al.，2004：壳面长 19-57 μm，宽 8.1-9.3 μm）；中轴区直，壳面中节呈蝴蝶结状，外围略不规则，由长短不一的点条纹包围；点条纹由小的圆形孔纹组成，在壳面大部呈放射状排列，在壳端略转为平行状排列；点条纹密度为 10 μm 内 30 条（Mann et al.，2004：18-23 条）；孔纹密度为 7-9 个/μm（Mann et al.，2004：5-6 个）；壳缝位于壳面中央，位于一条硅质槽中，中节的末端膨大成圆孔形，略偏向一侧，端壳缝也偏向同一侧弯曲，呈大的钩状。内壳面上：壳缝末端的两侧有硅质增厚，称为"硅质棒"。

Mann 等（2004）描述：在自然样品中，本种的个体长度均大于 19 μm，而在培养样品中，细胞个体显著变小，最小个体的长度可达到 9 μm。同时，我们标本的点条纹和孔纹密度均高于 Mann 等（2004）的记录，因此，推断该种较大个体的点条纹和孔纹密度较稀疏，较小个体的密度则相对较高。

生态：淡水或半咸水中底栖生活。

分布：标本采自厦门港宝珠屿表层海水（11 月）。本种首次记录于苏格兰爱丁堡湖及周边一些水塘的底泥中。

687. 披针鞍眉藻（图版 CXLVIII：1525）

Sellaphora lanceolata Mann et Droop in Mann et al., 2004, p. 479, f. 4p-r, 22/48-52; Li (李扬), 2006, p. 233, pl. 13, f. 226.

壳面窄椭圆形，具喙状端；壳面长 10.4-11 μm，宽 3.1-3.7 μm（Mann et al.，2004：长 24-30 μm，宽 7.1-8.1 μm）；中轴区直，狭。中心区形状不规则，呈椭圆形或横向延长成长方形，周围有参差不齐的点条纹，其中有几条点条纹较长，延伸入中节内，这些点条纹被称为"幽灵点条纹"。孔纹圆形或椭圆形，均匀排列，密度为 7-8 个/μm（Mann et al.，2004：5-6 个）；点条纹在壳面大部为放射状排列，在壳端处，因 1-2 排孔纹方向的改变而呈会聚状；点条纹密度为 10 μm 内 36-40 条（Mann et al.，2004：18-22 条）；壳缝位于硅质槽中。外壳面上：中壳缝直，膨大成点状，略偏向于同一侧，端壳缝弯曲成大的钩状。内壳面上：中壳缝直，简单，端壳缝具"硅质棒"结构。

我们所观察的标本的个体小于 Mann 等（2004）的描述。另外，点条纹和孔纹密度均高于 Mann 等（2004）的记录，因此，推断该种较大个体的点条纹和孔纹密度较稀疏，较小个体的密度则相对较高。

生态：淡水或半咸水中底栖生活。

分布：标本采自长江口海域（DC11B，2002 年 11 月），厦门港宝珠屿底层海水（9 月）、胡里山底层海水（8 月）、筼筜湖（9 月）。本种首次记录于苏格兰爱丁堡湖及周边一些水塘的底泥中。

688. 马氏鞍眉藻（图版 CVII：1148；图版 CXLVIII：1526）

Sellaphora mailardii (Germain) Li et Gao in Li (李扬), 2006, p. 234, pl. 13, f. 227.

异名：*Navicula mailardii* Germain 1982。

壳面舟形，近端处缢缩成喙状突，端钝圆；壳面长 10-14 μm，宽 3.1-3.5 μm；壳面点条纹在壳面大部分为放射状排列，在靠近壳端处，因 1-2 排点条纹改变方向而呈会聚状排列，密度很高，达到 10 μm 内 60-70 条。孔纹圆形，密度也很高，达到 10 个/μm。中轴狭；中节区小，圆形，周围不规则，有若干条"幽灵点条纹"。壳缝位于壳面中央的硅质槽中，中壳缝点状，端壳缝向同一侧弯曲成大的弯钩状。

本种与披针鞍眉藻和肥胖鞍眉藻在外形上相近，主要的区别特征是：本种壳面点条纹和孔纹的密度都很高，明显密于其他种类。

生态：海水生活。

分布：标本采自厦门港胡里山底层海水（4 月）、宝珠屿潮间带表层泥（10 月）；曾记录于厦门港海水中（9 月、12 月）。南非德兰士瓦省的比勒陀利亚盐田附近也曾有记录。

689. 肥胖鞍眉藻（图版 CXLVIII：1527，1528）

Sellaphora obesa Mann et Bayer in Mann et al., 2004, p. 473-474, f. 4d-f, 18, 28-32; Li (李扬), 2006, p. 234, pl. 13, f. 228, 229.

壳面椭圆形至窄椭圆形，具喙状端；壳面长 7.5-10 μm，宽 2.8-3.6 μm（Mann et al., 2004：长 20-53 μm，宽 8.1-10 μm）；壳面中部有规则的蝴蝶结状中节，两侧较宽，几乎到达壳缘，周围被长短不一的点条纹包围，有若干条"幽灵点条纹"；中轴区直；点条纹由圆形或椭圆形均匀排列的孔纹构成，密度为 8 个/μm（Mann et al., 2004：5-6 个/μm）；点条纹在壳面大部分呈放射状排列，在两端略转为平行排列，密度为 10 μm 内 33-38 条（Mann et al., 2004：10 μm 内 18-22 条）。孔纹之间的硅质隔片较平且薄；点条纹之间的肋纹较显著，略突出于壳面；壳缝位于壳面中央的硅质槽中。外壳面上：中壳缝膨大成圆孔形，略偏向同一侧，端壳缝弯曲形成大的弯钩结构。内壳面上：中壳缝直，端壳缝具"硅质棒"结构。

我们所观察的标本的个体小于 Mann 等（2004）的描述。另外，点条纹和孔纹密度均高于 Mann 等（2004）的记录，因此，推断该种较大个体的点条纹和孔纹密度较稀疏，较小个体的密度则相对较高。

生态：淡水或半咸水中底栖生活。

分布：标本采自厦门港胡里山表层海水（8 月）和底层海水（8 月）及附着硅藻（8月）、筼筜湖（8 月）。本种首次记录于苏格兰爱丁堡湖及周边一些水塘的底泥中。

（75）半舟藻属 Seminavis Mann

Mann in Round et al., 1990, p. 572, 677.

细胞单独生活，背腹侧明显。壳面半披针形或半舟形，腹侧直或略微起伏，背侧显著突出。背壳套弯曲，没有腹壳套。点纹为典型的裂开状纵向长条形，单排排列，在内壳面，一行点条纹则融合成一条长室孔；中轴区明显，在背侧宽于腹侧。中壳缝简单，无膨大和弯曲现象，端壳缝向背侧弯曲成钩状。环面观时，背侧宽于腹侧，但没有双眉藻属的种类显著；壳缝直。

Round 等（1990）将双眉藻属的若干种类独立出来，成立本属，因此本属种类与双眉藻属种类具有一定的相似特征，主要区别点是：本属种类壳面外形为半披针形或半舟形，后者种类壳面外形多变；环面观时，本属种类的壳缝直，后者种类的壳缝则呈弓形；本属种类内壳面的腹侧为一排单孔纹，后者种类则仍为点条纹结构；本属种类的壳面点纹为典型的裂开状纵向长条形，单排排列，后者种类的点纹有圆形、椭圆形等，单排或多排排列。

本属模式种为 Seminavis gracilenta (Grunow ex A. W. F. Schmidt) D. G. Mann 1990。

690. 粗壮半舟藻（图版 CXLVIII：1529，1530）

Seminavis robusta Danielidis et Mann 2002, p. 429-448, f. 39-53; Li (李扬), 2006, p. 236, pl. 13, f. 230, 231; Gao et al. (高亚辉等), 2021, p. 89-90, pl. 33, f. 1-6.

细胞披针形或菱形披针形；壳面半披针形，长 28-44.5 μm，宽 5-7 μm，两端钝圆且硅质化重（Danielidis and Mann, 2002：长 34-68 μm，宽 6.5-9.5 μm）。背侧明显突起，腹侧平直或略微弯曲，尤其是一些较大个体，腹侧中部略微膨大。腹侧壳套深，无腹侧壳套，壳套上的点纹不与壳面点纹相连接。中轴区明显，在背侧的部分宽于在腹侧的部分，腹侧的中轴区在中节处有 1 个圆弧形的膨大。在中轴区靠近壳缝两侧的部分，有隆起的结构，顺着壳缝的方向向壳端延伸，在 TEM 下，可观察到壳缝两侧有 1 条明显的黑线；壳缝直，中壳缝无膨大，略向腹侧弯曲，端壳缝向背侧弯曲成钩状。背侧点条纹呈放射状排列方式，在壳面中部的密度较低，两端较密。点纹为裂开状长条纹，单排排列。内壳面观时，肋纹粗，点纹间的硅质隔片较弱，点纹相互融合形成长室孔。壳环面由多个环带构成，靠近壳面的环带较宽，无点纹结构，中间的环带呈长条状。

生态：海水生活。

分布：标本采自厦门筼筜湖（3 月）。曾记录于苏格兰西部戈伊尔湾（Goil Loch）。

英文检索表

KEY TO THE GENERA AND SPECIES OF THE NAVICULACEAE

Preface

This volume is the continuation of the Pennatae I and II. This volume contains 289 diatom species and 43 varieties (forma) recorded from 1922 to 2023 along the coastal waters of China (including sea areas of Zhongsha and Xisha islands). All belong to 12 genera of the family Naviculaceae from the order Naviculales.

Taxonomy system was indicated as genera and genus, but characters were arranged as first letter of the genus and species for referring easily.

Key to the Genera of the Family Naviculaceae

1. Valves circular, with raphe and middle nodule ································ ***Raphidodiscus***

1. Valves rectangle ································ **(44)*Cistula***

1. Valves semi-lanceolate, semi-lunar or semi-navicular ································ **(75)*Seminavis***

1. Valves more or less navicular to elliptical ································ 2

    2. Valves with keel processes ································ 3

    2. Valves without keel processes ································ 4

3. Keel and raphe sigmoid ································ **(41)*Amphiprora***

3. Keel and raphe straight ································ **(59)*Tropidoneis***

    4. Raphe diverged in middle and end nodules ································ **(54)*Raphidivergens***

    4. Raphe not diverged in middle and end nodules ································ 5

5. Raphe sigmoid ································ 6

5. Raphe more or less straight ································ 7

    6. Striae obliquely arranged ································ **(53)*Pleurosigma***

    6. Striae longitudinally and transversely arranged ································ **(49)*Gyrosigma***

7. With middle and secondary nodules ································ **(55)*Rossia***

7. Only with middle nodules, and no secondary nodules ································ 8

    8. Middle and end nodules elongated ································ 9

    8. Middle and end nodules not elongated ································ 10

9. Middle nodule accounts for less than half of the shell length ································ **(48)*Frustulia***

9. Middle nodule accounts for more than half of the shell length ································ 11

    10. Frustule bended, with raphes on both valves ································ ***Rhoiconeis***

    10. Frustule not bended ································ 12

26. External valves with longitudinal costae, areolae different on internal and external valves ···**(71)***Haslea*

27. Elongate chambers completely separated ·· **(52)***Pinnularia*

27. Elongate chambers incompletely separated ·· **(67)***Biremis*

(64) Key to the Species of the genus *Mastogloia*

Key to the Groups of *Mastogloia*

1. Inhabiting in freshwater or saline inland water ································· **A. Binnensee**

1. Inhabiting in seawater ·· 2

   2. A significant distance between the loculi and the valve margin ················· **B. Paradoxae**

   2. The loculi close to the cell wall ··· 3

3. A row of loculi with significantly unequal sizes interspersed with each other ················ **C. Inaequales**

3. No significant difference in loculi size ·· 4

   4. Valves are typically elliptical, with wide rounded ends or few visible rostrate ends ·········· **D. Ellipticae**

   4. Valves are slightly lanceolate or elliptical with obvious rostrate ends ······················· 5

5. Striae intersecting in three directions (for small species, this intersection often not obvious) ·················

·· **E. Decussatae**

5. Striae intersected by straight or undulate longitudinal lines································· 6

   6. The valve margin has one or two strong undulate shapes ···························· **F. Constrictae**

   6. The valve margin has no or very slight undulate shape ································· 7

7. Grooves (hetero-striae areas) on both sides of the vale surface, usually connected by the central area to form an H-shaped side area ·· **G. Sulcatae**

7. No grooves on both sides of the vale surface ·· 8

   8. Strong siliceous ribs on both sides of the raphe································ **H. Apiculatae**

   8. No siliceous ribs on both sides of the raphe ··· 9

9. The raphe clearly undulate, and widens significantly at the central nodule ····················· **I. Undulatae**

9. The raphe straight and no significant widens at the central nodule ························· 10

    10. The central part of the valve linear, and the two ends often suddenly constrict to form a rostrate protrusion ·· **J. Rostellatae**

    10. Valve lanceolate, valve end blunt ·· **K. Lanceolatae**

A. Key to the Species of Binnensee group

1. Valve has transversal ribs, and double rows of striae between the ribs ···················· **449.** *M. grevillei*

1. Valve transversal striae single row··· 2

   2. Grooves on both sides of the raphe and connected by the center to form an H-shape······················

··**419.** *M. braunii* var. *braunii* (see Sulcatae group)

   2. No the above-mentioned grooves ··· 3

3. The two ends of the valve slightly extended, usually valve ends capitate, and the transversal striae in the

middle not long and short alternating ····················· **513.** *M. smithii* var. *smithii* (see Lanceolatae group)

3. The two ends of the valve slightly cuneate, with alternating long and short transversal striae in the middle ··
·· **439.** *M. elliptica* var. *elliptica* (see Lanceolatae group)

Valves narrower than the original variant, striae lightly thicker, loculi slightly denser ························
·· *M. elliptica* var. *dansei* (see Lanceolatae group)

B. Key to the Species of Paradoxae

1. No longitudinal ribs on both sides of the raphe ································· **509.** *M. seychellensis*

1. One longitudinal rib on each side of the raphe ·· 2

  2. Raphe straight ··· **510.** *M. similis*

  2. Raphe clearly undulate ·· 3

3. Loculi size varies greatly, straightly arrangement ······················· **490.** *M. paradoxa*

3. Loculi size not varies greatly, curved arrangement ························· **471.** *M. lunula*

C. Key to the Species of Inaequales group

1. Loculi unequal shape on both sides of the transapical axis································ 2

1. Loculi equal shape on both sides of the transapical axis······························· 3

  2. Valves narrow, width approximately 5 μm ························· **430.** *M. cuneata*

  2. Valves wide, width approximately 10-17 μm ····················· **455.** *M. inaequalis*

3. Larger loculi located in the middle ·· 4

3. Larger loculi located between the center and the two ends································ 11

  4. Valve naviculoid·· 5

  4. Valve elliptica or lenticular ·· 9

5. Loculi almost reaches both ends ··· 6

5. Loculi away from both ends ··· 7

  6. Vertical and transversal striae cross arrangement························· **522.** *M. triundulata*

  6. Striae three directional arrangement································· **407.** *M. angulata*

  6. Striae not three directional arrangement ····························· **527.** *M. vulnerata*

7. One longitudinal rib on each side of the valve ·························· **519.** *M. tenuis*

7. No longitudinal rib on each side of the valve ······································ 8

  8. Central area not expand laterally································· **406.** *M. amoyensis*

  8. Central area expand laterally ··································· **442.** *M. exigua*

9. Valve elliptical, both ends constricted to capital shape ················· **474.** *M. manokwariensis*

9. Valve lenticular, both ends not constricted but slightly sharp······················· 10

  10. Transversal striae 32 in10 μm································· **468.** *M. lentiformis*

  10. Transversal striae 20-30 in 10 μm ····························· **481.** *M. nuiensis*

11. Valve naviculoid to rhomboid elliptica, slightly constriction at both ends·· **441.** *M. erythraea* var. *erythraea*

  Larger loculi in the center ································· *M. erythraea* var. *biocellata*

Valve more elliptical ·· ***M. erythraea*** var. ***elliptica***

One large loculi on each side ·· ***M. erythraea*** var. ***grunow***

11. Valve long elliptical, rounded and blunt ends ······································· **496. *M. pseudomauritiana***

D. Key to the Species of Ellipticae group

1. Central area cross shape ·· 2

1. Central area not cross shape ··· 3

   2. Central area expands horizontally to both sides and form a narrow naviculoid hyaline area, one loculi on

      each side ·· **417. *M. binotata*** var. ***binotata***

      Cross shape central area not obvious, striae sparser than the original variant ··

      ·· ***M. binotata*** f. ***sparsipunctata***

   2. Central area expands horizontally to both sides and form a long hyaline area, 4 loculi on each side ········

      ··· **428. *M. crucicula***

3. Striae intersect in three directions ··· 4

3. Striae not intersect in three directions, transversal striae crossed by almost straight or undulate longitudinal

   striae ·· 9

   4. Transversal striae arrange in double rows at loculi ··· 5

   4. Transversal striae always arrange in a single row ·· 6

5. Valve undulate, interstriae dense ··· **514. *M. splendida***

5. Raphe straight, interstriae sparse ··· **446. *M. fimbriata***

   6. Transversal striae sparse, 8-10 in 10 μm ·· **426. *M. cribrosa***

   6. Transversal striae dense ·· 7

7. Transversal striae weakly radiate, without long and short striae alternating at the center ························

·· **452. *M. horvathiana***

7. Transversal striae strongly radiate, long and short striae alternating at the center ·························· 8

   8. Transversal striae 12-15 in 10 μm ·· **422. *M. cocconeiformis***

   8. Transversal striae 19-22 in 10 μm ·· **423. *M. composita***

9. Loculi only at middle of valve margin ··· 10

9. Loculi not only at middle of valve margin ·· 11

   10. Valve linea elliptical, inner edge of loculi convex ····························· **483. *M. occulta***

   10. Valve elliptical, inner edge of loculi concave ···································· **485. *M. ovalis***

11. Inner edge of loculi slightly concave at center, loculi width not greater than 2 μm ···················· 12

11. Inner edge of loculi flat or convex, loculi width greater than 2 μm ·································· 16

   12. Transversal striae more than 20 in 10 μm ·· 13

   12. Transversal striae less than 20 in 10 μm ··· 14

13. Loculi 1.5-5 in 10 μm ·· **487. *M. ovulum***

13. Loculi 2 in 10 μm ··· **440. *M. emarginata***

   14. Longitudinal striae slightly straight, transversal striae 13-14 in 10 μm ·············· **517. *M. sublatericia***

E. Key to the Species of Decussatae group

F. Constrictae group

The valve margin has one or two strong undulate shapes.

G. Key to the Species of Sulcatae group

H. Key to the Species of Apiculatae group

1. Valve elliptical to naviculoid ···2

   2. Raphe straight or slight wavy ··3

   2. Raphe obvious to strongly wavy ··9

3. Transversal striae with one gap every 3 to 8 rows ·············· **445. *M. fascistriata***

3. Transversal striae equally, without gap···4

   4. Puncta coarse, transversal striae not more than 20 in 10 μm················· **409. *M. apiculata***

   4. Puncta fine, transversal striae more than 20 in 10 μm (about 25) ·············5

5. Loculi narrow, rectangular ·· **469. *M. levis***

5. Loculi slightly broad, square ··6

   6. Ends rostrate not obvious ··7

   6. Ends constricted into rostrate···8

7. Ends slightly rostrate ···························· **403. *M. acutiuscula* var. *acutiuscula***

7. Ends round and blunt ································· ***M. acutiuscula* var. *vairaensis***

   8. 4 loculi in 10 μm, with flat inner edges ················ **466. *M. laterostrata***

   8. 5-7 loculi in 10 μm, with convex inner edges ············· **506. *M. savensis***

9. Valve broad naviculoid, ends wedged, transversal striae 16 in 10 μm ············· **504. *M. robusta***

9. Valve naviculoid, ends round, transversal striae slightly oblique and parallel, 22 to 24 in 10 μm ··············
··· **454. *M. imitatrix***

9. Valve broad elliptical, ends rostrate, transversal striae 18 in 10 μm ··············· **421. *M. citrus***

I. Key to the Species of Undulatae group

1. Longitudinal line strongly wavy, striae crossing in three directions ·····················2

1. Longitudinal line slightly wavy, striae not crossing in three directions·····················5

   2. Valve rhombus naviculoid ···3

   2. Valve naviculoid···4

   2. Valve naviculoid, ends constricted into rostrate·············· **499. *M. punctifera***

3. Longitudinal line (longitudinal groove) not obvious ·············· **503. *M. rimosa***

3. Longitudinal line strongly wavy ································· **413. *M. bahamensis***

   4. Transversal striae slightly converged or parallel, 19 to 20 in 10 μm, loculi very narrow (width 0.5-1 μm),
    2.5 to 3 in 10 μm, internal margin convex·····················**478. *M. muralis***

   4. Transversal striae parallel in middle, slightly converged in ends, loculi very broad (width 4-4.5 μm), 9 to
    12 in 10 μm, internal margin flat················· **526. *M. viperina***

5. Longitudinal line many, more than 10 in 10 μm ·······································6

5. Longitudinal line few, no more than 10 in 10 μm ·······································7

   6. Striae 21 to 22 in 10 μm, one stigma next to the central area ·············· **431. *M. cyclops***

   6. Striae 14 to 18 in 10 μm, without stigma ············· **515. *M. subaffirmata* var. *subaffirmata***

    Valve narrow lanceolate··································· ***M. subaffirmata* var. *angusta***

7. External raphe strongly curve, internal raphe straight ·············**524. *M. undulata***

7. External and internal raphe strongly curve near central nodule ·································· 8

    8. Loculi less than 2 μm, central internal border concave ·································· **470. *M. lineata***

    8. Loculi width 1.5-2 μm, 6 to 8 in 10 μm, internal border convex ················ **425. *M. corsicana***

    8. Loculi width 2.5-4 μm, 9 to 12 in 10 μm, internal border flat ··················· **405. *M. affirmata***

J. Key to the Species of Rostellatae group

Central valve linear, ends suddenly constricted ································· **505. *M. rostrata***

K. Key to the Species of Lanceolatae group

1. The spacing between vertical lines almost equal ·· 2

1. The spacing between vertical lines broad, become narrow near valve margin ·············· **497. *M. pulchella***

    2. Transversal striae more than 20 in 10 μm ·· 3

    2. Transversal striae 20 in 10 μm ·· **404. *M. adriatica***

    2. Transversal striae less than 20 in 10 μm ··· 13

3. Valve elongate elliptical ···························· **418. *M. bourrellyana***

3. Valve naviculoid to rhombus ·· 4

3. Valve narrow lanceolate, gradually narrow toward end, without obvious rostrate ············ **408. *M. angusta***

3. Valve elliptical lanceolate ·· 5

    4. Raphe slightly wavy, transversal striae 30 to 32 in 10 μm ·················· **507. *M. seriane***

    4. Raphe straight, transversal striae about 21 in 10 μm ···················· **489. *M. paracelsiana***

5. Ends constricted into broad rostrate ································· **511. *M. simplex***

5. Ends constricted into rostrate ·· 6

5. Ends constricted into a papillary shape ······························· **473. *M. mammosa***

    6. Loculi equal in ends and other areas ···································· 7

    6. Loculi bigger in ends than other areas ·················· **525. *M. varians*** (see Decussatae group)

7. Loculi narrow, width less than 1 μm (0.75 μm)··················· **434. *M. densestriata***

7. Loculi broad, width more than 1 μm (1.5-2 μm) ··· 8

    8. Transversal striae less than 25 in 10 μm ······························· 9

    8. Transversal striae more than 25 in 10 μm ······························· 11

9. Transversal striae wavy not obvious··· 10

9. Transversal striae slightly wavy··· **416. *M. biapiculata***

    10. Transversal striae 15 to 17 in 10 μm, central nodule not lean to one side ·································

    ····································· **513. *M. smithii*** var. ***smithii*** (see Binnensee group)

    Transversal striae 24 in 10 μm, central nodule and raphe bias toward one side ***M. smithii*** var. ***excentrica***

11. Raphe slightly wavy, central area dilate irregularly ······································· **444. *M. fallax***

11. Raphe straight, central area not dilate··· 12

    12. Only 3 loculi in the middle on each side, transversal striae 24 in 10 μm ··············· **436. *M. dicephala***

    12. More than 3 loculi on each side, transversal striae 26 to 28 in 10 μm ················· **432. *M. decipiens***

13. Internal loculi margin flat ·· 14

13. Internal loculi margin convex ··· 18

    14. Transversal striae radiate or paralle in the middle ·································· **462. *M. lanceolata***

    14. Transversal striae radiate ··· 15

    14. Transversal striae with alternating length ············ **439. *M. elliptica* var. *elliptica*** (see Binnensee group)

        Valves are narrower than the original variant, with slightly coarser puncta and slightly denser loculi ····

        ··· ***M. elliptica* var. *dansei*** (see Binnensee group)

15. Central nodule without spot ··· 16

15. Central nodule with spot ·· **523. *M. umbilicata***

    16. Puncta not fine bead ·· **447. *M. gracilis***

    16. Puncta fine bead ··· 17

17. Valve slightly constricted in the middle, like *Achnanthes* ······ **402. *M. achnanthioides* var. *achnanthioides***

17. Valve not constricted in the middle ································· ***M. achnanthioides* var. *elliptica***

    18. Puncta in the margin like sawtooth ······································· **508. *M. serrata***

    18. Puncta in the margin not like sawtooth ·· 19

19. Valve linear elliptical lanceolate ··· **448. *M. grana***

19. Valve naviculoid, ends sharp round or slightly constricted ··················· **479. *M. nebulosa***

19. Valve elliptical, ends suddenly constricted into rostrate ····················· **420. *M. citroides***

19. Valve broad naviculoid, ends constricted into rostrate ·········· **520. *M. tenuissima*** (see Decussatae group)

(65) Key to the Species of the genus *Navicula*

Key to the Subgenera of *Navicula*

1. Planktonic, striae not visible in LM ··· **A. *Naviculae Pelagicae***

1. Benthic, movable, striae visible in LM ·· 2

    2. Striae costal ··· **B. *Naviculae Laevistriatae***

    2. Striae coarse or fine, visible ··· 3

3. Striae arranged vertically and horizontally, visible ·· 4

3. Striae with curved vertical columns and radial striae on both sides of the central axis (concave part), while

   the rest radiate ··· **E. *Naviculae Luxuriosae***

3. Striae arranged in a diagonal cross pattern ····························· **F. *Naviculae Decussatae***

3. Striae costal with biseriate areolae between them ··························· **G. *Naviculae Biformae***

3. Striae parallel or radiate (not arranged vertically and horizontally, or in a diagonal cross pattern, or costal

   striae) ··· 5

    4. Valve bacilliform, with the center and both ends swollen ······················ **C. *Naviculae Johnsoniae***

    4. Valve naviculoid to narrow naviculoid ··························· **D. *Naviculae Orthostichae***

5. Areolae coarse ··· 6

5. Areolae fine, round ·· 7

A. Key to the species of *Naviculae Pelagicae* Cleve-Euler

B. Key to the Species of *Naviculae Laevistriatae* Cleve

---

① Any items marked with parentheses are unmarked in this volume.

C. Key to the Species of *Naviculae Johnsoniae* Van Heurck

1. Numerous transversal siliceous bars within the frustule ·········· **599.** *N. lorenzii*
1. Transversal siliceous bars absent within the frustule ·········· **645.** *N. scopulorum*

D. Key to the Species of *Naviculae Orthostichae* Cleve

1. Three coarser striae on either sides of central nodule ·········· **582.** *N. hetero-punctata*
1. Striae rows arranged in uniformity on the valves ·········· 2
  2. Valves bacilliform, ends round ·········· **624.** *N. pinna*
  2. Valves naviculoid, ends elongated rostrate, terminal raphe asymmetrical ·········· **559.** *N. cuspidata*
  2. Valves linear, ends blunt round ·········· **570.** *N. fracta*
  2. Valves lanceolate or naviculoid, ends acute ·········· **540.** *N. britannica*
  2. Valves naviculoid to olivary, ends cuneate ·········· 3
3. Valve long olivary, vertical striae obvious, cells with septum ·········· **621.** *N. perrotettii*
3. Valve linear naviculoid to naviculoid, cells without septum ·········· **584.** *N. howeana*

E. *Naviculae Luxuriosae* Cleve

600. *N. luxuriosa*

F. *Naviculae Decussatae* Grunow

633. *N. quincunx*

G. *Naviculae Biformae* (Cleve) Chin et Cheng

536. *N. biformis*

H. Key to the Species of *Naviculae Aratae* Cleve-Euler

1. Raphe undulate ·········· 2
1. Raphe straight ·········· **658.** *N. toulaae*
  2. Ends rostrate to capitate ·········· **661.** *N. tuscula* var. *tuscula*
  2. Ends cuneate ·········· *N. tuscula* var. *cuneata*

I. Key to the Species of *Naviculae Punctatae* Cleve

1. Axial part of the valve gradually elevate to the ends ·········· **544.** *N. carinifera*
1. Valves flat ·········· 2
  2. Axial area evidently narrower near the central nodule and terminal nodule, puncta on both sides evidently more sparse ·········· **576.** *N. granulata*
  2. Axial area fusiformis, central area dilate bilaterally ·········· **594.** *N. lacertosa*
  2. Axial area narrow, linear or needle-shaped ·········· 3

J. Key to the Species of *Naviculae Lyratae* Cleve

1. Raphe exceeds the striae on both sides of the central axis area and enters the central area ··················2
1. Raphe not exceeds the striae on both sides of the central axis area ··3
   2. Valve olivary, ends cuneate or slightly rostrate, lateral areas narrow ··
   ··**531. *N. approximata* var. *approximata***
   2. Valve elliptical, lateral areas broad ·······································*N. approximata* var. *niceaensis*
3. Areolae dispersed ···**652. *N. stercus muscarum***
3. Areolae aligned ··4
   4. Lateral areas broad, crescent ···5
   4. Lateral areas narrow, needle-shaped or near needle-shaped ······························11
5. Valves olivary ···6
5. Valves elliptica ··7
   6. Striae 10 to 12 in 10 μm··**581. *N. hennedyi* var. *hennedyi***
   6. Striae 14 to 15 in 10 μm···*N. hennedyi* var. *nebulosa*
7. Ends rostrate ···8
7. Ends round, not rostrate ···9
   8. Lateral areas without puncta··**547. *N. clavata* var. *clavata***
   8. Lateral areas with puncta··*N. clavata* var. *indica*
9. Lateral areas crescent, striae 12-14 in 10 μm ···································**546. *N. circumsecta***
9. Lateral areas crescent, striae 6-8 in 10 μm ·······································**627. *N. praetexta***
9. Lateral areas constrict at the middle, striae 8-16 in 10 μm ·································10
   10. Valve olivary, lateral areas without puncta ·····················**651. *N. spectabilis* var. *spectabilis***
   10. Valve elliptical, lateral areas with scattered puncta··················*N. spectabilis* var. *excavata*
11. Lateral area close to each other at the ends, clamp-shaped ·····························12
11. Lateral areas not reach the ends ···14
11. Lateral areas reach the ends ···17
   12. Valve elliptical···**612. *N. nummularia***
   12. Valve elongated elliptical ···13
13. Striae 13 in 10 μm, end sharply round···································**569. *N. forcipata* var. *forcipata***
13. Striae 15 in 10 μm, end broadly round ·······························*N. forcipata* var. *densestriata*
13. Striae about 26 in 10 μm ··**632. *N. pygmaea***
   14. Areolae arranged horizontally and vertically in a wavy pattern ·················**588. *N. inhalata***
   14. Areolae arranged horizontally ··15
15. Lateral areas nearly needle-shaped, striae 12 in 10 μm ·························**534. *N. australica***
15. Lateral areas H-shaped···16
   16. Valve nearly round, axis area almost absent·····························**579. *N. H-album***
   16. Valve elongate elliptical, axis area narrow in the central nodule and ends ··············**529. *N. abrupta***

17. Axis area rise toward the ends ································ **653. *N. subcarinata***

17. Valve flat ··· 18

    18. Lateral areas without puncta ···················· 19

    18. Lateral areas with puncta ······················· 23

19. No one circular ocellus structure outside the lateral areas ·············· 20

19. One circular ocellus structure outside the lateral areas ········· ***N. lyra*** var. ***signata***

    20. Valves elongate elliptical, areolae 18 in 10 μm ········· **601. *N. lyra*** var. ***lyra***

    20. Valve elliptical, areolae 9 to 11 in 10 μm ··············· ***N. lyra*** var. ***elliptica***

    20. Valve nearly hexagonal ························· ***N. lyra*** var. ***subtypica***

    20. Valve olivary ··································· 21

21. Lateral areas distinctly narrow at the end ················ ***N. lyra*** var. ***insignis***

21. Lateral areas not narrow at the end ···················· 22

    22. Striae 11 in 10 μm ··························· ***N. lyra*** var. ***dilatata***

    22. Striae 7 in 10 μm ····························· ***N. lyra*** var. ***recta***

23. Lateral areas bound clear ··························· **602. *N. lyroides***

23. Lateral areas bound not clear ··················· **643. *N. schaarschmidtii***

K. Key to the Species of *Naviculae Entoleiae* Cleve

1. No arc bound at axis area, centrical area and axis area combined into rhombus hyaline area ················
··· **583. *N. hochstetteri***

1. No arc bound at axis area, no rhombus hyaline area. ········· **539. *N. breenii***

1. No arc bound at axis area, very narrow ·············· **535. *N. bahusiensis***

1. Arc bound at axis area ···························· **649. *N. sibayiensis***

L. Key to the Species of *Naviculae Microstigmaticae* Cleve

1. Raphe curve ································· **626. *N. plicatula***

1. Raphe straight, one puncta in the central area ·········· **551. *N. complanata***

M. Key to the Species of *Naviculae Lineolatae* Cleve

1. Striae radiate in the middle of valve ······················ 2

1. Striae parallel or nearly parallel in the middle of the valve ············ 23

    2. Striae parallel at the ends ·························· 3

    2. Striae not parallel at the ends ······················ 12

3. Each side of central nodule with two distant striae ··········· **545. *N. cincta***

3. One short striae in each side of central nodule ············ **625. *N. platyventris***

3. Striae sparse in central area, and dense in valve ends, about 30 in 10 μm ········· **650. *N. soodensis***

3. Striae sparse in central area, and dense in valve ends, about 20 in 10 μm ········· **577. *N. gregaria***

3. Striae in uniform arrangement ·························· 4

28. Valve ends sharp ·· 29

29. Valve ends raised (constricted in girdle view), striae more obvious in central area ···

··· **611. *N. northumbrica***

29. Valves convex along the axial area ····································· **668. *N. zostereti***

29. Valves not convex ·· 30

   30. Striae 7.5 to 8 in 10 μm· ······································· **562. *N. directa* var. *directa***

   30. Striae 20 to 23 in 10 μm······································· **615. *N. pargemina***

   30. Striae 15 to 18 in 10 μm······································ **619. *N. perminuta***

   30. Striae 4 to 5 in 10 μm··· 31

31. Valves needle-shaped, sides parallel ···························· ***N. directa* var. *javanica***

31. Valve naviculoid ··· ***N. directa* var. *remota***

   32. Middle valve constricted, striae 22 in 10 μm················ **542. *N. caeca***

   32. Middle valve not constricted, striae less than 10 in 10 μm ·········· 33

33. End nodule away from valve ends ································· **642. *N. satura***

33. End nodule reach valve ends ······································· **592. *N. jejuna***

N. Key to the Species of *Naviculae Mesoleiae* Cleve

1. One independent puncta or one linear striae in one side of central area ·························· 2

1. No independent puncta or linear striae in one side of central area ································· 4

   2. One linear striae in one side of central area ···························· 3

   2. One independent puncta in one side of central area ················· (*N. mutica*)

3. Valve olivary, ends short rostrate or blunt round··················· **533. *N. asymmetrica***

3. Valve elliptical, ends suddenly constrict, capitate ·················· **589. *N. inserata***

3. Valve straight elliptical ·· **666. *N. voigtii***

   4. Valve margin not wavy ·· 5

   4. Valve margin wavy, ends nodule not dilate ···················· (*N. nivalis*)

5. Ends nodule dilate toward two sides ································ 6

5. Ends nodule not dilate toward two sides ························· **578. *N. grimmii***

   6. Valve bacilliform to naviculoid, convex in the middle of the valve ·········· **631. *N. pupula* var. *pupula***

   6. Valve elliptical, ends rostrate, striae dense ······················· ***N. pupula* var. *elliptica***

   6. Valve elliptical, ends capitate, striae dense ····················· ***N. pupula* var. *mutata***

O. Key to the Species of *Naviculae Bacillares* Cleve

596. *N. lambda*

P. Key to the Species of *Naviculae Heterostichae* Cleve

647. *N. scutiformis*

Q. Key to the Species of *Naviculae Decipientes* Cleve

1. Sides of valves undulate···2
1. Sides of valves not undulate···3
 2. Central area without coarse puncta··· **590. *N. integra* var. *integra***
 2. Central area with several coarse puncta·· ***N. integra* var. *maculata***
3. Axis area very narrow or unclear···4
3. Axis area narrow naviculoid·· **556. *N. cruciculoides***
 4. Valves naviculoid··· **555. *N. crucicula***
 4. Valves oblate rhombic·· **656. *N. takoradiensis***

参 考 文 献

陈长平, 高亚辉, 林鹏. 2006. 红树林下中国新纪录的四种硅藻. 植物分类学报, 44(1): 95-99.

程兆第, 杜琦. 1984. 福建九龙江口硅藻的新种和在我国的新记录. 台湾海峡, 3(2): 199-202.

程兆第, 高亚辉. 2013. 中国海藻志 第五卷 硅藻门 第三册 羽纹纲 II 舟形藻目, 舟形藻科、桥弯藻科、耳形藻科、异极藻科. 北京: 科学出版社: 1-183.

程兆第, 刘师成. 1997. 西沙群岛海洋硅藻的研究 III. 胸隔藻属一新种及其它属种在我国的新纪录. 热带海洋, 16(4): 88-90.

程兆第, 高亚辉, 刘师成. 1993. 福建沿岸微型硅藻. 北京: 海洋出版社: 1-125.

程兆第, 高亚辉, Mike Dickman. 1996. 硅藻彩色图集. 北京: 海洋出版社: 1-120.

杜琦, 金德祥. 1983. 福建九龙江口潮间带海洋植物上的附着硅藻. 台湾海峡, 2(2): 76-96.

福代康夫, 高野秀昭, 千原光雄, 松冈数充. 1995. 日本赤潮生物写真与解说(第二版). 东京: 内田出版社.

高亚辉, 陈长平, 孙琳, 梁君荣. 2021. 厦门海域常见浮游植物. 厦门: 厦门大学出版社: 1-182.

郭健, 程兆第, 刘师成. 1998. 闽南—台湾浅滩渔场微型硅藻的分类研究. 台湾海峡, 17(2): 124-128.

郭玉洁, 杨则禹. 1982. 1976年夏季东海陆架区浮游植物生态的研究. 海洋科学集刊, 19: 11-32.

郭玉洁, 周汉秋. 1985. 西沙群岛附近海域羽纹硅藻分类研究I. 海洋科学集刊, 24: 99-118.

胡鸿钧, 魏印心. 1980. 中国淡水藻类. 北京: 科学出版社: 1-995.

胡鸿钧, 魏印心. 2006. 中国淡水藻类: 系统、分类及生态. 北京: 科学出版社: 1-1023.

金德祥. 1951. 中国硅藻目录. 厦门水产学报, 1(5): 41-143.

金德祥. 1990. 海洋硅藻学. 厦门: 厦门大学出版社: 1-239.

金德祥, 程兆第. 1979. 台湾海峡(福建沿海)硅藻的新种在我国的新记录 I. 舟形藻属和粗纹藻属. 厦门大学学报(自然科学版), 18(2): 141-152.

金德祥, 陈金环, 黄凯歌. 1965. 中国海洋浮游硅藻类. 上海: 上海科学技术出版社: 1-230.

金德祥, 程兆第, 林均民, 刘师成. 1982. 中国海洋底栖硅藻类. 上卷. 北京: 海洋出版社: 1-323.

金德祥, 程兆第, 刘师成, 马俊享. 1992. 中国海洋底栖硅藻类. 下卷. 北京: 海洋出版社: 1-437.

金德祥, 徐凤, 黄宝玉. 1957. 厦门附近的牡蛎的食料. 学艺: 8-12.

李扬. 2003. 东、黄海微型硅藻分类、生态及其典型种遗传差异的研究. 厦门: 厦门大学硕士学位论文: 1-97, 14 pls.

李扬. 2006. 我国近海海域微型硅藻的生态学和分类学研究. 厦门: 厦门大学博士学位论文: 1-410, 31 pls.

蓝东兆, 程兆第, 刘师成. 1995. 南海晚第四纪沉积硅藻. 北京: 海洋出版社: 1-138.

刘瑞玉. 2008. 中国海洋生物名录. 北京: 科学出版社: 1-1267.

刘师成. 1994. 西沙群岛海洋硅藻研究 III. 胸隔藻属椭圆组属微细结构的研究. 海洋学报, 16(5): 99-108.

刘师成, 程兆第. 1996. 胸隔藻属(*Mastogloia* Thwaites)在我国的新纪录. 厦门大学学报(自然科学版), 35(2): 283-287.

刘师成, 程兆第. 1997. 西沙海洋硅藻研究 IV. 胸隔藻属不等组微细结构. 台湾海峡, 16(3): 249-254.

刘师成, 金德祥. 1980. 台湾海峡(福建沿海)硅藻的新种和在我国的新纪录 IV. 胸隔藻属、菱形藻属、肋缝藻属及其他. 厦门大学学报(自然科学版), 19(2): 110-118.

刘师成, 程兆第, 金德祥. 1982. 我国西沙群岛海藻洗液的硅藻. 厦门大学学报(自然科学版), 2(1): 92-115.

刘师成, 程兆第, 金德祥. 1984. 我国西沙群岛的永兴岛、石岛及琛航岛潮间带硅藻名录. 厦门大学学报(自然科学版), 23(4): 523-531.

马俊享, 金德祥. 1984. 福建九龙江口油泥硅藻的分布. 台湾海峡, (1): 78-89.

杨世民, 董树刚. 2006. 中国海域常见浮游硅藻图谱. 青岛: 中国海洋大学出版社: 1-267.

赵东海. 2005. 鲍养殖区硅藻的种类多样性及其在鲍早期生长中的作用. 厦门: 厦门大学硕士学位论文: 1-137.

Abbott, W.H. and Andrews, G.W. 1979. Middle Miocene marine diatoms from the Hawthorn Formation within the Ridgeland Trough, South Carolina and Georgia. *Micropaleontology*, 25(3): 225-271.

Agardh, C.A. 1824. Systema Algarum. Adumbravit C.A. Agardh. Xxxvii. Berlin. Lund.: 1-312.

Andrews, G.W. 1980. Neogene diatoms from Petersburg, Virginia. *Micropaleontology*, 26(1): 17-48.

Archibald, R.E.M. 1966. Some new and rare diatoms from South Africa 2. Diatoms from Lake Sibayi and Lake Nhlange in Tongaland (Natal). *Nova Hedwigia*, 12(3-4): 477-495, 1 pl.

Archibald, R.E.M. 1983. The Diatoms of the Sundays and Great Fish Rivers in the Eastern Cape Province of South Africa. *Biliotheca Diatomologica*, Band 1: 362 pp., 34 pls.

Archibald, R.E.M. and Schoeman, F.R. 1987. Taxonomic notes on diatoms (Bacillariophyceae) from the Great Usutu River in Swaziland. *South Africa. J. Bot.*, 53(1): 75-92.

Bailey, J.W. 1854. Notes on new species and localities of microscopical organisms. *Smithsonian Contributions to Knowledge*, 7(3): 1-15.

Bold, H.C. and Wynne, M.J. 1978. Introduction to the Algae. Structure and reproduction. Englewood Cliffs, New Jersey: Prentice Hall, Inc.: [i]-xiv, 1-706.

Booth, W.E. 1986. *Navicula climacospheniae* sp. nov., an Endophytic Diatom Inhabiting the Stalk of *Climacosphenia moniligera* Ehrenberg. *Nova Hedwigia*, 42(2-4): 295-300.

Bory de Saint-Vincent, J.B.G.M. 1822-1831. Dictionnaire Classique d'Histoire Naturelle. 17 Vols. Paris, Rey and Gravier, Libraires-editeurs; Baudouin Freres, Libraires-editeurs. Vol. 1 (1822): [i]-xvi, [1]-604; Vol. 2 (1822): [i-iii], [1]-621; Vol. 5 (1824): [i-iii], [1]-653, [654, err.]; Vol. 7 (1825): [i-iii], [1]-626, [1, err.]; Vol. 8 (1825): [i-iii], [i]-viii, [1]-609, [1, err.]; Vol. 9 (1826): [i-iii], [1]-596; Vol. 10 (1826): [i-iii], [1]-642, [1, err.], tabl.; Vol. 11 (1827): [i-iii], [1]-615, [616, err.].

Boyer, C.S. 1927. Synopsis of North American Diatomaceae, Supplement, Part 2. Naviculatae, Surirellatae. *Proceedings of the Academy of Natural Sciences of Philadelphia*, 79: 229-583.

Brockmann, C. 1950. Die Watt-Diatomeen der Schleswig-holsteinischen Westkuste. *Abh. Senckenb. Naturf. Ges., Abhandl*, 478: 1-26.

Brogan, M.W. and Rosowski, J.R. 1988. Frustular morphology and taxonomic affinities of *Navicula complanatoides* (Bacillariophyceae). *Journal of Phycology*, 24: 262-273.

Brun, J. 1895. Diatomées lacustres, marines ou fossiles. Espèces nouvelles ou insuffisamment connues. *Le Diatomiste*, 2(21): plates 14-17.

Castracane, A. 1886. Challenger Report. Botany, London, 2: 1-178, pls. 1-30.

Chin, T.G. 1939a. Diatoms in the stomachs of marine animals from Amoy and vicinity. *Philippine Journal of Science*, 70(4): 403-410.

Chin, T.G. 1939b. Marine diatoms found in washings of sea weeds from Fukien coast. *Philippine Journal of Science*, 70(2): 191-196.

Chin, T.G. and Wu, C.S. 1950. Diatoms in the intestines of Amoy Sipunculida (Annelida: Gephyrea)⁻The food Sipunculida. *Lingnan Science Journal*, 23(1, 2): 43-52.

Chin, T.G., Cheng, Z.D. and Tian, C.Z. 1984. Diatoms from some short cores of the East China Sea. In: Mann, D.G. Proceedings of the Seventh International Diatom Symposium, Philadelphia, August 22-27, 1982. Koenigstein: Koeltz Science Publishers: 507-527.

Cholnoky, B.J. 1963. Ein Beitrag zur Kenntnis der Diatomeenflora von Holländisch-Neuguinea. *Nova Hedwigia*, 5: 157-198.

Cleve, P.T. 1881. On some new and little known diatoms. *Kongliga Svenska-Vetenskaps Akademiens Handlingar, N.F.*, 18(5): 1-28, 6 pls.

Cleve, P.T. 1883. Diatoms collected during the expedition of the Vega. Vega-Expedition Vetenskåpliga Iakttagelser Bearbetade of Deltagare I Resan Och Andra Forskare untgifna af A.E. Nordenskiöld 3: [457]-517, 4 pls.

Cleve, P.T. 1891. Remarques sur le genre *Amphiprora*. *Le Diatomiste*, 1(6): 51-54.

Cleve, P.T. 1892a. Sur quelques nouvelles formes du genre *Mastogloia*. *Le Diatomiste*, 1(11): 159-163, figs. 5-19.

Cleve, P.T. 1892b. Diatomées rares ou nouvelles. *Le Diatomiste*, 1(8): 75-78, pls. 12: figs. 1-13.

Cleve, P.T. 1893a. Pelagiske Diatomeer fran Kattegat. Det Videnskabelige Udbytte af Kanonbaaden 'Hauchs' Togter I de Danske Have indenforskagen, 1883-1886: 53-56.

Cleve, P.T. 1893b. Sur quelques espèces nouvelles ou peu connues. *Le Diatomiste*, 2(13): 12-16.

Cleve, P.T. 1894-1895. Synopsis of the naviculoid diatoms. *Sv. Vet. Akad. Handl.*, 26: 1-194, pls. 1-5 (Part I 1894); 27: 1-219, pls. 1-4 (Part II 1895).

Cleve, P.T. 1895. Synopsis of the naviculoid diatoms. Part 2. *Kongliga Svenska Vetenskapsak Akademiens Handlingar*, 27(3): 1-219, 4 pls.

Cleve, P.T. 1896. Diatoms from Baffin Bay and Davis Strait. *Bihang till Kungliga Svenska Vetenskapsakademiens Handlingar*, 22 (Afd. III)(4): 1-22, 2 pls.

Cleve, P.T. 1897a. A Treatise of the Phytoplankton of the Northern Atlantic and its Tributaries. Upsala Nya Tidnings Aktiebolags Tryckeri, Upsala.: 27 pp.

Cleve, P.T. 1897b. Report on the phytoplankton collected on the expedition of H.M.S. Research 1896. *Ann. Rep. Fish. Bd. Scot.*, 15(Part 3): 297-304.

Cleve, P.T. and Grove, E. 1891. Sur quelques Diatomées nouvelles ou peu connues. *Le Diatomiste*, 1(7): 64-68, pls. 10, figs. 1-15.

Cleve, P.T. and Grunow, A. 1880. Beitrage zur Kenntniss der arctischen Diatomeen. *Kongliga Svenska Vetenskaps-Akademiens Handlingar*, 17(2): 121 pp., 7 pls.

Cleve, P.T. and Möller, J.D. 1878. Diatoms (Exsiccata) edited by Cleve, P.T. and Möller, J.D. Upsala. Part III, No. 109-168.

Cleve-Euler, A. 1953. Die Diatomeen von Schweden und Finnland. Teil III. Monoraphideae, Biraphideae 1. Kungliga Svenska Vetenskapsakademiens Handlingar, ser. IV, 4(5): 1-255, figs. 484-970.

Cleve-Euler, A. 1951-1955. Die Diatomeen von Schhweden und Finnland. *Sv. Vet. Akad. Handl, Fjarde Serien*, II 4(1): 1-158, figs. 292-483 (1953); III 4(5): 1-255, figs. 484-970 (1953); IV 5(4): 1-232, figs. 971-1306 (1955); V 3(3): 1-255, figs. 1318-1583 (1952).

Coste, M. and Ricard, M. 1982. A systematic Approach to the Freshwater Diatoms of Seychelles and Mauritius Islands. In: Mann, D.G. Proceedings of the seventh international diatom symposium. Koenigstein: Otto Koeltz Science Publishers: 307-326.

Cox, E.J. 1987. *Placoneis* Mereschkowsky: the re-evaluation of a diatom genus originally characterized by its chloroplast type. *Diatom Research*, 2(2): 145-157.

Cox, E.J. and Ross, R. 1981. The striae of pennate diatoms. In: Ross, R. Proceedings of the Sixth Symposium on Recent and Fossil Diatoms, Budapest, September 1-5, 1980, Taxonomy-Morphology-Ecology-Biology. Koenigstein: Koeltz Science Publishers: 267-278.

Cupp, E.E. 1943. Marine Plankton Diatoms of the West Coast of North America. *Bull. Scripps Inst. Ocean.*, 5(1): 1-238, pls. 1-5, figs. 1-168.

Danielidis, D.B. and Mann, D.G. 2002. The systematics of *Seminavis* (Bacillariophyta): the lost identities of *Amphora angusta*, *A. ventricosa* and *A. macilenta*. *Phycologia*, 37(3): 429-448.

De Toni, J.B. 1891-1894. Sylloge Algarum Hucusque cognitarum. Vol. II. Bacillarieae, Typis seminarii, Patavii, sects. I-III: 1-1556.

Donkin, A.S. 1861. On the marine Diatomaceae of Northumberland with a description of several new species. *Quarterly Journal of microscopical Science*, 1: 1-15, pl. 1.

Donkin, A.S. 1870. The natural history of the British Diatomaceae. Part I. London: John Van Voorst, 1 Paternoster Row: 1-24, 4 pls.

Donkin, A.S. 1871. The Natural History of the British Diatomaceae. Part II. London: John Van Voorst, 1 Paternoster Row: 25-48, pls. 5-8.

Donkin, A.S. 1873. The natural history of the British Diatomaceae. Part III. London: John Van Voorst, 1 Paternoster Row: 49-74, pls. 9-12.

Edwards, M. 1860. On American Diatomaceae. *Journal of Microscopical Science*, 8: 127-129.

Ehrenberg, C.G. 1830. Bertrage zur Kenntnifs der Organisation der Infusorien und ihrer geographischen Verbreitung, besonders in Sibirien(21-108). In: Organisation, Systematik und Geographisches Verhaltniss der Infusionsthierchen. Zwei vortrage, in der Akademie der Weissenschaften zur Berlin gehalten in der jahren 1828 und 1830. Berlin: Bedeuck in der Drukerei der Koniglichen Akademie der Weissenschen zu Berlin: 1-108, 8 pls.

Ehrenberg, C.G. 1838. Die Infusionsthierchen als volkommende Organismen. Ein Blick in das tiefere organische Leben de Natur. Leipzig: Leopold voss: (Atlas, Text), 1-xvii, 1-548, pls. 1-64.

Ehrenberg, C.G. 1840. Characteristik von 274 neuen Arten von Infusorien. Bericht über die zur Bekanntmachung geeigneten Verhandlungen der Koniglich-Preussischen Akademie der Wissenschaften zu Berlin: 197-219.

Ehrenberg, C.G. 1841. Verbreitung und Einfluss des mikroskopisohen Lebens in süd-und Nord-Amerika. Abhandlungen der königlichen Akademie der Wissenschaften zu Berlin, Erster Theil: S. 291-445, 4 Tafs.

Ehrenberg, C.G. 1843. Neue Beobachtungen über den sichtlichen Einfluss der mikroskopischen Meeres-Organismen auf den Boden des Elbbettes bis oberhalb Hamburg. Bericht über die zur Bekanntmachung geeigneten Verhandlungen der Königlich-Preussischen Akademie der Wissenschaften zu Berlin: 161-167.

Ehrenberg, C.G. 1854. Mikrogeologie. Das Erden und Felsen Schaffende Wirken des Unsichtbar kleinen selbstandigen lebens auf der Erde. Leipzig: Verlag von Leopold Voss: 374 pp.

Foged, N. 1975. Some Littoral Diatoms from the Coast of Tanzamia. *Biblotheca Phycologica*, Band 16: 127 pp.

Foged, N. 1976. Freshwater diatoms in Sri Lanka (Ceylon). *Bibliotheca Phycologica*, 23: 1-112.

Foged, N. 1978. Diatoms in Eastern Australia. *Biblotheca Phycologica*, 41: 1-146, 48 pls.

Foged, N. 1980. Diatoms in Egypt. *Nova Hedwigia*, Band 33: 629-707.

Foged, N. 1984. Freshwater and litoral diatoms from Cuba. *Bibliotheca Diatomologica*, 5: 1-243.

Fourtanier, E. and Kociolek, J.P. 1999. Catalogue of the Diatom Genera. *Diatom Research*, 14(1): 1-190.

Giffen, M.H. 1970a. Contributions to the diatom flora of South Africa IV. The marine littoral diatoms of the estuary of the Kowie River, Port Alfred, Cape Province. In: Gerloff, J. and Cholnoky, J.B. Diatomaceae II. *Beihefte zur Nova Hedwigia*, 31: 259-312.

Giffen, M.H. 1970b. New and interesting marine and littoral diatoms from Sea Point, near Cape Town. South Africa. *Botanica Marina*, 13: 87-99.

Graham, L.E. and Wilcox, L.W. 2000. Algae. Prentice Hall, Upper Saddle River, NJ: 1-640.

Gregory, W. 1856a. Notice of some new species of British Fresh-water Diatomaceae. *Quarterly Journal of Microscopical Science*, 4: 1-14, pl. I.

Gregory, W. 1856b. On the post-Tertiary diatomaceous sand of Glenshire, Part II. Containing an account of a number of additional undescribed species. *Transactions of the Microscopical Society*, New Series, London, 4: 35-48.

Gregory, W. 1857. On new forms of marine Diatomaceae found in the Firth of Clydeand in Loch Fyne, illustrated by numerous figures drawn by K.K. Greville. *Transactions of the Royal Society of Edinburgh*, 21: 473-542, pls. 9-14.

Greville, R.K. 1827. Scottish Cryptogamic Flora, or coloured figures and descriptions of cryptogamic plants, belonging chiefly to order Fungi. Edinburgh and London.

Greville, R.K. 1859a. Descriptions of some new species and varieties of Naviculae, etc. observed in Californian guano. *Edinburgh New Philosophical Journal*, New Series, 10: 25-30, pl. IV.

Greville, R.K. 1859b. Descriptions of new species of British Diatomaceae, chiefly observed by the late Professor Gregory. *Quarterly*

Journal of Microscopical Science, 7: 79-86, 1 pl.

Greville, K.K.L.L.D. 1863a. Descriptions of new and rare Diatoms. London: series VIII, 13 pp., 1 plate; series IX. 63 pp., 2 plates. T.M.S. Vol. XI, n. s. 8vo.

Greville, K.K.L.L.D. 1863b. Descriptions of new and rare Diatoms. London: series X, 227 pp., 2 plates. Q.J.M.S. Vol. III, n. s. 8vo.

Greville, R.K. 1865a. Descriptions of new and rare Diatoms. *Transactions of the Microscopical Society of London*, Vol. 13, New Series, (Series XIV), 1-10, pls. I. II; (Series XV), 24-34, pls. III, IV; (Series XVI), 43-75, pls. V-VI; (Series XVII), 97-105, pls. 8, 9.

Greville, R.K. 1865b. Descriptions of new genera and species of Diatoms from Hong Kong. *Annals and Magazine of Natural History*, series 3, 16 (3rd ser)(91): 1-7, pls. 5.

Greville, R.K. 1865c. Descriptions of new genera and species of diatoms from the South Pacific. Part 3. *Transactions of the Botanical Society of Edinburgh*, 8: 233-238.

Grunow, A. 1860. Über neue oder ungenügend gekannte Algen. Erste Folge. Diatomeen, Familie Naviculaceae. *Verhandlungen der Kaiserlich-Königlichen Zoologisch-Botanischen Gesellschaft in Win*, 10: 503-582, pls. III-VII.

Grunow, A. 1867. Diatomeen auf Sargassum von Honduras, gesammelt von Lindig. *Hedwigia*, 6(1-3): 1-8, 17-37.

Grunow, A. 1868. Algae. In: Reise der österreichischen Fregatte Novara um die Erde in den Jahren 1857, 1858, 1859 unter den Befehlen des Commodore B. von Wüllerstorf-Urbair. Botanischer Theil. Erster Band. Sporenpflanzen. (Fenzl, E. et al. Eds), pp. 1-104. Wien [Vienna]: Aus der Kaiserlich Königlichen Hof- und Staatsdruckeri in Commission bei Karl Gerold's Sohn.

Grunow, A. 1877. New Diatoms from Honduras, with notes by F. Kitton. *Monthly Microscopical Journal, London*, 18: 165-186, pls. 193-196.

Grunow, A. 1878. Algen und Diatomaceen aus dem Kaspischen Meere. In: Schneider, O. Naturwissenschaftliche Beiträge zur Kenntnis der Kaukasusländer, auf Grund seiner Sammelbeute. Dresden: Dresden Burdach: 98-132.

Grunow, A. 1879. New species and varieties of Diatomaceae from the Caspian Sea. *F. R. Micr. Soc.*, 2: 677-691.

Grunow, A. 1884. Die Diatomeen von Franz Josefs-Land. *Denkchriften der mathematisch-naturwissenschaftlichen Classe der kaiserlichen Akademie der Wissenschaften Wien*, 48: 53-112, 5 pls.

Grunow, A. 1863. Uber einige and ungenugend bekannte Arten und Gattungen von Diatomeen. *Verh. Zool. Bot. Ges. Wien*, 13: 137-162.

Grunow, A. 1868. Beitrage zur Kenntniss der *Schizonema*- und *Berkeleya*-Arten. *Hedwigia*, Bd. 7, Nr. 1, S. 1-7, etc. Dresden.

Grunow, A. 1882. Beitrage zur Kenntniss der Fossilen Diatomeen Osterrich-Ungarns in E.von Mojsisovics und M. Neumayr, 'Beitrage zur Palaontologie Osterreich-Ungarns und des Orients'. Bd.II, Heft IV, S. 136-159, Tafs. XXIX-XXX.

Guettinger, W. 1990. Collection of SEM Micrographs of Diatoms series 1-4. Pura, Switzerland.

Guo, J., Huang, B.Q., Cheng, Z.D. and Hong, H.S. 2000. Preliminary study on nanodiatom in the Taiwan Strait. *Acta Oceanologica Sinica*, 19(1): 91-98.

Hagelstein, R. 1939. The Diatomaceae of Porto Rico and the Virgin Islands. Scientific Survey of Porto Rico and Virgin Islands. *New York Academy of Sciences*, 8(3): 313-450.

Hartley, B., Ross, R. and Williams, D.M. 1986. A check-list of the freshwater, brackish and marine diatoms of the British Isles and adjoining coastal waters. *Journal of the Marine Biological Association of the United Kingdom*, 66(3): 531-610.

Heiden, H. and Kolbe, R.W. 1928. Die Marinen Diatomeen der Deutschen südpolar-expedition, 1901-1903. In: Deutsche Südpolar-Expedition, 1901-1903, herausgegoben von Erich von prygalski, Botanik, 8(5): 447-715, pls. 31-43. Berlin und Leipzig, Walter de Gruyter & Co.

Hendey, N.I. 1951. Littoral Diatoms of Chichester Harbour with special reference to fouling. *J. Micro. Soc.*, 71: 1-86, pls. 1-18.

Hendey, N.I. 1964. An Introductory Account of the Smaller Algae of British Coastal Water. Part V. Bacillariophyceae (Diatoms). Her Majesty's stationery office. London: 317 pp., 45 pls.

Hendey, N.I. 1970. Some littoral diatoms of Kuwait. *Nova Hedwigia Beiheft*, 31: 101-167.

Hendey, N.I. 1974. A revised check-list of the British marine diatoms. *Journal of the Marine Biological Association of the United Kingdom*, 54: 277-300.

Hendey, N.I. 1958. III. Marine diatoms from some West African Ports. *Journal of the Royal Microscopical Society*, 77: 28-85, pls. 1-5.

Huang, R. (黄穰) 1979. Marine Diatoms of Langyu Island. Taiwan. *Acta OceanographicaTaiwanica*, 10: 194-210.

Huang, R. (黄穰) 1984. Marine Diatoms of Chinmen Island. *Acta Oceanographica Taiwanica*, 15: 181-200.

Huang, R. (黄穰) 1990. Diatoms in some surface sediments of the Taiwan Continental Shelf. *Nova Hedwigia*, 50(1-2): 213-231.

Hustedt, F. 1911. Beiträge zur Algenflora von Bremen. IV. Bacillariaceer aus der Wumme. *Abhandlungen des Naturwissenschaftlichen Verein zu Bremen*, 20(2): 257-315.

Hustedt, F. and Aleem, W. 1951. Littoral diatoms from the Salstone, near Plymouth. *Journal Marine Biology*, 30: 184, fig. 1c.

Hustedt, F. 1930. Die Kieselalgen. In: Dr, L. Raberhorsts Kryptogamen-Flora von Deutsland, Oesterreich und der Dchweiz. Leipzig, 7(1): 1-920.

Hustedt, A. 1942. Thienemann. *Die Binnengewasser*, 16(2): 76, fig. 142.

Hustedt, F. 1945. Die Struktur der Diatomeen und die Bedeutung des Elektronenmikroskoskops fur ihre Analyse. *Arch. Hydrobiol. Plankt.*, 41: 315-332.

Hustedt, F. 1927-1966. Kryptogamen-Flora von Deutschland, Österreich und der Schweiz Band VII Die Kieselalgen. Leipzig: Akademische: 7(2): 1-176 (1931); S. 177-320 (1932); S. 321-432 (1933); S. 433-576 (1933); S. 577-736 (1937); S. 737-845 (1959); 7(3): 1-816 (1961-1966).

Hustedt, F. 1933. Die Kieselalgen Deutschlands, Österreichs und der Schweiz unter Berücksichtigung der übrigen Länder Europas sowie der angrenzenden Meeresgebiete. Bd. VII: Teil 2: Liefrung 4. In: Rabenhorst, L. Rabenhorst's Kryptogamen Flora von Deutschland, Österreich und der Schweiz. Leipzig: Akademische Verlagsgesellschaft m.b.h.: 433-576.

Hustedt, F. 1937. Systematische und okologische Untersuchungen uber die Diatomeen 'Flora von Java, Bali, Sumatra nach dem Material des Deutschen Limnologischen Sundo-Expedition'. *Archiv fur Hydrobiologie*, Suppl. Bd. 15 (Tropische Binnengewasser, Bd. 7): 131-177, pls. 9-12 and pls. 36-43.

Hustedt, F. 1939. Die Diatomeenflora des küstengebietes der Nordseen von Pollart bis zur Elbemündung. I. Abhandlungen, naturwissenschaftl. Verein zu Bremen, Bd. 31, Heft 3, s. 571-677, 123 Textfigs.

Hustedt, F. 1955a. Marine Littoral Diatoms of Beaufort, North Carolina. *Duke University Marine Station, Bulletin*, 6: 4-51, 16 pls.

Hustedt, F. 1955b. Neue und wenig bekannte Diatomeen. VII. *Bericht der Deutschen Botanischen Gessellschaft*, 68(3): 121-132.

Hustedt, F. 1957. Die Diatomeenflora des Flußsystems der Weser im Gebiet der Hansestadt Bremen. *Abhandlungen des Naturwissenschaftlichen Verein zu Bremen*, 34(3): 181-440.

Hustedt, F. 1959. Die Kieselalgen. In: Dr, L. Raberhorsts Kryptogamen-Flora von Deutsland, Oesterreich und der Schweiz. Leipzig, 7(2): 1-845.

Hustedt, F. 1961. Die Kieselalgen Deutschlands, Österreichs und der Schweiz unter Berücksichtigung der übrigen Länder Europas sowie der angrenzenden Meeresgebiete. In: Rabenhorst, L. Kryptogamen Flora von Deutschland, Österreich und der Schweiz. Akademische Verlagsgesellschaft m.b.h. Leipzig. 7(Teil 3, Lief. 1): 1-160, figs. 1180-1294.

Hustedt, F. 1966. Die Kieselalgen. In: Dr, L. Raberhorsts Kryptogamen-Flora von Deutsland, Oesterreich und der Schweiz. Leipzig, 7(3): 557-816, figs. 1592-1788.

John, J. 1980. Two new species of the diatom *Mastogloia* from Western Australia. *Nova Hedwigia*, 33: 849-858.

John, J. 1983. The diatom flora of the Swan River Estuary western Australia. *Bibliotheca Phycologica*, 64: 1-360.

John, J. 1990. *Mastogloia* species associated with active stromatolites in Shark Bay, west coast of Australia, Mem. *California Acad. Sci.*, 17: 190-205.

John, W.A. 1983. The Diatom Flora of the Swan River Estuary, Western Australia. *Bilotheca Phycologica*, Band 64.

Jurilj, A. 1957. Dijatomeje sarmatskog mora okoline Zagreba. *Prirodoslovna istraživanja Hrvatske i Slavonije*, 28: 5-153, 40 plates.

Karayeva, N.I. 1978a. New genus of the family Naviculaceae West. *Botanicheskii Zhurnal*, 63(11): 1593-1596.

Karayeva, N.I. 1978b. A new suborder of diatoms. *Botanicheskii Zhurnal*, 63(12): 1747-1750.

Karsten, G. 1928. Abteilung Bacillariophyta (Diatomeae). In: Engler, A. Die natürlichen Pflanzenfamilien nebst ihren Gattungen und wichtgeren Arten inbesodere den Nutzpflanzen unter Mirwirkung zahlreichter hervorrangender Fachgelehrten begründet vom A. Engler und K. Prantl. Zweite Stark. Leipzig: Verlag von Wilhelm Engleman: [105]-303.

Kemp, K.D. and Paddock, T.B.B. 1990. A description of two new species of the diatom genus *Mastogloia* with further observations on *M. amoyensis* and *M. gieskesii*. *Diatom Research*, 5(2): 311-323.

Kobayasi, H. and Mayama, S. 1986. *Navicula pseudacceptata* sp. nov. Validation of *Stauroneis japonica* H.KOB. *Diatom*, 2: 95-101.

Kolbe, R.W. 1957. Diatoms from the equatorial Indian Ocean cores. In: Petersson, H. Reports of the Swedish Deep-Sea Expedition 1947-1948, Sediment cores from the West Pacific. *Göteborgs Kungl. Vetenskaps-Och Vitterhets-Samhälle, Göteborg*, 9(1): 1-50, 4 pls.

Krammer, K. and Lange-Bertalot, H. 1986. Bacillariophyceae, Teil 1: Naviculaceae. In: Ettl, H., Gerloff, J., Heynig, H. and Mollenhauer, D. Süsswasserflora von Mitteleuropa (Begründet von A. Pascher). New York, Stuttgart: Gustav Fischer Verlag, 2(1): 1-876.

Krammer, K. and Lange-Bertalot, H. 1985. Naviculaceae. Bibliotheca: 230 pp.

Krasske, G. 1925. Die Bacillariaceen-Vegetation Niederhessens. Abhandlungen und Bericht, (56 des) Vereins fur Naturkunde, zu Cassel, 84-89 Vereinsjahr 1919-1926, S. 1-119, 2 Tafs.

Krasske, G. 1927. Diatomeen deutscher Solquellen und Gradierwerke. *Archiv fur Hydrobiologie*, Bd. 18, S. 252-272, 1 Taf.

Kützing, O. 1891-1898. Revisio Generum Plantarum. 3 Vols. Leipzig (Vol. 1, 1891, 150: 374 pp.; Vol. 2, 1891: 1011 pp.; Vol. 3, pt. 1, 1893: 420 pp.; Vol. 3, pt. 2, 1898: 202; 576 pp.).

Kützing, F.T. 1836. Algarum Aquae Dulcis Germanicarum. Decas XVI. Collegit Fridericus Traugott Kutzing, Soc. Bot. Ratisbon. Sodalis. Halis Saxonum in Commissis C.A. Schwetschkii et Fil.

Kützing, F.T. 1844. Die Kieselachaligen Bacillarian oder Diatomeen. Nordhausen, 152 s., 30 Tafs.

Kützing, F.T. 1849. Species algarum. Lipsiae [Leipzig]: F. A. Brockhaus: [i]-vi, [1]-922.

Lagerstedt, N.G.W. 1873. Sötvattens-Diatomaceer från Spetsbergen och Beeren Eiland. *Bihang till Kongliga Svenska Vetenskaps-Akademiens Handlingar*, 1(14): 1-52.

Lange-Bertalot, H. 2001. *Navicula sensu stricto*. 10 Genera separated from *Navicula sensu lato. Frustulia*. Diatoms of Europe, Vol. 2: diatoms of the European inland waters and comparable habitats. Ruggell: A.R.G. Gantner Verlag. K.G.: 1-526, incl. 140 pls.

Lange-Bertalot, H. and Rumrich, U. 1981. The taxonomic identity of some ecologically important small *Naviculae*. In: Ross, R. Proceedings of the Sixth Symposium on Recent and Fossil Diatoms, Budapest, September 1-5, 1980, Taxonomy-Morphology-Ecology-Biology. Koenigstein: Koeltz Publishing: 135-154.

Lange-Bertalot, H. and Werum, M. 2001. *Diadesmis fukushimae* sp. nov. and some other new or rarely observed taxa of the subgenus Paradiadesmis Lange-Bertalot and Le Cohu. *Diatom*, 17: 3-19.

Lee, J.J. and Xenophontes, X. 1989. The unusual life cycle of *Navicula muscatineii. Diatom Research*, 4(1): 69-77.

Leudger-Fortmorel, G. 1879a. Catalogue des Diatomees de l'ifle ceylan. Memoires de la Societe d'Emulation des cotes du-Nord. *Libraire Francisqur Guyon, Imprimeur, Saint-Brieuc*: 73 pp., 9 pls.

Leuduger-Fortmorel, G. 1879b. Catalogue des diatomées marines de la Baie de Saint-Brieuc et du littoral des Côtes-du-Nord. *Émile Martinet*: 28 pp.

Leuduger-Fortmorel, G. 1892. Diatomées de la Malaisie. *Annales du Jardin Botanique de Buitenzorg*, 11: 1-60.

Lewis, F.W. 1861. Notes on new and rare species of Diatomaceae of the United States seaboard. *Proc. Acad. Nat. Sci. Philad.*, 13: 61-71.

Li, Y. and Gao, Y.H. 2003. Four new recorded species of marine nanoplanktonic diatoms found in East China Sea and Huanghai Sea. *Acta Oceanologica Sinica*, 22(3): 437-442.

Li, C.W. (李家维) 1978. Notes on marine littoral Diatom of Taiwan. I. Some Diatoms of Pescadores. *Nova Hedwigia*, 2p(3-4): 787-812, pls. 1-14.

Liu, S.C. (刘师成) 1993a. Marine Diatoms of the Xisha Islands, South China Sea. I. *Mastogloia* THW. EX. WP. SM. Species of the Group Sulcatae. In: Morton, B. The Marine Biology of the South China Sea. Proceedings of the first International Conference on the Marine Biology of Hong Kong and the South China Sea, Hong Kong, 28 Oct–3 Nov 1990. Hong Kong: Hong Kong University Press: 705-728.

Liu, S.C. (刘师成) 1993b. Marine Diatoms of the Xisha Islands, South China Sea. II. Three new species of Diatoms (BACILLARIOPHYCEAE). In: Morton, B. The Marine Biology of the South China Sea. Proceedings of the first International Conference on the Marine Biology of Hong Kong and the South China Sea, Hong Kong, 28 Oct–3 Nov 1990. Hong Kong: Hong Kong University Press: 729-735.

Lobban, C.S., Schefter, M., Jordan, R.W., Arai, Y., Sasaki, A., Theriot, E.C., Ashworth, M., Ruck, E.C. and Pennesi, C. 2012. Coral-reef diatoms (Bacillariophyta) from Guam: new records and preliminary checklist, with emphasis on epiphytic species from farmer-fish territories. *Micronesica*, 43(2): 237-479.

Mann, A. 1925. Marine diatoms of the Philippine Islands. *Bulletin United States National Museum*, 100(6, part 1): 1-182, 39 pls.

Mann, D.G. 1989. The Diatom genus *Sellaphora*: Separation from *Navicula*. *British Phycological Journal*, 24(1): 1-20.

Manguin, E. 1942. Contribution à la connaissance des Diatomées d'eau douce des Açores. Travaux Algologiques, Sér. 1. *Muséum National d'Histoire Naturelle, Laboratoire de Cryptogamie*, 2: 115-160.

Mann, D.G., McDonald, S.M., Bayer, M.M., Droop, S.J.M., Chepurnov, V.A., Loke, R.E., Ciobanu, A., Du Buf, J.M.H. 2004. The *Sellaphora pupula* species complex (Bacillariophyceae): morphometric analysis, ultrastructure and mating data provide evidence for five new species. *Phycologia*, 43(4): 459-482.

McCarthy, P.M. 2013. Census of Australian Marine Diatoms. Australian Biological Resources Study, Canberra. http://www.anbg. gov.au/abrs/Marine_Diatoms/index.html [2013-4-23].

Medlin, L.K. 1990. *Berkeleya* spp. from Antarctic waters, including *Berkeleya adeliensis*, sp. nov., a new tube dwelling diatom from the undersurface of sea-ice. In: Geissler, U., Håkansson, H., Miller, U. and Schmid. A.M. Contributions to the knowledge of microalgae particularly diatoms. Special volume in honour of Grethe R. Hasle on the occasion of her 70th birthday. *Beihefte zur Nova Hedwigia*, 100: 77-89.

Meister, F. 1932. Kieselalgen aus Asien. Berlin: Verlag von Gebrüder Borntraeger: 56 pp., 19 pls.

Meister, F. 1935. Seltene und neue Kieselalgen. I. Berichte der Schweizerischen Botanischen Gesellschaft (Zurich), Bd. 44: s. 87-108.

Meister, F. 1937. Seltene und neue Kieselalgen. II. Berichte der Schweizerischen Botanischen Gesellschaft, 47: 258-276, plates 3-13.

Mereschkowsky, C. 1902. On *Sellaphora*, a new genus of Diatoms. *Annals and Magazine of Natural History*, series 7, 9: 185-195.

Mills, F.W. 1933-1935. An index to the Genera and species of the Diatomaaceae and their synonyms. London: Wheldon & Wesley: Parts 1-21, 1-1726.

Montgomery, R T. 1978. A taxonomic study of Florida keys diatoms based on scanning electron microscopy. Vol. II. A taxonomic study of Florida keys, pls. 1-204.

Müller, M. 1950. The Diatoms of Praesto Fiord. (Investigations of the Geography and Natural History of the Praesto Fiord, Zealand). *Folia Geographica Danica*, 3(7): 187-237.

Müller, O. 1900. Bacillariaceen aus den Natronthälern von El Kab (Ober-Aegypten). *Hedwigia*, 38(5-6): 331.

Navarro, J.N. 1982. Marine diatoms associated with mangrove prop roots in the Indian River, Florida, USA. *Biblioth. Phycol.*, 61: 1-151.

Navarro, J.N. 1983. A survey of the marine diatoms of Puerto Rico VI. Suborder Raphidinae: family Naviculaceae (Genera *Haslea*, *Mastogloia* and *Navicula*). *Bot. Mar.*, 26: 119-136.

Navarro, J., Perez, C., Arce, N. and Arroyo, B. 1989. Benthic marine diatoms of Caja de Muertos Island, Puetto Rico. *Nova Hedwigia*, 49: 333-367.

Paddock, T.B.B. and Kemp, K.D. 1988. A description of some new species of he genus *Mastogloia* with further observations on *M. elegans* and *M. goessii*. *Diatom Research*, 3(1): 109-121.

Paddock, T.B.B. and Kemp, K.D. 1990. An illustrated survey of the morphorlogical features of the diatom genus *Mastogloia*. *Diatom Research*, 5(1): 73-103.

Pantocsek, J. 1886-1893. Beitrage zur Kenntnis der fossilen Bacillarien Ungarns. Teil 1, Marine Bacillarien (1886); Teil 2, Brackwasser Bacillarien (1889); Teil 3, Susswasser Bacillarien (1893); Nagy-Tapolcsany.

Pantocsek, J. 1892. Beiträge zur Kenntnis der Fossilen Bacillarien Ungarns. 3 Teile. Julius Platzko, Nagyy-Tapolcsany. Teil III, Susswasser Bacillarien. Anhang-analysen 15 neuer Depots von bulgarien, Japan, Mahern, Russland und Ungarn. Nagy-Tapolcsány, Buchdrucherei von Julius Platzko.

Patrick, R. and Reimer, C.W. 1966-1975. The Diatoms of the United States, Philadelphia. Vol. 1: 1-688, pls. 1-64 (1966); Vol. 2: Part 1, 1-213, pls. 1-28 (1975).

Peragallo, H. and Peragallo, M. 1897-1908. Diatomées marines de France et des districts maritimes voisins. Texte. pp. 1-491, 1-48. Grez-sur-Loing: J. Tempère, Micrographe-Editeur.

Podzorski, A.C. and Hakansson, H. 1987. Freshwater and marine diatoms from Palawan (a Philippine island) Bibliotheca. Diatomologica, Band 13. J. Cramer, Berlin: 1-245, 55 pls.

Pritchard, A. 1861. A history of infusoria, living and fossil: arranged according to "Die infusionsthierchen" of C.G. Ehrenberg; containing colored engravings, illustrative of all the genera, and descriptions of all the species in the that work with several new ones; to which is appended an account of those recently discovered in chalk formations. Edition IV, revised and enlarged by Arlidge, J.T., Archer, W., Ralfs, J., Williamson, W.C. and the author. London: Whittaker & Co.: xiii + 968 pp., 40 pls.

Proschkina-Lavrenko, A.I. 1950. Diatomovyi Analiz. Opredelitel' iskopaemykh i sovremennykh diatomikh vodorosleyi. Poryadok Pennales [Diatom Analysis. Manual for identification of fossil and modern diatoms. Order Pennales]. Vol. 3. pp. [1]-398, 117 plates. Moscow & Leningrad: Botancheskii Institut im V.L. Komarova Akademii NAUK U.S.S.R. Gosudarstvennoye Izdatel'stvo Geologicheskoy Literatury. [in Russian]

Prowse, G.A. 1962. Diatoms of Malayan Freshwaters. *Garden's Bulletin, Singapore*, 19: 1-104.

Rabenhorst, L. 1853. Die Süsswasser-Diatomaceen (Bacillarien) für Freunde der Mikroskopie. Leipzig: Eduard Kummer: 72 pp., 9 pls.

Reimer, C.W. and Lee, J.J. 1988. New species of endosymbiotic diatoms (Bacillariophyceae) inhabiting larger foraminifera in the Gulf of Elat (Red Sea), Israel. *Proceedings of the Academy of Natural Sciences of Philadelphia*, 140: 339-351.

Riaux, C., and Germain, H. 1980. Peuplement de diatomCes CpipCliques d'une slikke de Bretagne Nord. Importance relative du genre *Cocconeis* Ehr. *Cryptogam. Algol.*, 1: 265-279

Ricard, M. 1974. Étude taxonomique des diatomées marines du lagon de Vairao (Tahiti) I. Le genre Mastogloia. *Revue Algologique*, ser. 2, 11(1/2): 137-153, 4 pls.

Ricard, M. 1975a. Quelques diatomées nouvelles de Tahiti décrites en microscopie photonique et électronique à balayage. *Bulletin du Muséum National d'Histoire Naturelle*, Série 33(326): 201-230.

Ricard, M. 1975b. Ultrastructure de quelques Mastogloia (Diatomees benthiques) marines d'un lagon de Tahiti. *Protistologica*,

11(1): 49-60.

Ross, R. 1963. Ultrastructure research as an aid in the classification of diatoms. *Annals of the New York Academy of Sciences*, 108(2): 396-411.

Ross, R. and Sims, P.A. 1978. Notes on some diatoms from the Isle of Mull, and other Scottish localities. *Bacillaria*, 1: 151-168.

Round, F.E., Crawford, R.M. and Mann, D.G. 1990. The Diatoms. Biology and Morphology of the Genera. New York: Cambridge University Press: 747 pp.

Round, F.E. & Mann, D.G. 1981. The diatom genus *Brachysira*. I. Typification and separation from Anomoeoneis. *Archiv für Protistenkunde*, 124(3): 221-231.

Sabbe, K., Vyverman, W. and Muylaert, K. 1999. New and little-known *Fallacia* species from brackish and marine intertidal sandy sediments in Northwest Europe and North America. *Phycologia*, 38(1): 8-22.

Sabbe, K., Witkowski, A. and Vyverman, W. 1995. Taxonomy, morphology and ecology of *Biremis lucens* comb. nov. (Bacillariophyceae): a brackish-marine, benthic diatom species comprising different morphological types. *Botanica Marina*, 38: 379-391.

Salah, M.M. 1953. Diatoms from Blakeney Point, Norfolk. New species and new records from Great Britain. *Journal of the Royal Microscopical Society*, series 3, 72(3): 155-169.

Schmidt, A., et al. 1874-1959. Atlas der Diatomaceenkunde. R. Reisland, Leipzig. Heft 1-120, Tafeln 1-460 (Taf. 1-216, A. Schmidt; 213-216, M. Schmidt; 217-240, 1900-1901, F. Fricke; 241-244, 1903, H. Heiden; 245-246, 1904, 4 Otto Miller; 247-256, 1904-1905, F. Fricke; 257-264, 1905-1906, H. Heiden; 265-268, 1906, F. Fricke; 269-472, 1911-1959, F. Hustedt).

Schoeman, F.R. and Ashton, P.J. 1984. The diatom flora in the vicinity of the Pretoria Salt Pan, Transvaal, Republic of South Africa. Part III. *South African Journal of Botany*, 3: 191-207.

Schoeman, F.R. and Archibald, R.E.M. 1987. Observations on *Amphora* species (Bacillariophyceae) in the British Museum (Natural History). *Nova Hedwigia*, 44(3-4): 479-487.

Shayler, H.A. & Siver, P.A. 2004. Biodiversity of the genus *Brachysira* in the Ocala National Forest, Florida, U.S.A. In: Poulin, M. Proceedings of the Seventeenth International Diatom Symposium, Ottawa, Canada, 25th-31st August 2002. Biopress Limited, Bristol, U.K., 309-333.

Simonsen, R. 1987. Atlas and catalogue of the diatom types of Friedrich Hustedt. Berlin & Stuttgart: J. Cramer: Vols. 1-3: 1-525, pls. 1-772.

Simonsen, R. 1974. The diatom plankton of the Indian Ocean Expedition of R/V Meteor 1964-5. Meteor. Forschungsergebnisse, Reihe D: Biologie, 19: 1-107.

Simonsen, R. 1990. On some diatoms of the genus *Mastogloia*. In: Geissler, U., Håkansson, H., Miller, U. and Schmid. A.M. Contributions to the knowledge of microalgae particularly diatoms. Special volume in honour of Grethe R. Hasle on the occasion of her 70th birthday. *Beihefte zur Nova Hedwigia*, 100: 121-142, 9 pls.

Skvortzow B.W. 1925. Zur Kenntnis der Mandschurischen Flagellaten. *Beihefte zum Botanischen Zentralblatt*, 41: 311-315.

Skvortzow, B.W. 1927. Diatoms from Tientsin, North China. *Journal of Botany*, 65(772): 102-109, 28 figs.

Skvortzow, B.W. 1929. Alpine Diatoms from Fukien Province, South China. *Philippine Journal of Science*, 41(1): 39-49, 3 pls.

Skvortzow, B.W. 1931. Pelagic Diatoms of Korean Strait of Sea of Japan. *Philippine Journal of Science*, 46(1): 95-122, pls. 1-10.

Skvortzow, B.W. 1932. Diatoms from the bottom of the sea of Japan. *Philippine Journal of Science*, 47(2): 265-280.

Skvortzow, B.W. 1935. Diatoms from Poyang Lake, Hunan, China. *Philippine Journal of Science*, 57(4): 465-477, 3 pls.

Skvortzow, B.W. 1936. Diatoms from Biwa Lake, Honshu Island, Nippon. *Philippine Journal of Science*, 61: 253-296, 8 pls.

Skvortzow, B.W. and Meyer, C.I. 1928. A contribution to the Diatoms of Baikal Lake. *Proceedings of the Sungaree River Biological Station*, 1(5): 1-55.

Smith, W. 1853-1856. Synopsis of British Diatomaceae. London: John van Voorst: Vol. 1, 89 pp., pls. 1-31 (1853); Vol. 2, 107 pp., pls. 32-60, Supplementary pls. 61-62, pls. A-E (1856).

Smith, W. 1856. A synopsis of the British Diatomaceae; with remarks on their structure, functions and distribution; and instructions for collecting and preserving specimens. London: John van Voorst: Vol. 2, [i-vi]-xxix, 1-107, pls. 32-60, 61-62, A-E.

Stephens, F.C. and Gibson, R.A. 1979a. Observations of loculi and associated extra cellular material in several *Mastogloia* (Bacillariophyceae) species. *Revue Algologique, N. S.*, 14: 21-32.

Stephens, F.C. and Gibson, R.A. 1979b. Ultrastructural studies on some *Mastogloia* (Bacillariophyceae) species belong to the group Ellipticae. *Botanica Marina*, 22: 499-509.

Stephens, F.C. and Gibson, R.A. 1980a. Ultrastructural studies of some *Mastogloia* (Bacillariophyceae) species belonging to the groups Undulatae, Apiculatae, Lanceolatae and Paradoxae. *Phycologia*, 19(2): 143-152.

Stephens, F.C. and Gibson, R.A. 1980b. Ultrastructure studies on some *Mastogloia* species of the group Inaequales (Bacillariophyceae). *Journal of Phycology*, 16(3): 354-363.

Stephens, F.C. and Gibson, R.A. 1980c. Ultrastructural studies of some Mastogloia (Bacillariophyceae) species belong to the group Sulcatae. *Nova Hedwigia*, 33: 219-244.

Stoermer, E.F. 1967. Polymorphism in *Mastogloia*. *J. Phycol.*, 3(2): 73-77, figs. 1-19.

Stoermer, E.F., Pankratz, H.S., Drum, R.W. 1964. The fine structure of *Mastogloia grevillei* W. Smith. *Protoplasma*, 59(1): 1-13.

Takano, H. 1983. New and rare diatoms from Japanese marine waters-XII. Four species in the shallow seas. *Bulletin Tokai Regional Fisheries Research Lab.*, 112: 13-26.

Thwaites, G.H.K. 1848. Further observations on the Diatomaceae with descriptions of new genera and species. *Annals and Magazine of Natural History*, series 21: 161-172, pls. 11-12.

Underwood, G.J.C. and Yallop, M.L. 1994. *Navicula pargemina* sp. nov.-a small epipelic species from the Severn Estuary, U.K. *Diatom Research*, 9(2): 473-478.

Van Den Hoek C, Mann, D G and Jahns H M. 1995. Algae: an introduction to phycology. United Kingdom: Cambridge University Press: 1-623.

Van der Werff, A. and Huls, H. 1957-1974. Diatomeen flora van Nederland. West Germany, C. A. I a. 1-P. D K XXIII. 142 pp.

Van Heurck, H. 1880-1885. Synopsis des Diatomees de Belgique, Anvers. E'dite' parl' auteur, 2 Vols., text and atlas, Text 1-235, pls. 1-3, Table alphabetique, 1-120 (1885), atlas, pls. 1-132, with descr. leav. and 3 suppl. pls. (1880-1881).

Van Heurck, H. 1880. Synopsis des Diatomées de Belgique Atlas. pp. 120. pls. I-XXX [pls. 1-30]. Anvers: Ducaju et Cie.

Van Heurck, H. 1885. Synopsis des Diatomées de Belgique. Texte. pp. [1]-235. Anvers: Martin Brouwers & Co.

Van Heurck, H. 1896. A treatise on the Diatomaceae. Tr. by W. E. Baxter. London: William Wesley & Son: 558 pp., 35 pls.

Van Landingham, S.L. 1967-1979. Catalogue of the Fossil and Recent Genera and Species of Diatoms and their Synonyms. Germany: J. Cramer: 1-4654.

Van Landingham, S.L. 1975. Catalogue of the Fossil and Recent Genera and Species of Diatoms and Their Synonyms. Part V. *Navicula*. 3301 Lehre, Verlag von J. Cramer, 5: 2386-2963.

Voigt, M. 1942. Contribution to the Knowledge of the Diatom Genus *Mastogloia*. *Journal of the Royal Microscopical Society*, Vol. 62, No. 3: 1-20, pls. 1-6.

Voigt, M. 1952. A further contribution to the Knowledge of the Diatom Genus *Mastogloia*. *Journal of the Royal Microscopical Society*, Vol. 71, fasc. 4: 440-449, 3 pls.

Voigt, M. 1956. Some *Mastogloia* from Pakistan. *Journal of the Royal Microscopical Society*, 75(3): 189-193, 3 pls.

Voigt, M. 1963. Some new and interesting *Mastogloia* from the Mediterraneanarea and the Far East. *Journal Royal Microscopy Society*, 82: 111-121, pls. 21-25.

Voigt, M. 1967. Some Mastogloia from Melanesia. *Cahiers du Pacifique*, 10: 53-57.

Witkowski, A. 1993. *Fallacia florinae* (Müller) comb. nov., a marine, epipsammic diatom. *Diatom Research*, 8(1): 215-219.

Witkowski, A., Lange-Bertalot, H. and Metzeltin, D. 2000. Diatom flora of marine coast I. Iconographia Diatomologica, Vol. VII: p. 237, pl. 79: 1, 2.

Wolle, F. 1890. Diatomaceae of North America, Pa. U. S. A. pls. 1-112.

Wujek, D.E. and Rupp, R.F. 1980. Diatoms of the Tittabawassee River, Michigan. *Bibliotheca Phycologica*, 50: 1-100.

Yohn, T.A. and Gibson, R.A. 1981. Marine diatoms of the Bahamas. I. *Mastagloia* Thw. ex Wm. Sm. species of the groups Lanceolatae and Undulatae. *Botanica Marina*, 24: 641-655.

Yohn, T.A. and Gibson, R.A. 1982a. Marine diatoms of the Bahamas. II. *Mastogloia* Thw. ex Wm. Sm. species of the groups Decussatae and Ellipticae. *Botanica Marina*, 25: 41-53.

Yohn, T.A. and Gibson, R.A. 1982b. Marine diatoms of the Bahamas. III. *Mastogloia* Thw. ex Wm. Sm. species of the groups Inaequales, Lanceolatae, Sulcatae and Undulatae. *Botanica Marina*, 25: 277-288.

中 名 索 引

学 名 索 引

Mastogloia binotata f. *sparsipunctata* Voigt	18	LXXXII: 849
Mastogloia bourrellyana Ricard	19	LXXXII: 850
Mastogloia braunii f. *elongata* Voigt	19	LXXXIII: 852
Mastogloia braunii Grunow var. *braunii*	19	LXXXII: 851; CX: 1162
Mastogloia citroides Ricard	20	LXXXIII: 853; CX: 1163
Mastogloia citrus Cleve	20	LXXXIII: 854
Mastogloia cocconeiformis Grunow	20	LXXXIII: 855; CX: 1164
Mastogloia composita Voigt	21	LXXXIII: 856
Mastogloia corallum Paddock et Kemp	21	LXXXIII: 857
Mastogloia corsicana Grunow	21	LXXXIII: 858; CX: 1165
Mastogloia cribrosa Grunow	22	LXXXIII: 859; CX: 1166-1168
Mastogloia cruciata (Leuduger-Fortmorel) Cleve var. *cruciata*	22	LXXXIV: 860
Mastogloia cruciata var. *elliptica* Voigt	23	LXXXIV: 861
Mastogloia crucicula (Grunow) Cleve	23	LXXXIV: 862
Mastogloia cucurbita Voigt	24	LXXXIV: 863
Mastogloia cuneata (Meister) Simonsen	24	LXXXIV: 864
Mastogloia cyclops Voigt	25	LXXXIV: 865; CXI: 1169
Mastogloia decipiens Hustedt	25	LXXXIV: 866; CXI: 1170, 1171
Mastogloia decussata Grunow	25	LXXXIV: 867; CXI: 1172-1175
Mastogloia densestriata Hustedt	26	LXXXIV: 868
Mastogloia depressa Hustedt	26	LXXXIV: 869
Mastogloia dicephala Voigt	27	LXXXIV: 870; CXII: 1176
Mastogloia dissimilis Hustedt	27	LXXXV: 871; CXII: 1177, 1178
Mastogloia elegantula Hustedt	27	LXXXV: 872
Mastogloia elliptica (Agardh) Cleve var. *elliptica*	28	LXXXV: 873
Mastogloia elliptica var. *dansei* (Thwaites) Cleve	28	LXXXV: 874
Mastogloia emarginata Hustedt	29	LXXXV: 875
Mastogloia erythraea Grunow var. *erythraea*	29	LXXXV: 876
Mastogloia erythraea var. *biocellata* Grunow	30	LXXXV: 877
Mastogloia erythraea var. *elliptica* Voigt	30	LXXXV: 878
Mastogloia erythraea var. *grunowii* Foged	31	LXXXV: 879
Mastogloia exigua Lewis	31	LXXXV: 880
Mastogloia exilis Hustedt	31	LXXXV: 881
Mastogloia fallax Cleve	32	LXXXV: 882
Mastogloia fascistriata Liu et Chin	32	LXXXVI: 883
Mastogloia fimbriata (Brightwell) Cleve	32	LXXXVI: 884; CXII: 1179, 1180
Mastogloia gracilis Hustedt	33	LXXXVI: 885
Mastogloia grevillei W. Smith	34	LXXXVI: 886, 887

Mastogloia ovalis A. Schmidt	49	LXXXIX: 926
Mastogloia ovata Grunow	50	LXXXIX: 927
Mastogloia ovulum Hustedt	50	XC: 928; CXV: 1204
Mastogloia ovum paschale (A. W. F. Schmidt) Mann	50	XC: 929; CXVI: 1205, 1206
Mastogloia paracelsiana Voigt	51	XC: 930
Mastogloia paradoxa Grunow	51	XC: 931; CXVI: 1207-1212
Mastogloia peracuta Janisch	52	XC: 932; CXVII: 1213
Mastogloia peragalli Cleve	52	XC: 933
Mastogloia pisciculus Cleve	52	XC: 934; CXVII: 1214-1217
Mastogloia pseudexilis Voigt	53	XC: 935
Mastogloia pseudolatericia Voigt	53	XC: 936
Mastogloia pseudomauritiana Voigt	54	XC: 937
Mastogloia pulchella Cleve	54	XCI: 938
Mastogloia pumila (Grunow) Cleve var. *pumila*	54	XCI: 939, 940; CXVII: 1218-1220
Mastogloia pumila var. *papuarum* Cholnoky	55	XCI: 941; CXVIII: 1221
Mastogloia pumila var. *rennellensis* Foged	55	CXVIII: 1222
Mastogloia punctifera Brun	56	XCI: 942
Mastogloia quinquecostata Grunow	56	XCI: 943
Mastogloia rhombus (Petit) Cleve et Grove	57	XCI: 944
Mastogloia rimosa Cleve	57	XCI: 945
Mastogloia robusta Hustedt	57	XCI: 946
Mastogloia rostrata (Wallich) Hustedt	58	XCI: 947; CXVIII: 1223
Mastogloia savensis Jurilj	58	XCI: 948; CXVIII: 1224-1227
Mastogloia seriane Voigt	58	XCII: 949
Mastogloia serrata Voigt	59	XCII: 950
Mastogloia seychellensis Grunow	59	XCII: 951, 952; CXIX: 1228
Mastogloia similis Hustedt	59	XCII: 953; CXIX: 1229-1231
Mastogloia simplex Klaus-D Kemp et Padock	60	XCII: 954
Mastogloia singaporensis Voigt	60	XCII: 955; CXIX: 1232
Mastogloia smithii Thwaites ex W. Smith var. *smithii*	60	XCII: 956
Mastogloia smithii var. *excentrica* Liu et Chin	61	XCII: 957
Mastogloia splendida (Gregory) Cleve et Möller	61	XCII: 958; CXIX: 1233
Mastogloia subaffirmata Hustedt var. *subaffirmata*	62	XCII: 959
Mastogloia subaffirmata var. *angusta* Hustedt	62	XCII: 960
Mastogloia subaspera Hustedt	62	XCII: 961
Mastogloia sublatericia Hustedt	62	XCIII: 962
Mastogloia sulcata Cleve	63	XCIII: 963
Mastogloia tenuis Hustedt	63	XCIII: 964; CXX: 1234, 1235

Mastogloia tenuissima Hustedt	64	XCIII: 965
Mastogloia testudinea Voigt	64	XCIII: 966; CXX: 1236-1238
Mastogloia triundulata Liu	64	XCIII: 967
Mastogloia umbilicata Voigt	65	XCIII: 968
Mastogloia undulata Grunow	65	XCIII: 969; CXX: 1239
Mastogloia varians Hustedt	65	XCIII: 970
Mastogloia viperina Voigt	66	XCIII: 971
Mastogloia vulnerata Voigt	66	XCIII: 972
Mastogloia xishaensis Liu	66	XCIII: 973
Navicula epsilon Cleve	94	XCVII: 1023; CXXVII: 1307, 1308
Navicula abrupta (Gregory) Donkin	76	XCIV: 974
Navicula alpha Cleve	76	XCIV: 975, 976
Navicula approximata Greville var. *approximata*	77	XCIV: 977
Navicula approximata var. *niceaensis* (Peragallo) Hendey	77	XCIV: 978
Navicula arabica Grunow	77	XCIV: 979
Navicula asymmetrica Pantocsek	78	XCIV: 980
Navicula australica (A. W. F. Schmidt) Cleve	78	XCIV: 981; CXXI: 1240
Navicula bahusiensis (Grunow) Cleve	78	XCIV: 982; CXXI: 1241
Navicula biformis (Grunow) Mann	79	XCIV: 983; CXXI: 1242-1248
Navicula bolleana (Grunow) Cleve	79	XCIV: 984; CXXI: 1249, 1250
Navicula brasiliensis Grunow	80	XCV: 985; CXXI: 1251
Navicula breenii Archibald	80	XCV: 986
Navicula britannica Hustedt et Aleem	80	XCV: 987; CXXII: 1252-1262
Navicula caeca Mann	81	XCV: 988
Navicula cancellata Donkin var. *cancellata*	82	XCV: 989
Navicula cancellata var. *apiculata* (Gregory) Peragallo et Peragallo	82	XCV: 990
Navicula cancellata var. *retusa* (Brébisson) Cleve	83	XCV: 991
Navicula carinifera Grunow	83	XCV: 992
Navicula cincta (Ehrenberg) Van Heurck	83	XCV: 993; CXXIII: 1263
Navicula circumsecta (Grunow) Grunow	84	XCV: 994; CXXIII: 1264, 1265
Navicula clavata Gregory var. *clavata*	84	XCV: 995; CXXIII: 1266
Navicula clavata var. *indica* (Greville) Cleve	85	XCV: 996; CXXIII: 1267
Navicula clementis Grunow var. *clementis*	85	XCVI: 997-999
Navicula clementis var. *linearis* Brander et Hustedt	85	XCVI: 1000
Navicula climacospheniae Booth	86	XCVI: 1001, 1002; CXXIII: 1268-1271
Navicula cluthensis Gregory	86	XCVI: 1003
Navicula complanata Grunow	86	XCVI: 1004; CXXIV: 1272
Navicula consors A. Schmidt	87	XCVI: 1005

Navicula corymbosa (Agardh) Cleve	87	XCVI: 1006; CXXIV: 1273
Navicula costulata Grunow var. *costulata*	88	XCVI: 1007
Navicula costulata var. *nipponica* Skvortzow	88	XCVI: 1008
Navicula crucicula (W. Smith) Donkin	88	XCVI: 1009
Navicula cruciculoides Brockmann	89	XCVII: 1010
Navicula cryptocephala Kützing var. *cryptocephala*	89	XCVII: 1011; CXXIV: 1277-1286
Navicula cryptocephala var. *veneta* (Kützing) Rabenhorst	89	XCVII: 1012; CXXV: 1287-1292
Navicula cryptocephaloides Hustedt	90	XCVII: 1013; CXXIV: 1274-1276
Navicula cuspidata Kützing	90	XCVII: 1014; CXXV: 1293
Navicula digito-radiata (Gregory) Ralfs	91	XCVII: 1016
Navicula directa (W. Smith) Ralfs var. *directa*	91	XCVII: 1017; CXXVI: 1296-1301
Navicula directa var. *javanica* Cleve	92	XCVII: 1018; CXXVI: 1302-1304
Navicula directa var. *remota* Grunow	92	XCVII: 1019
Navicula distans (W. Smith) Ralfs	92	XCVII: 1020; CXXVII: 1305
Navicula elegantoides Hustedt	93	XCVII: 1021
Navicula elkab O. Müller	93	XCVII: 1022; CXXVII: 1306
Navicula eta Cleve	94	XCVII: 1024
Navicula eymei Coste et Ricard	94	XCVIII: 1025
Navicula forcipata Greville var. *forcipata*	95	XCVIII: 1026; CXXVII: 1309
Navicula forcipata var. *densestriata* A. Schmidt	95	XCVIII: 1027; CXXVII: 1310
Navicula fracta Hustedt	95	XCVIII: 1028
Navicula fujianensis Chin et Cheng	96	XCVIII: 1029
Navicula gallica (W. Smith) Lagerstedt	96	XCVIII: 1030
Navicula genuflexa Kützing	96	XCVIII: 1031
Navicula glacialis (Cleve) Grunow	97	XCVIII: 1032
Navicula granulata Bailey	98	XCVIII: 1034; CXXVII: 1312-1315
Navicula gregaria Donkin	98	XCVIII: 1035; CXXVII: 1316
Navicula grimmii Krasske	99	XCVIII: 1036
Navicula H-album Cleve	99	XCIX: 1037
Navicula halophia (Grunow) Cleve	99	XCIX: 1038; CXXVIII: 1317-1322
Navicula hennedyi var. *nebulosa* (Gregory) Cleve	100	XCIX: 1040; CXXVIII: 1324
Navicula hennedyi W. Smith var. *hennedyi*	100	XCIX: 1039; CXXVIII: 1323
Navicula hetero-punctata Chin et Cheng	101	XCIX: 1041; CXXIX: 1325
Navicula hochstetteri Grunow	101	XCIX: 1042; CXXIX: 1326
Navicula howeana Hagelstein	101	XCIX: 1043
Navicula humerosa Brébisson var. *humerosa*	102	XCIX: 1044; CXXIX: 1327-1330
Navicula humerosa var. *constricta* Cleve	102	XCIX: 1045; CXXIX: 1331-1334
Navicula humerosa var. *minor* Heiden	103	XCIX: 1046; CXXIX: 1335, 1336

Navicula impressa Grunow	103	XCIX: 1047; CXXX: 1337, 1338
Navicula infirma Grunow	103	C: 1048
Navicula inhalata A. Schmidt	104	C: 1049
Navicula inserata Hustedt	104	C: 1050
Navicula integra (W. Smith) Ralfs var. *integra*	104	C: 1051
Navicula integra var. *maculata* Chin et Cheng	105	C: 1052
Navicula jamalinensis Cleve	105	C: 1053
Navicula jejuna A. Schmidt	105	C: 1054
Navicula jentzschii Grunow	106	C: 1055
Navicula lacertosa Hustedt	106	C: 1056
Navicula lacustris Gregory	106	C: 1057
Navicula lambda Cleve	107	C: 1058
Navicula latissima Gregory	107	C: 1059
Navicula longa (Gregory) Ralfs	108	CI: 1060; CXXX: 1339-1342
Navicula lorenzii (Grunow) Hustedt	108	CI: 1061
Navicula luxuriosa Greville	109	CI: 1062; CXXX: 1343
Navicula lyra Ehrenberg var. *lyra*	109	CI: 1063, 1064; CXXX: 1344-1348
Navicula lyra var. *dilatata* A. Schmidt	110	CI: 1065; CXXXI: 1349, 1350
Navicula lyra var. *elliptica* A. Schmidt	110	CI: 1066
Navicula lyra var. *insignis* A. Schmidt	111	CI: 1067; CXXXI: 1351-1353
Navicula lyra var. *recta* Greville	111	CI: 1068
Navicula lyra var. *signata* A. Schmidt	111	CI: 1069
Navicula lyra var. *subtypica* A. Schmidt	112	CI: 1070
Navicula lyroides (Ehrenberg) Hendey	112	CI: 1071; CXXXI: 1354
Navicula maculata (Bailey) Edwards	112	CI: 1072
Navicula marina Ralfs	113	CII: 1073; CXXXI: 1355
Navicula membranacea Cleve	113	CII: 1074; CXXXI: 1356-1360
Navicula mollis (W. Smith) Cleve	114	CII: 1075, 1076; CXXXII: 1361, 1362
Navicula monilifera Cleve	114	CII: 1077; CXXXII: 1363-1366
Navicula monoculata Hustedt	115	CII: 1078
Navicula muscatineii Reimer et Lee	115	CII: 1079; CXXXII: 1367-1369
Navicula my Cleve	115	CII: 1080
Navicula northumbrica Donkin	116	CII: 1081, 1082; CXXXIII: 1370-1374
Navicula nummularia Greville	116	CII: 1083
Navicula orthoneoides Hustedt	116	CII: 1084
Navicula pantocsekiana De Toni	117	CIII: 1085; CXXXIII: 1375
Navicula pargemina Underwood et Yallop	117	CXXXIII: 1376-1378
Navicula patrickae Hustedt	117	CIII: 1086; CXXXIII: 1379

图　版

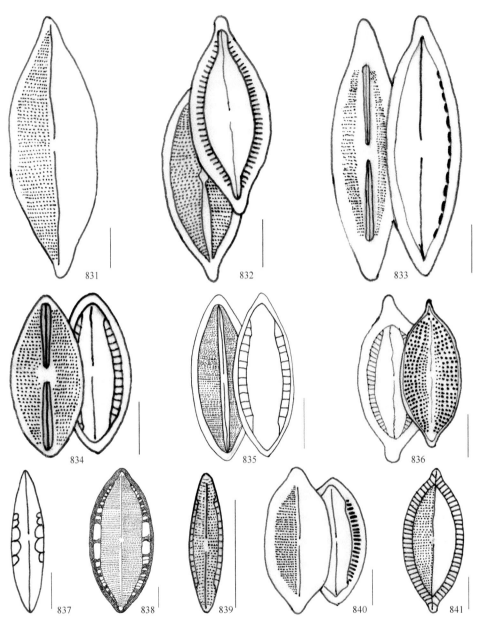

831. 似曲壳胸隔藻原变种 *Mastogloia achnanthioides* Mann var. *achnanthioides*；832. 似曲壳胸隔藻椭圆变种 *Mastogloia achnanthioides* var. *elliptica* Hustedt；833. 微尖胸隔藻原变种 *Mastogloia acutiuscula* Grunow var. *acutiuscula*；834. 微尖胸隔藻维拉变种 *Mastogloia acutiuscula* var. *vairaensis* Ricard；835. 亚得里亚胸隔藻 *Mastogloia adriatica* Voigt；836. 肯定胸隔藻 *Mastogloia affirmata* (Leuduger-Fortmorel) Cleve；837. 厦门胸隔藻 *Mastogloia amoyensis* Voigt；838. 角胸隔藻 *Mastogloia angulata* Lewis；839. 渐窄胸隔藻 *Mastogloia angusta* Hustedt；840. 细尖胸隔藻 *Mastogloia apiculata* W. Smith；841. 粗胸隔藻原变种 *Mastogloia aspera* Voigt var. *aspera*

图版内的标尺未标数值且图版说明中也未标示者均代表长为 10 μm，其余未标数值者在说明中均有标示。

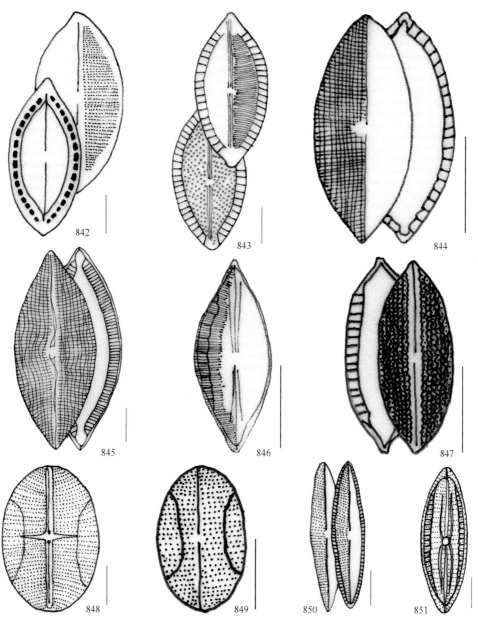

842. 粗胸隔藻披针变型 *Mastogloia aspera* f. *lanceolata* Ricard；843. 粗糙胸隔藻 *Mastogloia asperula* Grunow；844. 似粗胸隔藻 *Mastogloia asperuloides* Hustedt；845. 巴哈马胸隔藻 *Mastogloia bahamensis* Cleve；846. 巴尔胸隔藻 *Mastogloia baldjikiana* Grunow；847. 双细尖胸隔藻 *Mastogloia biapiculata* Hustedt；848. 双标胸隔藻原变种 *Mastogloia binotata* (Grunow) Cleve var. *binotata*；849. 双标胸隔藻稀纹变型 *Mastogloia binotata* f. *sparsipunctata* Voigt；850. 伯里胸隔藻 *Mastogloia bourrellyana* Ricard；851. 布氏胸隔藻原变种 *Mastogloia braunii* Grunow var. *braunii*

图版 LXXXIII

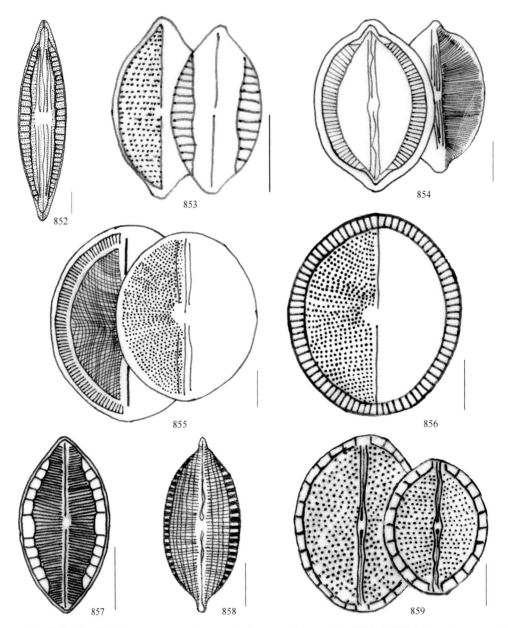

852. 布氏胸隔藻延长变型 *Mastogloia braunii* f. *elongata* Voigt；853. 枸橼胸隔藻 *Mastogloia citroides* Ricard；854. 柑桔胸隔藻 *Mastogloia citrus* Cleve；855. 卵形胸隔藻 *Mastogloia cocconeiformis* Grunow；856. 复合胸隔藻 *Mastogloia composita* Voigt；857. 珊瑚胸隔藻 *Mastogloia corallum* Paddock et Kemp；858. 考锡胸隔藻 *Mastogloia corsicana* Grunow；859. 筛胸隔藻 *Mastogloia cribrosa* Grunow

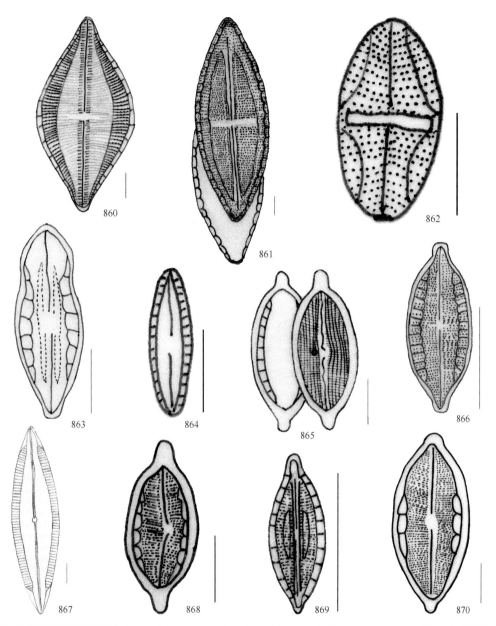

860. 十字形胸隔藻原变种 *Mastogloia cruciata* (Leuduger-Fortmorel) Cleve var. *cruciata*；861. 十字形胸隔藻椭圆变种 *Mastogloia cruciata* var. *elliptica* Voigt；862. 十字胸隔藻 *Mastogloia crucicula* (Grunow) Cleve；863. 异极胸隔藻 *Mastogloia cucurbita* Voigt；864. 楔形胸隔藻 *Mastogloia cuneata* (Meister) Simonsen；865. 圆圈胸隔藻 *Mastogloia cyclops* Voigt；866. 迷惑胸隔藻 *Mastogloia decipiens* Hustedt；867. 叉纹胸隔藻 *Mastogloia decussata* Grunow；868. 齿纹胸隔藻 *Mastogloia densestriata* Hustedt；869. 凹陷胸隔藻 *Mastogloia depressa* Hustedt；870. 双头胸隔藻 *Mastogloia dicephala* Voigt

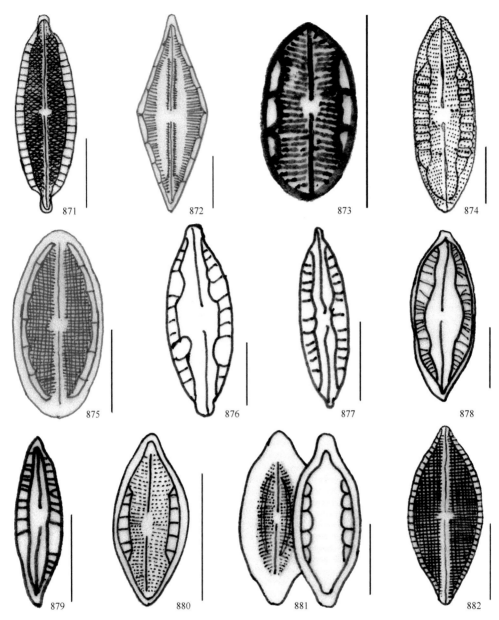

871. 异胸隔藻 *Mastogloia dissimilis* Hustedt；872. 优美胸隔藻 *Mastogloia elegantula* Hustedt；873. 椭圆胸隔藻原变种 *Mastogloia elliptica* (Agardh) Cleve var. *elliptica*；874. 椭圆胸隔藻丹氏变种 *Mastogloia elliptica* var. *dansei* (Thwaites) Cleve；875. 微缺胸隔藻 *Mastogloia emarginata* Hustedt；876. 红胸隔藻原变种 *Mastogloia erythraea* Grunow var. *erythraea*；877. 红胸隔藻双眼变种 *Mastogloia erythraea* var. *biocellata* Grunow；878. 红胸隔藻椭圆变种 *Mastogloia erythraea* var. *elliptica* Voigt；879. 红胸隔藻格鲁变种 *Mastogloia erythraea* var. *grunowii* Foged；880. 简单胸隔藻 *Mastogloia exigua* Lewis；881. 瘦小胸隔藻 *Mastogloia exilis* Hustedt；882. 假胸隔藻 *Mastogloia fallax* Cleve

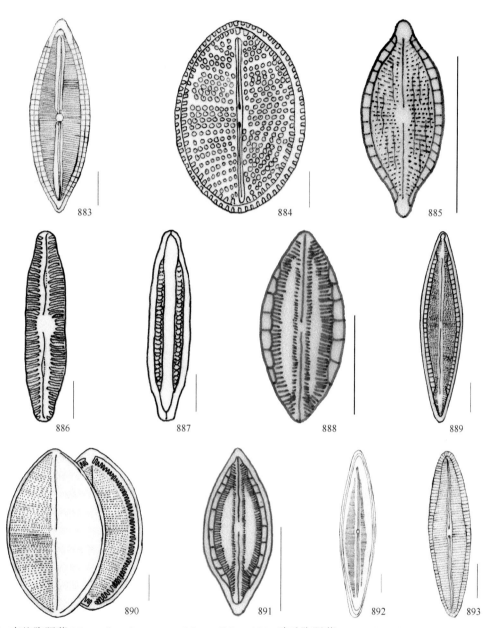

883. 束纹胸隔藻 *Mastogloia fascistriata* Liu et Chin；884. 睫毛胸隔藻 *Mastogloia fimbriata* (Brightwell) Cleve；885. 纤细胸隔藻 *Mastogloia gracilis* Hustedt；886，887. 格氏胸隔藻 *Mastogloia grevillei* W. Smith；888. 格鲁胸隔藻 *Mastogloia grunowii* Schmidt；889. 海南胸隔藻 *Mastogloia hainanensis* Voigt；890. 霍瓦胸隔藻 *Mastogloia horvathiana* Grunow；891. 赫氏胸隔藻 *Mastogloia hustedtii* Meister；892. 模仿胸隔藻 *Mastogloia imitatrix* Mann；893. 不等胸隔藻 *Mastogloia inaequalis* Cleve

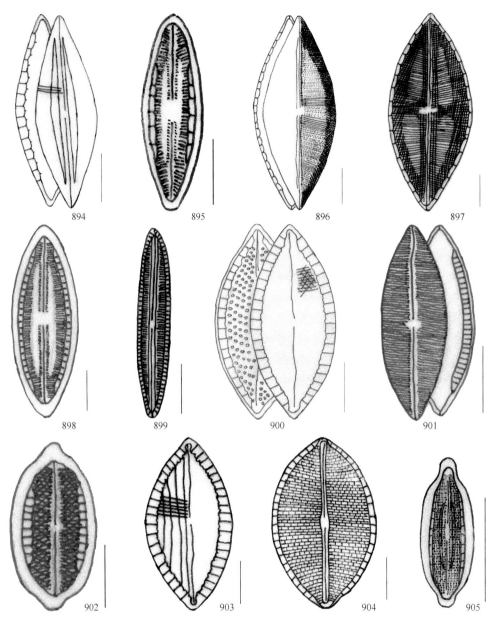

894. 印尼胸隔藻 *Mastogloia indonesiana* Voigt；895. 非旧胸隔藻 *Mastogloia intrita* Voigt；896. 杰利胸隔藻原变种 *Mastogloia jelinekii* Grunow var. *jelinekii*；897. 杰利胸隔藻延长变种 *Mastogloia jelinekii* var. *extensa* Voigt；898. 焦氏胸隔藻 *Mastogloia jaoi* Voigt；899. 拉布胸隔藻 *Mastogloia labuensis* Cleve；900. 泪胸隔藻 *Mastogloia lacrimata* Voigt；901. 披针胸隔藻 *Mastogloia lanceolata* Thawaites；902. 宽胸隔藻 *Mastogloia lata* Hustedt；903. 宽纹胸隔藻 *Mastogloia latecostata* Hustedt；904. 砖胸隔藻 *Mastogloia latericia* (A. W. F. Schmidt) Cleve；905. 线咀胸隔藻 *Mastogloia laterostrata* Hustedt

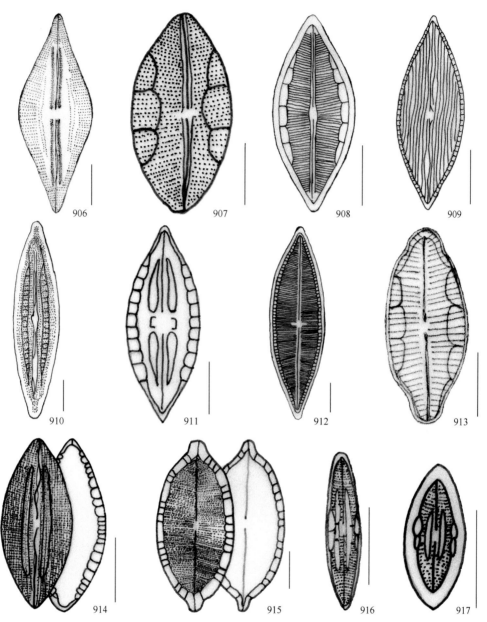

906. 勒蒙斯胸隔藻 *Mastogloia lemniscata* Leuduger-Fortmorel；907. 透镜胸隔藻 *Mastogloia lentiformis* Voigt；908. 平滑胸隔藻 *Mastogloia levis* Voigt；909. 直列胸隔藻 *Mastogloia lineata* Cleve et Grove；910. 新月胸隔藻 *Mastogloia lunula* Voigt；911. 麦氏胸隔藻 *Mastogloia macdonaldii* Greville；912. 乳头胸隔藻 *Mastogloia mammosa* Voigt；913. 马诺胸隔藻 *Mastogloia manokwariensis* Cholnoky；914. 毛里胸隔藻原变种 *Mastogloia mauritiana* Brun var. *mauritiana*；915. 毛里胸隔藻头状变种 *Mastogloia mauritiana* var. *capitata* Voigt；916. 地中海胸隔藻原变种 *Mastogloia mediterranea* Hustedt var. *mediterranea*；917. 地中海胸隔藻椭圆变种 *Mastogloia mediterranea* var. *elliptica* Voigt

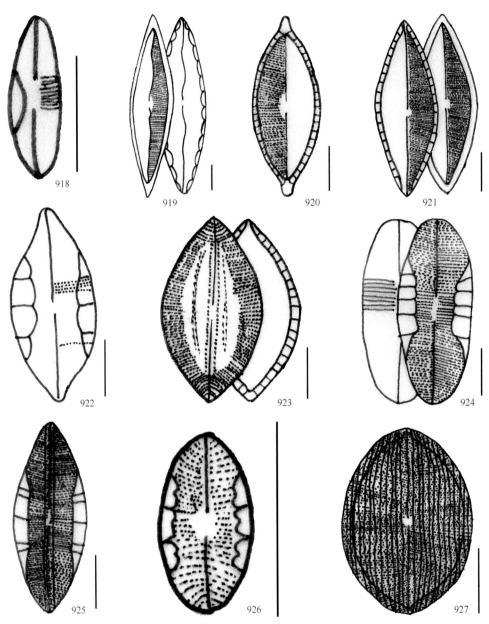

918. 极小胸隔藻 *Mastogloia minutissima* Voigt；919. 生壁胸隔藻 *Mastogloia muralis* Voigt；920. 多云胸隔藻 *Mastogloia nebulosa* Voigt；921. 新皱胸隔藻 *Mastogloia neorugosa* Voigt；922. 努思胸隔藻 *Mastogloia nuiensis* Ricard；923. 肥宽胸隔藻 *Mastogloia obesa* Cleve；924. 玄妙胸隔藻 *Mastogloia occulta* Voigt；925. 略胸隔藻 *Mastogloia omissa* Voigt；926. 卵圆胸隔藻 *Mastogloia ovalis* A. Schmidt；927. 卵胸隔藻 *Mastogloia ovata* Grunow

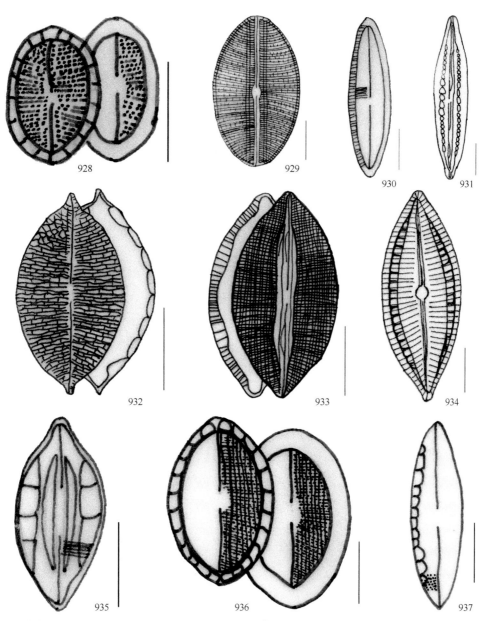

928. 胚珠胸隔藻 *Mastogloia ovulum* Hustedt；929. 卵菱胸隔藻 *Mastogloia ovum paschale* (A. W. F. Schmidt) Mann；930. 帕拉塞尔胸隔藻 *Mastogloia paracelsiana* Voigt；931. 奇异胸隔藻 *Mastogloia paradoxa* Grunow；932. 尖胸隔藻 *Mastogloia peracuta* Janisch；933. 佩氏胸隔藻 *Mastogloia peragalli* Cleve；934. 鱼形胸隔藻 *Mastogloia pisciculus* Cleve；935. 拟瘦胸隔藻 *Mastogloia pseudexilis* Voigt；936. 拟砖胸隔藻 *Mastogloia pseudolatericia* Voigt；937. 拟毛里胸隔藻 *Mastogloia pseudomauritiana* Voigt

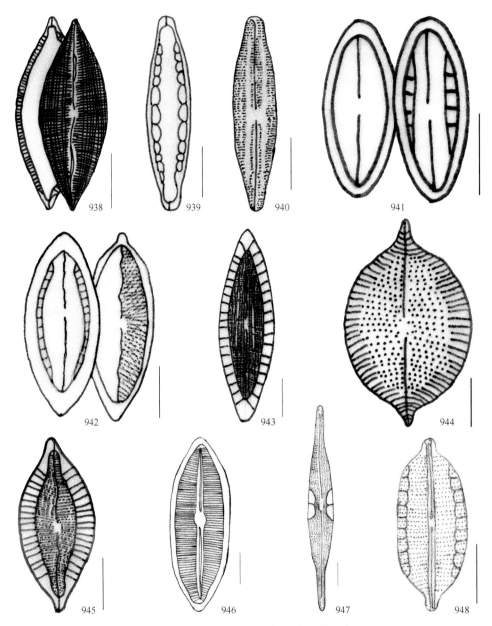

938. 美丽胸隔藻 *Mastogloia pulchella* Cleve；939，940. 矮小胸隔藻原变种 *Mastogloia pumila* (Grunow) Cleve var. *pumila*；941. 矮小胸隔藻脓疱变种 *Mastogloia pumila* var. *papuarum* Cholnoky；942. 细点胸隔藻 *Mastogloia punctifera* Brun；943. 五肋胸隔藻 *Mastogloia quinquecostata* Grunow；944. 菱形胸隔藻 *Mastogloia rhombus* (Petit) Cleve et Grove；945. 裂缝胸隔藻 *Mastogloia rimosa* Cleve；946. 粗状胸隔藻 *Mastogloia robusta* Hustedt；947. 长喙胸隔藻 *Mastogloia rostrata* (Wallich) Hustedt；948. 萨韦胸隔藻 *Mastogloia savensis* Jurilj

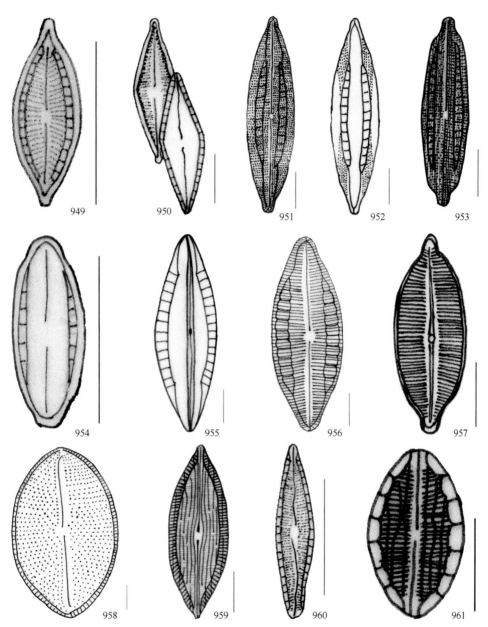

949. 连续胸隔藻 *Mastogloia seriane* Voigt；950. 锯齿胸隔藻 *Mastogloia serrata* Voigt；951，952. 塞舌尔胸隔藻 *Mastogloia seychellensis* Grunow；953. 相似胸隔藻 *Mastogloia similis* Hustedt；954. 单纯胸隔藻 *Mastogloia simplex* Klaus-D Kemp et Padock；955. 新加坡胸隔藻 *Mastogloia singaporensis* Voigt；956. 史氏胸隔藻原变种 *Mastogloia smithii* Thwaites ex W. Smith var. *smithii*；957. 史氏胸隔藻偏心变种 *Mastogloia smithii* var. *excentrica* Liu et Chin；958. 光亮胸隔藻 *Mastogloia splendida* (Gregory) Cleve et Möller；959. 拟定胸隔藻原变种 *Mastogloia subaffirmata* Hustedt var. *subaffirmata*；960. 拟定胸隔藻窄形变种 *Mastogloia subaffirmata* var. *angusta* Hustedt；961. 亚粗胸隔藻 *Mastogloia subaspera* Hustedt

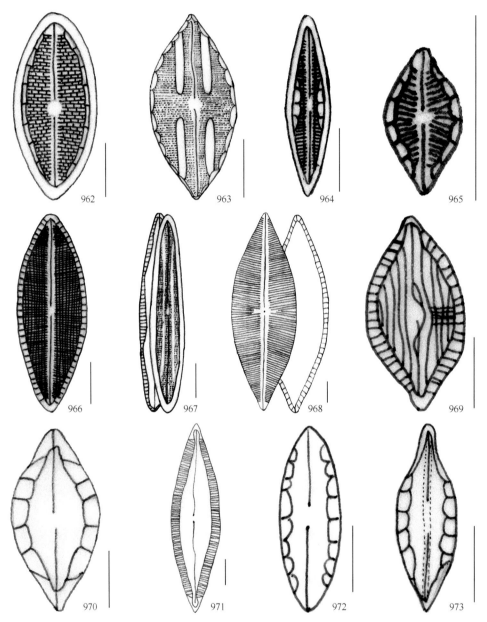

962. 亚砖胸隔藻 Mastogloia sublatericia Hustedt；963. 具槽胸隔藻 Mastogloia sulcata Cleve；964. 细弱胸隔藻 Mastogloia tenuis Hustedt；965. 极细胸隔藻 Mastogloia tenuissima Hustedt；966. 龟胸隔藻 Mastogloia testudinea Voigt；967. 三波胸隔藻 Mastogloia triundulata Liu；968. 脐胸隔藻 Mastogloia umbilicata Voigt；969. 波浪胸隔藻 Mastogloia undulata Grunow；970. 变异胸隔藻 Mastogloia varians Hustedt；971. 毒蛇胸隔藻 Mastogloia viperina Voigt；972. 伤胸隔藻 Mastogloia vulnerata Voigt；973. 西沙胸隔藻 Mastogloia xishaensis Liu

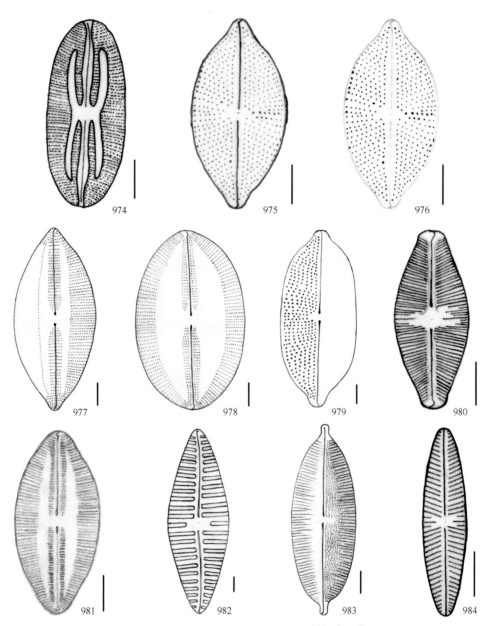

974. 截形舟形藻 Navicula abrupta (Gregory) Donkin；975，976. 最初舟形藻 Navicula alpha Cleve；977. 相似舟形藻原变种 Navicula approximata Greville var. approximata；978. 相似舟形藻奈斯变种 Navicula approximata var. niceaensis (Peragallo) Hendey；979. 阿拉伯舟形藻 Navicula arabica Grunow；980. 不对称舟形藻 Navicula asymmetrica Pantocsek；981. 澳洲舟形藻 Navicula australica (A. W. F. Schmidt) Cleve；982. 巴胡斯舟形藻 Navicula bahusiensis (Grunow) Cleve；983. 双形舟形藻 Navicula biformis (Grunow) Mann；984. 博利舟形藻 Navicula bolleana (Grunow) Cleve

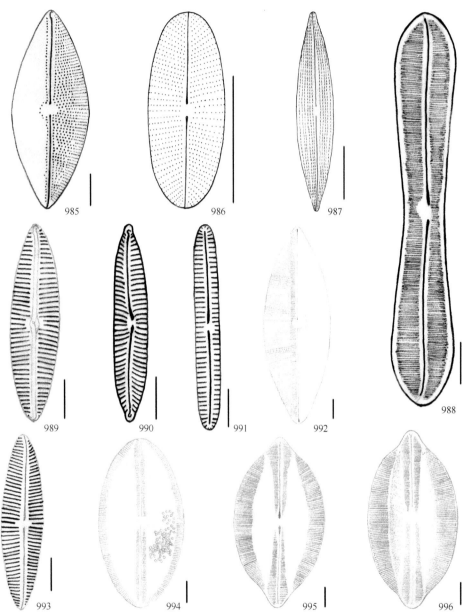

985. 巴西舟形藻 *Navicula brasiliensis* Grunow；986. 布伦氏舟形藻 *Navicula breenii* Archibald；987. 英国舟形藻 *Navicula britannica* Hustedt et Aleem；988. 盲肠舟形藻 *Navicula caeca* Mann；989. 方格舟形藻原变种 *Navicula cancellata* Donkin var. *cancellata*；990. 方格舟形藻短头变种 *Navicula cancellata* var. *apiculata* (Gregory) Peragallo et Peragallo；991. 方格舟形藻微凹变种 *Navicula cancellata* var. *retusa* (Brébisson) Cleve；992. 龙骨舟形藻 *Navicula carinifera* Grunow；993. 系带舟形藻 *Navicula cincta* (Ehrenberg) Van Heurck；994. 圆口舟形藻 *Navicula circumsecta* (Grunow) Grunow；995. 棍棒舟形藻原变种 *Navicula clavata* Gregory var. *clavata*；996. 棍棒舟形藻印度变种 *Navicula clavata* var. *indica* (Greville) Cleve

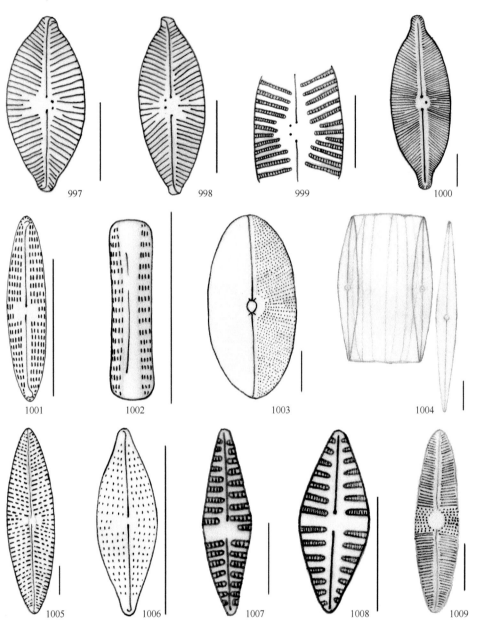

997，998，999. 克莱舟形藻原变种 *Navicula clementis* Grunow var. *clementis*；1000. 克莱舟形藻线形变种 *Navicula clementis* var. *linearis* Brander et Hustedt；1001，1002. 梯楔舟形藻 *Navicula climacospheniae* Booth；1003. 克拉舟形藻 *Navicula cluthensis* Gregory；1004. 扁舟形藻 *Navicula complanata* Grunow；1005. 伴船舟形藻 *Navicula consors* A. Schmidt；1006. 盉状舟形藻 *Navicula corymbosa* (Agardh) Cleve；1007. 中肋舟形藻原变种 *Navicula costulata* Grunow var. *costulata*；1008. 中肋舟形藻日本变种 *Navicula costulata* var. *nipponica* Skvortzow；1009. 十字舟形藻 *Navicula crucicula* (W. Smith) Donkin

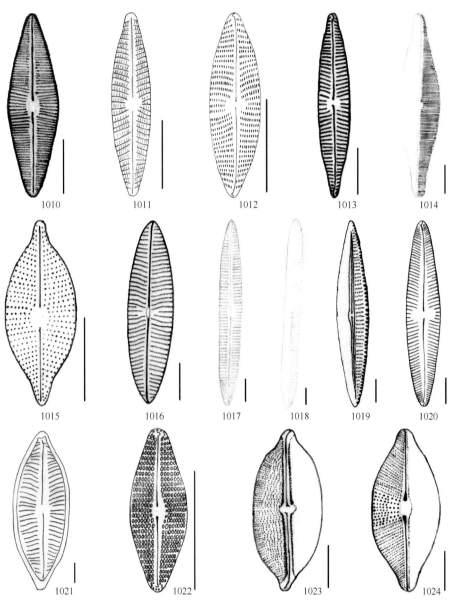

1010. 拟十字舟形藻 *Navicula cruciculoides* Brockmann；1011. 隐头舟形藻原变种 *Navicula cryptocephala* Kützing var. *cryptocephala*；1012. 隐头舟形藻威尼变种 *Navicula cryptocephala* var. *veneta* (Kützing) Rabenhorst；1013. 似阮头舟形藻 *Navicula cryptocephaloides* Hustedt；1014. 小头舟形藻 *Navicula cuspidata* Kützing；1015. 三角舟形藻 *Navicula delta* Cleve；1016. 掌状放射舟形藻 *Navicula digito-radiata* (Gregory) Ralfs；1017. 直舟形藻原变种 *Navicula directa* (W. Smith) Ralfs var. *directa*；1018. 直舟形藻爪哇变种 *Navicula directa* var. *javanica* Cleve；1019. 直舟形藻疏远变种 *Navicula directa* var. *remota* Grunow；1020. 远距舟形藻 *Navicula distans* (W. Smith) Ralfs；1021. 拟优美舟形藻 *Navicula elegantoides* Hustedt；1022. 埃尔舟形藻 *Navicula elkab* O. Müller；1023. 无裸舟形藻 *Navicula epsilon* Cleve；1024. 依塔舟形藻 *Navicula eta* Cleve

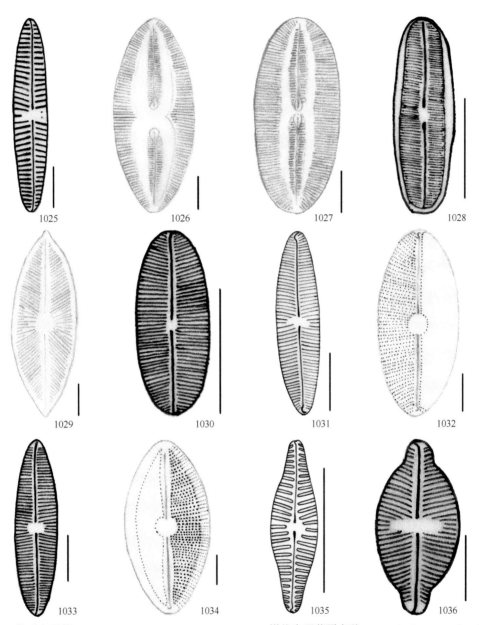

1025. 艾氏舟形藻 *Navicula eymei* Coste et Ricard；1026. 钳状舟形藻原变种 *Navicula forcipata* Greville var. *forcipata*；1027. 钳状舟形藻密条变种 *Navicula forcipata* var. *densestriata* A. Schmidt；1028. 折断舟形藻 *Navicula fracta* Hustedt；1029. 福建舟形藻 *Navicula fujianensis* Chin et Cheng；1030. 虫瘿舟形藻 *Navicula gallica* (W. Smith) Lagerstedt；1031. 曲膝舟形藻 *Navicula genuflexa* Kützing；1032. 冰河舟形藻 *Navicula glacialis* (Cleve) Grunow；1033. 纤细舟形藻忽视变种 *Navicula gracilis* var. *neglecta* (Thwaites) Grunow；1034. 颗粒舟形藻 *Navicula granulata* Bailey；1035. 群生舟形藻 *Navicula gregaria* Donkin；1036. 格氏舟形藻 *Navicula grimmii* Krasske

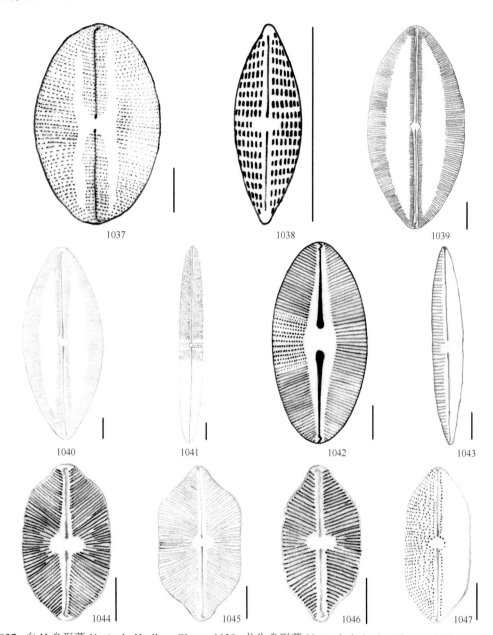

1037

1038

1039

1040

1041

1042

1043

1044

1045

1046

1047

1037. 白 H 舟形藻 *Navicula H-album* Cleve；1038. 盐生舟形藻 *Navicula halophia* (Grunow) Cleve；1039. 海氏舟形藻原变种 *Navicula hennedyi* W. Smith var. *hennedyi*；1040. 海氏舟形藻云状变种 *Navicula hennedyi* var. *nebulosa* (Gregory) Cleve；1041. 异点舟形藻 *Navicula hetero-punctata* Chin et Cheng；1042. 霍瓦舟形藻 *Navicula hochstetteri* Grunow；1043. 豪纳舟形藻 *Navicula howeana* Hagelstein；1044. 肩部舟形藻原变种 *Navicula humerosa* Brébisson var. *humerosa*；1045. 肩部舟形藻缢缩变种 *Navicula humerosa* var. *constricta* Cleve；1046. 肩部舟形藻小型变种 *Navicula humerosa* var. *minor* Heiden；1047. 扁平舟形藻 *Navicula impressa* Grunow

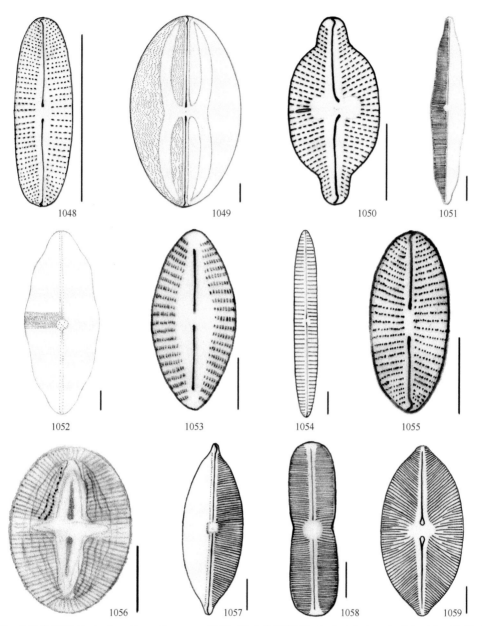

1048. 内实舟形藻 Navicula infirma Grunow；1049. 吸入舟形藻 Navicula inhalata A. Schmidt；1050. 可疑舟形藻 Navicula inserata Hustedt；1051. 波缘舟形藻原变种 Navicula integra (W. Smith) Ralfs var. integra；1052. 波缘舟形藻具点变种 Navicula integra var. maculata Chin et Cheng；1053. 贾马舟形藻 Navicula jamalinensis Cleve；1054. 空虚舟形藻 Navicula jejuna A. Schmidt；1055. 詹氏舟形藻 Navicula jentzschii Grunow；1056. 强壮舟形藻 Navicula lacertosa Hustedt；1057. 湖沼舟形藻 Navicula lacustris Gregory；1058. 兰达舟形藻 Navicula lambda Cleve；1059. 宽阔舟形藻 Navicula latissima Gregory

图版 CI

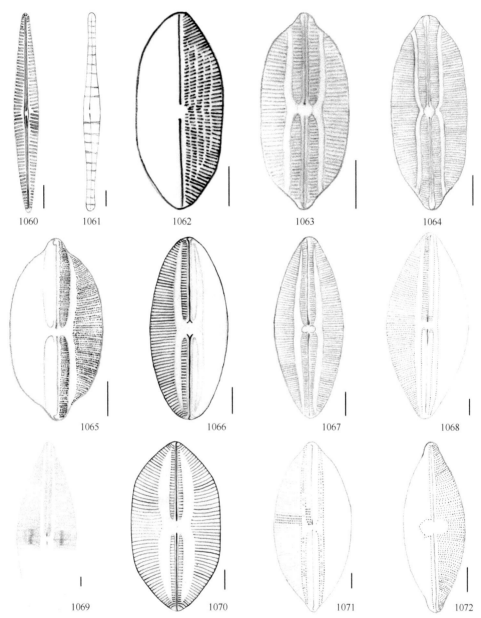

1060. 长舟形藻 Navicula longa (Gregory) Ralfs；1061. 洛氏舟形藻 Navicula lorenzii (Grunow) Hustedt；1062. 壮丽舟形藻 Navicula luxuriosa Greville；1063，1064. 琴状舟形藻原变种 Navicula lyra Ehrenberg var. lyra；1065. 琴状舟形藻膨胀变种 Navicula lyra var. dilatata A. Schmidt；1066. 琴状舟形藻椭圆变种 Navicula lyra var. elliptica A. Schmidt；1067. 琴状舟形藻特异变种 Navicula lyra var. insignis A. Schmidt；1068. 琴状舟形藻劲直变种 Navicula lyra var. recta Greville；1069. 琴状舟形藻符号变种 Navicula lyra var. signata A. Schmidt；1070. 琴状舟形藻亚模式变种 Navicula lyra var. subtypica A. Schmidt；1071. 似琴状舟形藻 Navicula lyroides (Ehrenberg) Hendey；1072. 点状舟形藻 Navicula maculata (Bailey) Edwards

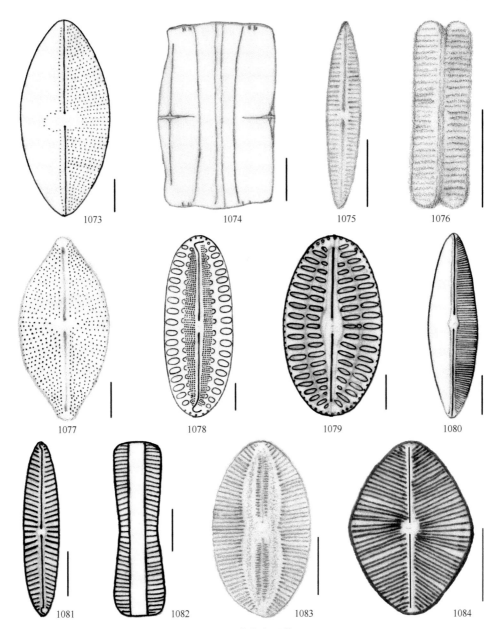

1073. 海洋舟形藻 Navicula marina Ralfs；1074. 膜状舟形藻 Navicula membranacea Cleve；1075，1076. 柔软舟形藻 Navicula mollis (W. Smith) Cleve；1077. 串珠舟形藻 Navicula monilifera Cleve；1078. 单眼舟形藻 Navicula monoculata Hustedt (1 μm)；1079. 穆氏舟形藻 Navicula muscatineii Reimer et Lee (1 μm)；1080. 麦舟形藻 Navicula my Cleve；1081，1082. 诺森舟形藻 Navicula northumbrica Donkin；1083. 货币舟形藻 Navicula nummularia Greville；1084. 直丝舟形藻 Navicula orthoneoides Hustedt

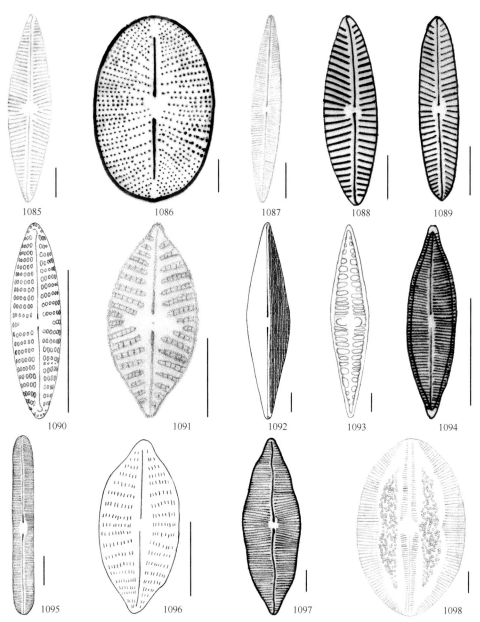

1085

1086

1087

1088

1089

1090

1091

1092

1093

1094

1095

1096

1097

1098

1085. 潘土舟形藻 *Navicula pantocsekiana* De Toni；1086. 帕氏舟形藻 *Navicula patrickae* Hustedt (1 μm)；
1087. 帕维舟形藻 *Navicula pavillardi* Hustedt；1088，1089. 矩室舟形藻 *Navicula pennata* A. Schmidt；
1090. 极小舟形藻 *Navicula perminuta* Grunow；1091. 似菱舟形藻 *Navicula perrhombus* Hustedt；1092，
1093. 佩氏舟形藻 *Navicula perrotettii* (Grunow) Cleve；1094. 叶状舟形藻 *Navicula phyllepta* Kützing；
1095. 羽状舟形藻 *Navicula pinna* Chin et Cheng；1096. 侧偏舟形藻 *Navicula platyventris* Meister；1097.
折迭舟形藻 *Navicula plicatula* Grunow；1098. 交织舟形藻 *Navicula praetexta* Ehrenberg

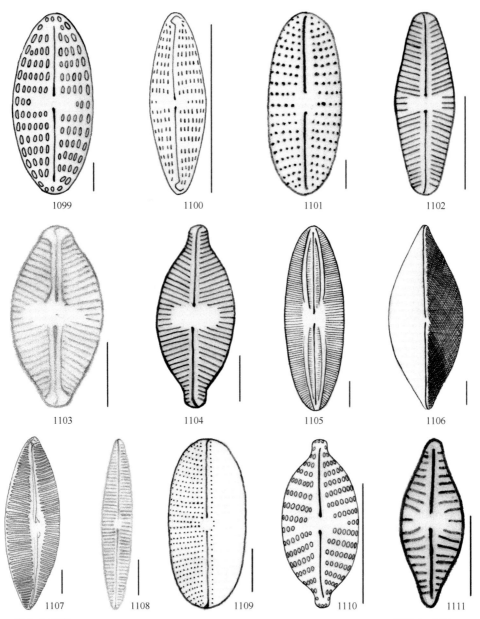

1099. 假头舟形藻 *Navicula pseudacceptata* Kobayasi et Mayama (1 μm)；1100. 假疑舟形藻 *Navicula pseudoincerta* Giffen；1101. 近黑舟形藻 *Navicula pullus* Hustedt (1 μm)；1102. 瞳孔舟形藻原变种 *Navicula pupula* Kützing var. *pupula*；1103. 瞳孔舟形藻椭圆变种 *Navicula pupula* var. *elliptica* Hustedt；1104. 瞳孔舟形藻可变变种 *Navicula pupula* var. *mutata* (Krasske) Hustedt；1105. 侏儒舟形藻 *Navicula pygmaea* Kützing；1106. 金坎舟形藻 *Navicula quincunx* Cleve；1107. 来那舟形藻 *Navicula raeana* (Castracane) De Toni；1108. 多枝舟形藻 *Navicula ramosissima* (Agardh) Cleve；1109. 复原舟形藻 *Navicula restituta* A. Schmidt；1110. 反折舟形藻 *Navicula retrocurvata* J. R. Carter ex R. Ross et P. A. Sims；1111. 缝舟舟形藻 *Navicula rhaphoneis* (Ehrenberg) Grunow

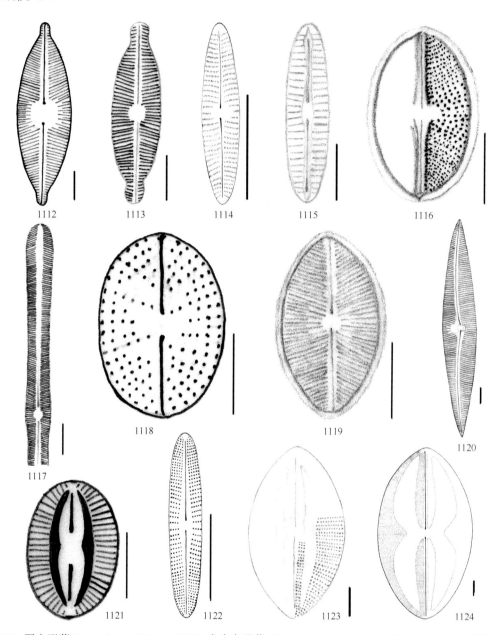

1112. 罗舟形藻 *Navicula rho* Cleve；1113. 喙头舟形藻 *Navicula rhynchocephala* Kützing；1114. 盐地舟形藻 *Navicula salinicola* Hustedt；1115. 饱满舟形藻 *Navicula satura* A. Schmidt；1116. 闪光舟形藻 *Navicula scintillans* A. Schmidt；1117. 岩石舟形藻 *Navicula scopulorum* Brébisson；1118. 盾片舟形藻 *Navicula scutelloides* W. Smith；1119. 盾形舟形藻 *Navicula scutiformis* Grunow；1120. 半十字舟形藻 *Navicula semistauros* Mann；1121. 锡巴伊舟形藻 *Navicula sibayiensis* Archibald；1122. 苏灯舟形藻 *Navicula soodensis* Krasske；1123. 美丽舟形藻原变种 *Navicula spectabilis* Gregory var. *spectabilis*；1124. 美丽舟形藻发掘变种 *Navicula spectabilis* var. *excavata* (Greville) Cleve

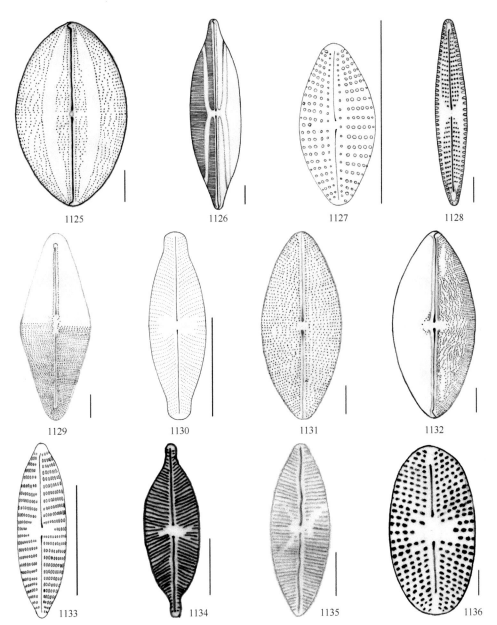

1125. 肥肌舟形藻 *Navicula stercus muscarum* Cleve；1126. 似船状舟形藻 *Navicula subcarinata* (Grunow ex A. Schmidt) Hendey；1127. 较小舟形藻 *Navicula subminuscula* Manguin；1128. 重迭舟形藻 *Navicula superimposita* A. Schmidt；1129. 塔科舟形藻 *Navicula takoradiensis* Hendey；1130. 善氏舟形藻 *Navicula thienemannii* Hustedt；1131. 滔拉舟形藻 *Navicula toulaae* Pantocsek；1132. 横开舟形藻 *Navicula transfuga* Grunow；1133. 三点舟形藻 *Navicula tripunctata* (O. F. Müller) Bory；1134. 吐丝舟形藻原变种 *Navicula tuscula* (Ehrenberg) Van Heurck var. *tuscula*；1135. 吐丝舟形藻楔形变种 *Navicula tuscula* var. *cuneata* Cleve-Euler；1136. 尤氏舟形藻 *Navicula utermoehli* Hustedt

图版 CVII

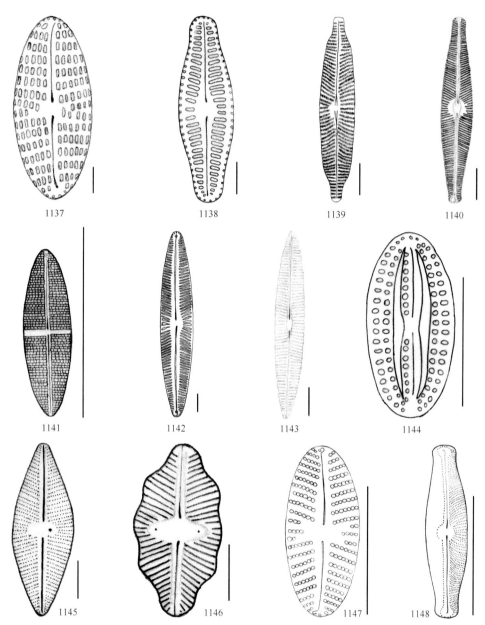

1137. 不定舟形藻 *Navicula vara* Hustedt (1 μm)；1138. 文托舟形藻 *Navicula ventosa* Hustedt (1 μm)；1139. 微绿舟形藻原变种 *Navicula viridula* (Kützing) Ehrenberg var. *viridula*；1140. 微绿舟形藻斯来变种 *Navicula viridula* var. *slesvicensis* (Grunow) Grunow；1141. 沃氏舟形藻 *Navicula voigtii* Meister；1142. 亚伦舟形藻 *Navicula yarrensis* Grunow；1143. 带状舟形藻 *Navicula zostereti* Grunow；1144. 柔弱曲解藻 *Fallacia tenera* (Hustedt) Mann；1145. 钝泥生藻 *Luticola mutica* (Kützing) Mann；1146. 雪白泥生藻 *Luticola nivalis* (Ehrenberg) Mann；1147. 极微鞍眉藻 *Sellaphora atomus* (Grunow) Li et Gao；1148. 马氏鞍眉藻 *Sellaphora mailardii* (Germain) Li et Gao

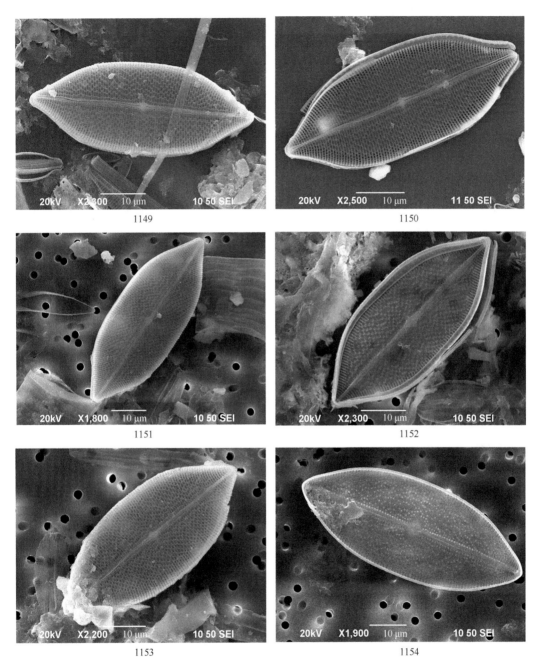

1149，1150，1151，1152. 似曲壳胸隔藻原变种 *Mastogloia achnanthioides* Mann var. *achnanthioides*；1153，1154. 似曲壳胸隔藻椭圆变种 *Mastogloia achnanthioides* var. *elliptica* Hustedt

1155，1156. 微尖胸隔藻原变种 *Mastogloia acutiuscula* Grunow var. *acutiuscula*；1157，1158，1159，1160. 细尖胸隔藻 *Mastogloia apiculata* W. Smith；1161. 巴哈马胸隔藻 *Mastogloia bahamensis* Cleve

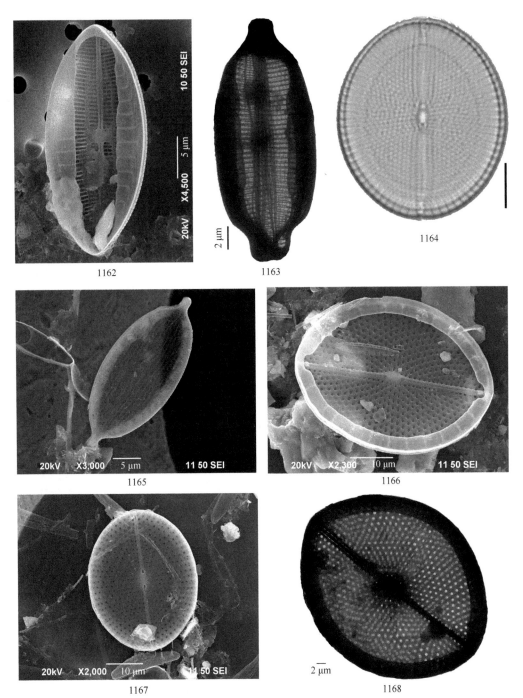

1162. 布氏胸隔藻原变种 *Mastogloia braunii* Grunow var. *braunii*；1163. 枸橼胸隔藻 *Mastogloia citroides* Ricard；1164. 卵形胸隔藻 *Mastogloia cocconeiformis* Grunow；1165. 考锡胸隔藻 *Mastogloia corsicana* Grunow；1166，1167，1168. 筛胸隔藻 *Mastogloia cribrosa* Grunow

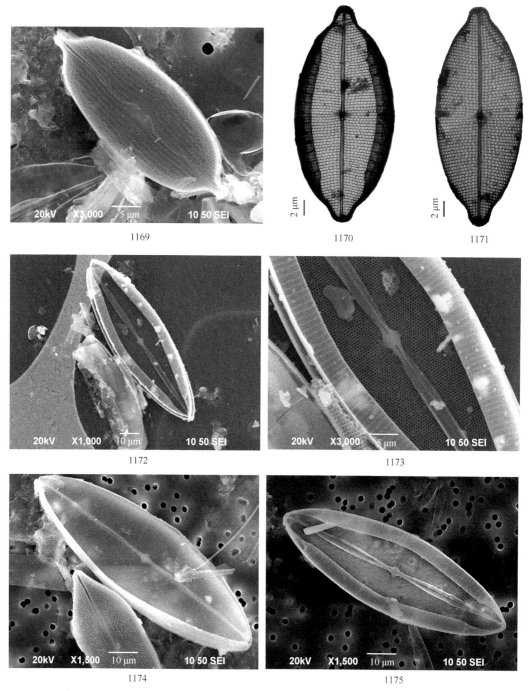

1169. 圆圈胸隔藻 *Mastogloia cyclops* Voigt；1170，1171. 迷惑胸隔藻 *Mastogloia decipiens* Hustedt；1172，1173，1174，1175. 叉纹胸隔藻 *Mastogloia decussata* Grunow

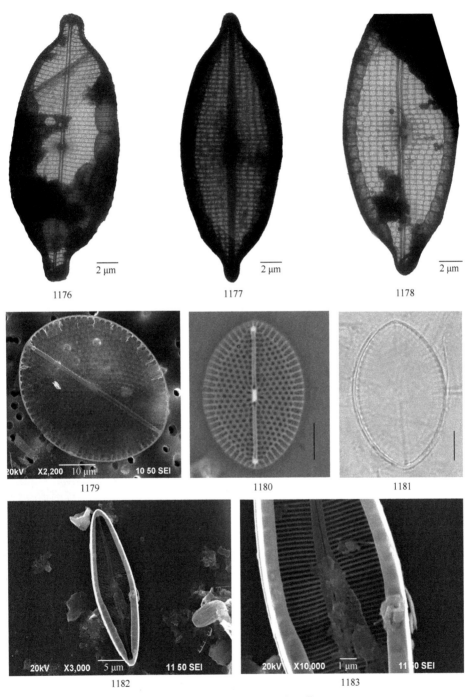

1176. 双头胸隔藻 *Mastogloia dicephala* Voigt；1177，1178. 异胸隔藻 *Mastogloia dissimilis* Hustedt；1179，1180. 睫毛胸隔藻 *Mastogloia fimbriata* (Brightwell) Cleve；1181. 霍瓦胸隔藻 *Mastogloia horvathiana* Grunow；1182，1183. 不等胸隔藻 *Mastogloia inaequalis* Cleve

图版 CXIII

1184. 杰利胸隔藻原变种 *Mastogloia jelinekii* Grunow var. *jelinekii*；1185. 披针胸隔藻 *Mastogloia lanceolata* Thawaites；1186，1187，1188，1189. 宽胸隔藻 *Mastogloia lata* Hustedt

1190. 透镜胸隔藻 *Mastogloia lentiformis* Voigt；1191，1192，1193. 新月胸隔藻 *Mastogloia lunula* Voigt；
1194，1195，1196. 麦氏胸隔藻 *Mastogloia macdonaldii* Greville

图版 CXV

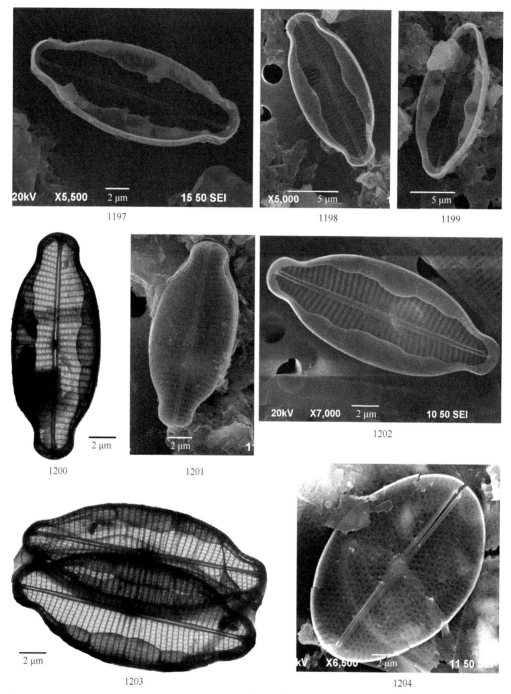

1197，1198，1199，1200，1201，1202，1203. 马诺胸隔藻 *Mastogloia manokwariensis* Cholnoky；1204. 胚珠胸隔藻 *Mastogloia ovulum* Hustedt

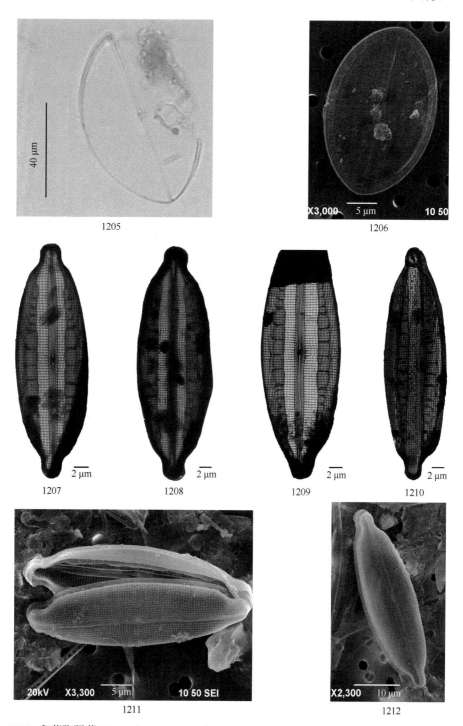

1205，1206. 卵菱胸隔藻 *Mastogloia ovum* paschale (A. W. F. Schmidt) Mann；1207，1208，1209，1210，1211，1212. 奇异胸隔藻 *Mastogloia paradoxa* Grunow

1213. 尖胸隔藻 *Mastogloia peracuta* Janisch；1214，1215，1216，1217. 鱼形胸隔藻 *Mastogloia pisciculus* Cleve；1218，1219，1220. 矮小胸隔藻原变种 *Mastogloia pumila* (Grunow) Cleve var. *pumila*

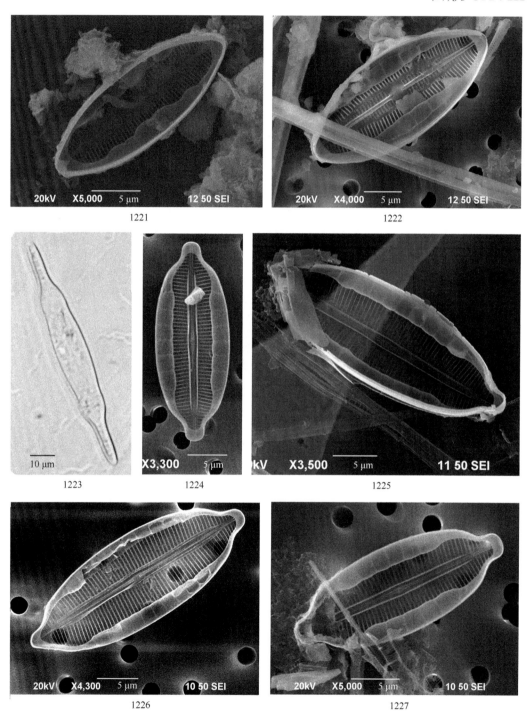

1221. 矮小胸隔藻脓疱变种 *Mastogloia pumila* var. *papuarum* Cholnoky；1222. 矮小胸隔藻伦内变种 *Mastogloia pumila* var. *rennellensis* Foged；1223. 长喙胸隔藻 *Mastogloia rostrata* (Wallich) Hustedt；1224，1225，1226，1227. 萨韦胸隔藻 *Mastogloia savensis* Jurilj

图版 CXIX

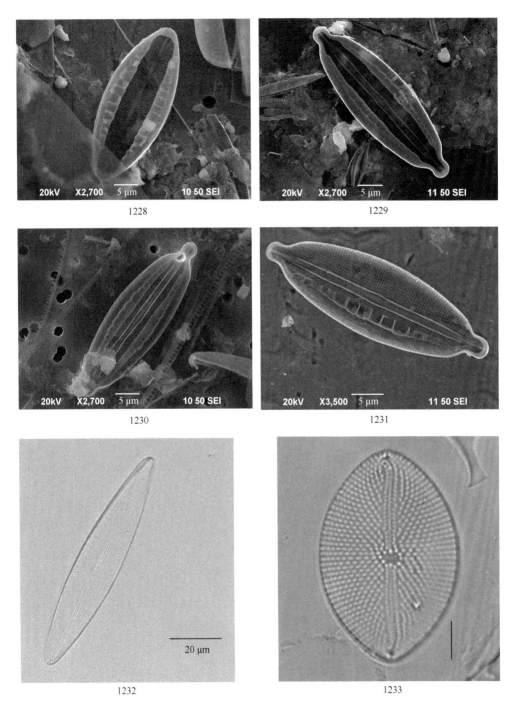

1228. 塞舌尔胸隔藻 *Mastogloia seychellensis* Grunow；1229，1230，1231. 相似胸隔藻 *Mastogloia similis* Hustedt；1232. 新加坡胸隔藻 *Mastogloia singaporensis* Voigt；1233. 光亮胸隔藻 *Mastogloia splendida* (Gregory) Cleve et Möller

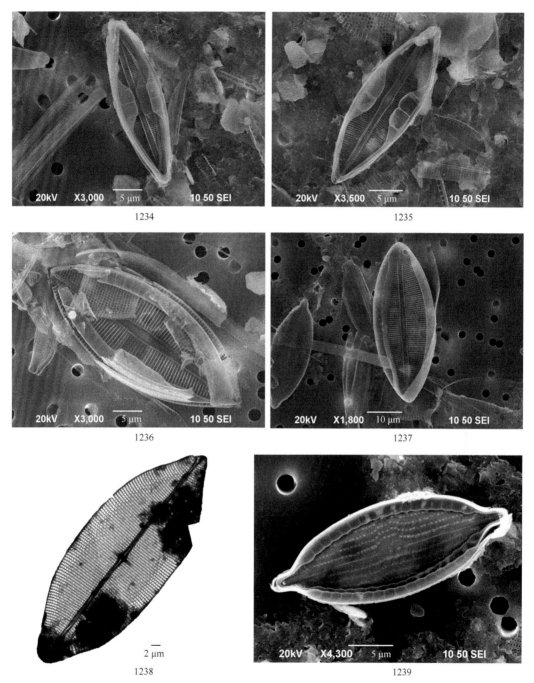

1234，1235. 细弱胸隔藻 *Mastogloia tenuis* Hustedt；1236，1237，1238. 龟胸隔藻 *Mastogloia testudinea* Voigt；1239. 波浪胸隔藻 *Mastogloia undulata* Grunow

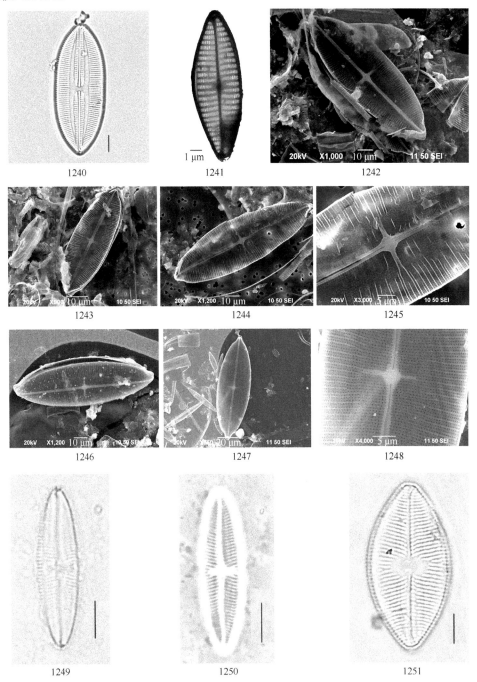

1240. 澳洲舟形藻 *Navicula australica* (A. W. F. Schmidt) Cleve；1241. 巴胡斯舟形藻 *Navicula bahusiensis* (Grunow) Cleve；1242，1243，1244，1245，1246，1247，1248. 双形舟形藻 *Navicula biformis* (Grunow) Mann；1249，1250. 博利舟形藻 *Navicula bolleana* (Grunow) Cleve；1251. 巴西舟形藻 *Navicula brasiliensis* Grunow

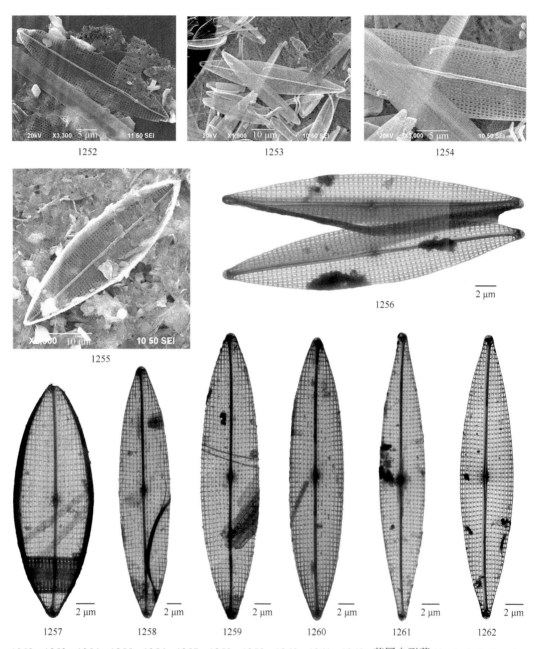

1252，1253，1254，1255，1256，1257，1258，1259，1260，1261，1262. 英国舟形藻 *Navicula britannica* Hustedt et Aleem

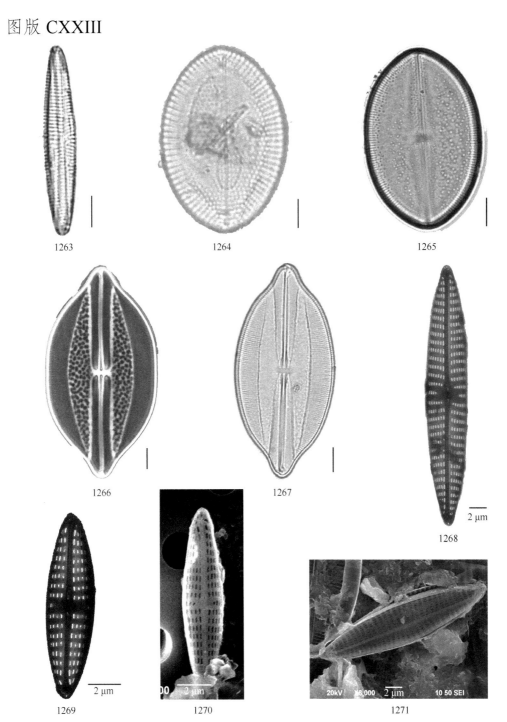

1263

1264

1265

1266

1267

1268

2 μm

1269

2 μm

1270

2 μm

1271

20kV ×6,000 2 μm 10 50 SEI

1263. 系带舟形藻 Navicula cincta (Ehrenberg) Van Heurck；1264，1265. 圆口舟形藻 Navicula circumsecta (Grunow) Grunow；1266. 棍棒舟形藻原变种 Navicula clavata Gregory var. clavata；1267. 棍棒舟形藻印度变种 Navicula clavata var. indica (Greville) Cleve；1268，1269，1270，1271. 梯楔舟形藻 Navicula climacospheniae Booth

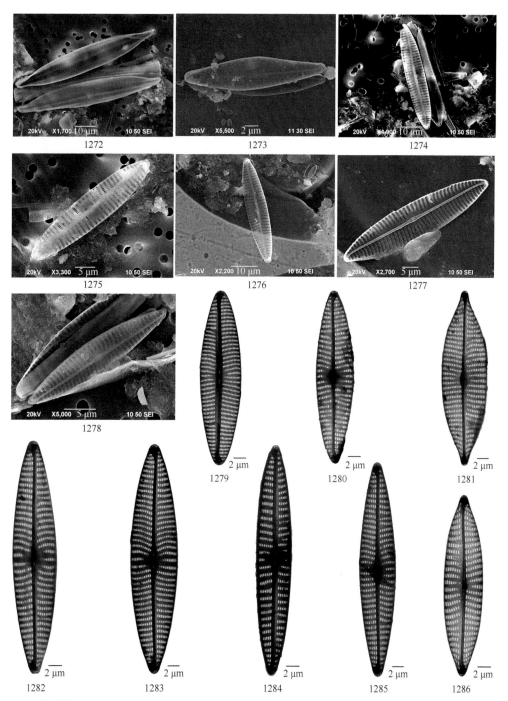

1272. 扁舟形藻 *Navicula complanata* Grunow；1273. 盔状舟形藻 *Navicula corymbosa* (Agardh) Cleve；
1274，1275，1276. 似阮头舟形藻 *Navicula cryptocephaloides* Hustedt；1277，1278，1279，1280，1281，
1282，1283，1284，1285，1286. 隐头舟形藻原变种 *Navicula cryptocephala* Kützing var. *cryptocephala*

图版 CXXV

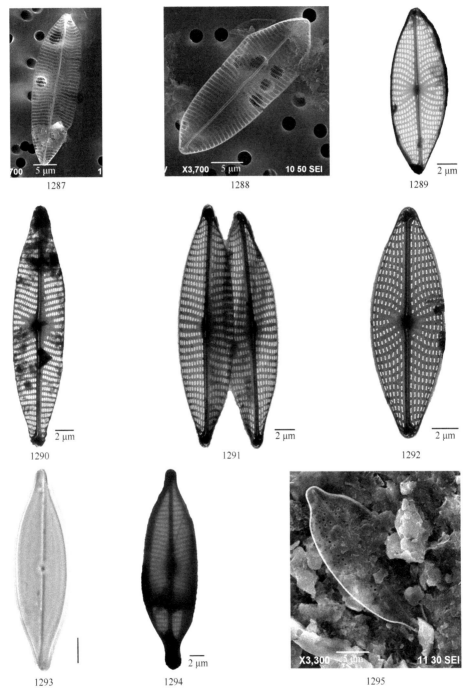

1287, 1288, 1289, 1290, 1291, 1292. 隐头舟形藻威尼变种 *Navicula cryptocephala* var. *veneta* (Kützing) Rabenhorst；1293. 小头舟形藻 *Navicula cuspidata* Kützing；1294, 1295. 三角舟形藻 *Navicula delta* Cleve

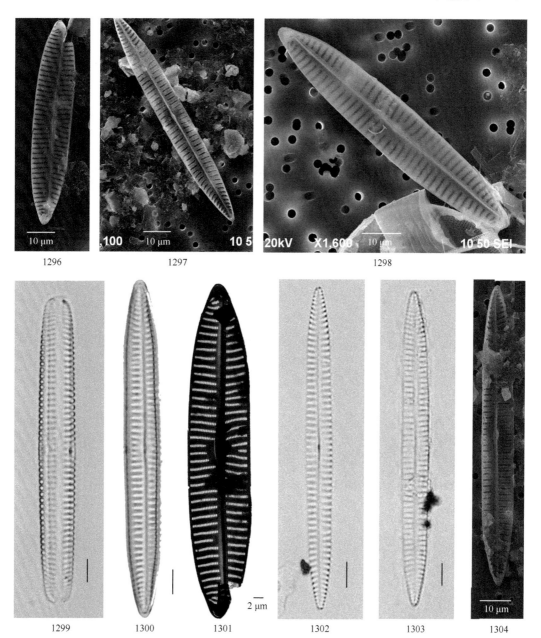

1296，1297，1298，1299，1300，1301. 直舟形藻原变种 *Navicula directa* (W. Smith) Ralfs var. *directa*；
1302，1303，1304. 直舟形藻爪哇变种 *Navicula directa* var. *javanica* Cleve

图版 CXXVII

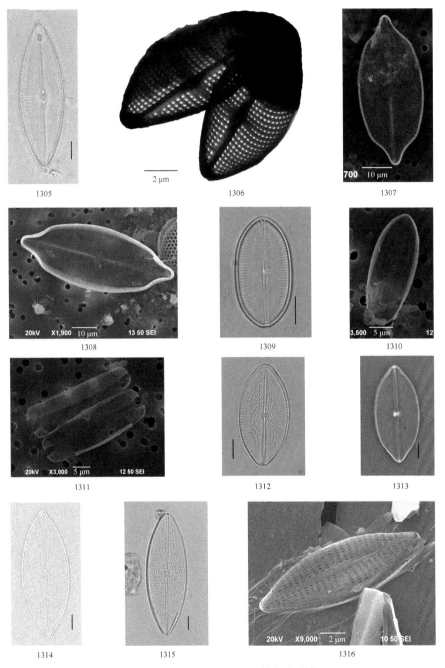

1305. 远距舟形藻 *Navicula distans* (W. Smith) Ralfs；1306. 埃尔舟形藻 *Navicula elkab* O. Müller；1307，1308. 无裸舟形藻 *Navicula epsilon* Cleve；1309. 钳状舟形藻原变种 *Navicula forcipata* Greville var. *forcipata*；1310. 钳状舟形藻密条变种 *Navicula forcipata* var. *densestriata* A. Schmidt；1311. 纤细舟形藻忽视变种 *Navicula gracilis* var. *neglecta* (Thwaites) Grunow；1312，1313，1314，1315. 颗粒舟形藻 *Navicula granulata* Bailey；1316. 群生舟形藻 *Navicula gregaria* Donkin

1317

1318

1319

1320

1321

1322

1323

1324

20kV X5,500 2 μm 11 50 SEI

2 μm

2 μm

2 μm

2 μm

1317，1318，1319，1320，1321，1322. 盐生舟形藻 *Navicula halophia* (Grunow) Cleve；1323. 海氏舟形藻原变种 *Navicula hennedyi* W. Smith var. *hennedyi*；1324. 海氏舟形藻云状变种 *Navicula hennedyi* var. *nebulosa* (Gregory) Cleve

图版 CXXIX

1325. 异点舟形藻 *Navicula hetero-punctata* Chin et Cheng；1326. 霍瓦舟形藻 *Navicula hochstetteri* Grunow；1327，1328，1329，1330. 肩部舟形藻原变种 *Navicula humerosa* Brébisson var. *humerosa*；1331，1332，1333，1334. 肩部舟形藻缢缩变种 *Navicula humerosa* var. *constricta* Cleve；1335，1336. 肩部舟形藻小型变种 *Navicula humerosa* var. *minor* Heiden

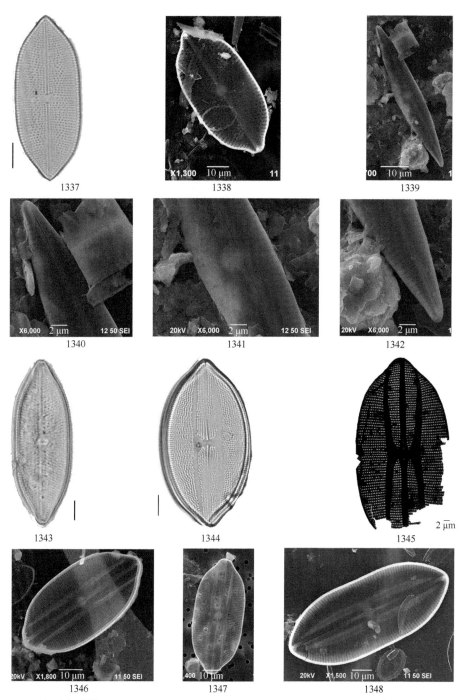

1337，1338. 扁平舟形藻 *Navicula impressa* Grunow；1339，1340，1341，1342. 长舟形藻 *Navicula longa* (Gregory) Ralfs；1343. 壮丽舟形藻 *Navicula luxuriosa* Greville；1344，1345，1346，1347，1348. 琴状舟形藻原变种 *Navicula lyra* Ehrenberg var. *lyra*

图版 CXXXI

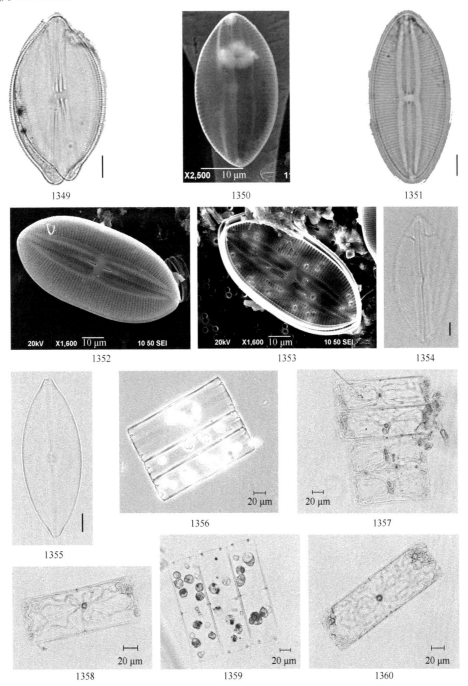

1349，1350. 琴状舟形藻膨胀变种 Navicula lyra var. dilatata A. Schmidt；1351，1352，1353. 琴状舟形藻特异变种 Navicula lyra var. insignis A. Schmidt；1354. 似琴状舟形藻 Navicula lyroides (Ehrenberg) Hendey；1355. 海洋舟形藻 Navicula marina Ralfs；1356，1357，1358，1359，1360. 膜状舟形藻 Navicula membranacea Cleve

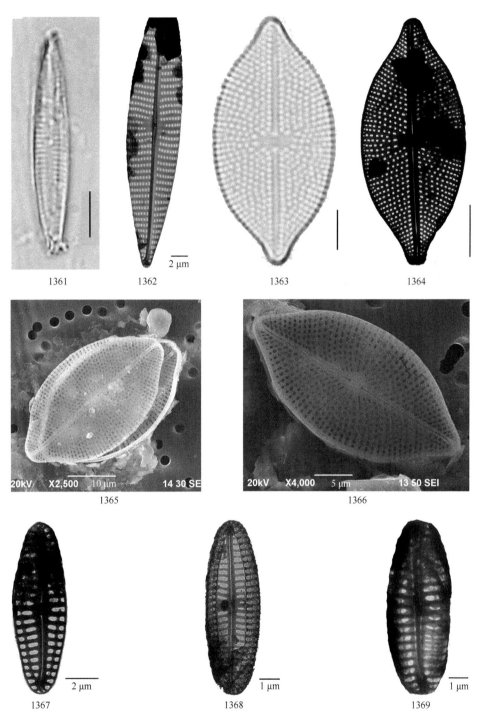

1361

1362

2 μm

1363

1364

20kV X2,500 10 μm 14 30 SE

1365

20kV X4,000 5 μm 13 50 SEI

1366

1367

2 μm

1368

1 μm

1369

1 μm

1361，1362. 柔软舟形藻 *Navicula mollis* (W. Smith) Cleve；1363，1364，1365，1366. 串珠舟形藻 *Navicula monilifera* Cleve；1367，1368，1369. 穆氏舟形藻 *Navicula muscatineii* Reimer et Lee

图版 CXXXIII

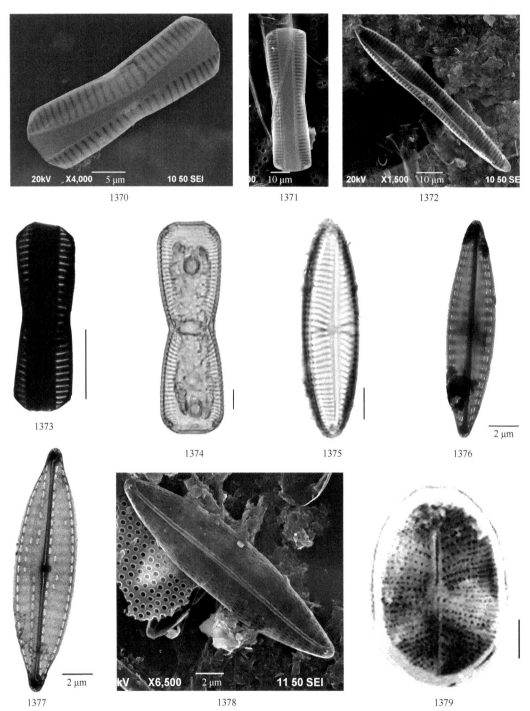

1370，1371，1372，1373，1374. 诺森舟形藻 *Navicula northumbrica* Donkin；1375. 潘土舟形藻 *Navicula pantocsekiana* De Toni；1376，1377，1378. 小对舟形藻 *Navicula pargemina* Underwood et Yallop；1379. 帕氏舟形藻 *Navicula patrickae* Hustedt (1 μm) (引自程兆第等，1993)

图版 CXXXIV

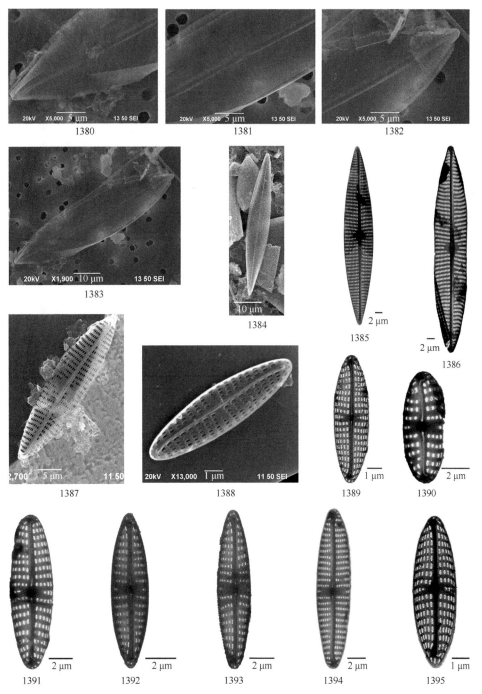

1380，1381，1382，1383，1384，1385. 帕维舟形藻 *Navicula pavillardi* Hustedt；1386. 矩室舟形藻 *Navicula pennata* A. Schmidt；1387，1388，1389，1390，1391，1392，1393，1394，1395. 极小舟形藻 *Navicula perminuta* Grunow

图版 CXXXV

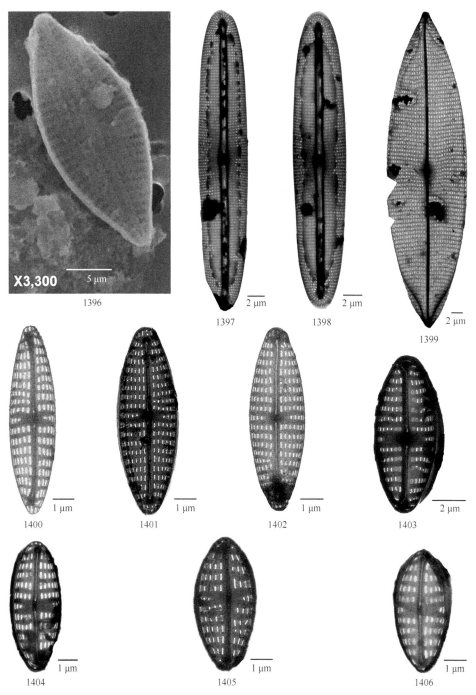

1396. 似菱舟形藻 *Navicula perrhombus* Hustedt；1397，1398. 羽状舟形藻 *Navicula pinna* Chin et Cheng；
1399. 折迭舟形藻 *Navicula plicatula* Grunow；1400，1401，1402，1403，1404，1405，1406. 假头舟
形藻 *Navicula pseudacceptata* Kobayasi et Mayama

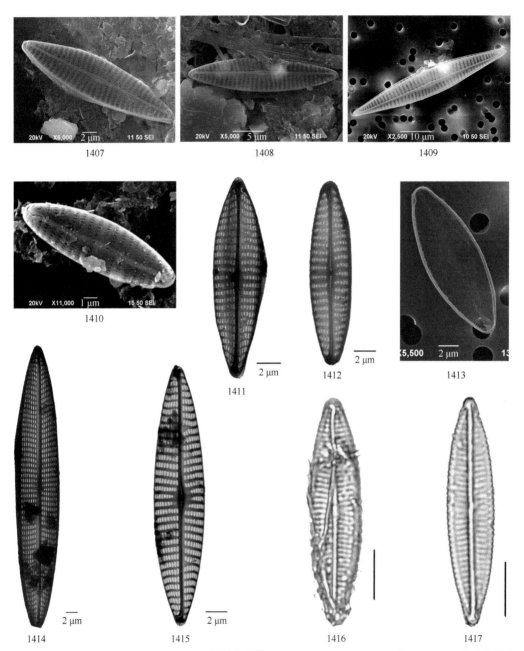

1407，1408，1409，1410，1411，1412. 假疑舟形藻 *Navicula pseudoincerta* Giffen；1413. 瞳孔舟形藻原变种 N*avicula pupula* Kützing var. *pupula*；1414，1415，1416，1417. 多枝舟形藻 *Navicula ramosissima* (Agardh) Cleve

图版 CXXXVII

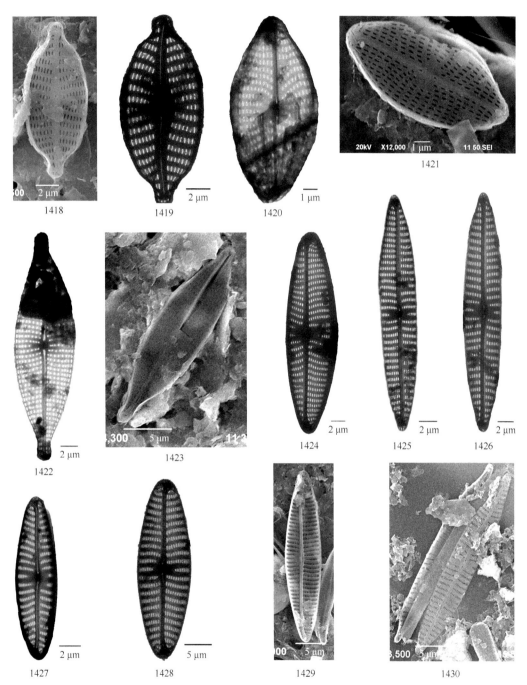

1418，1419. 反折舟形藻 *Navicula retrocurvata* J. R. Carter ex R. Ross et P. A. Sims；1420，1421. 缝舟形藻 *Navicula rhaphoneis* (Ehrenberg) Grunow；1422，1423. 喙头舟形藻 *Navicula rhynchocephala* Kützing；1424，1425，1426，1427，1428，1429，1430. 盐地舟形藻 *Navicula salinicola* Hustedt

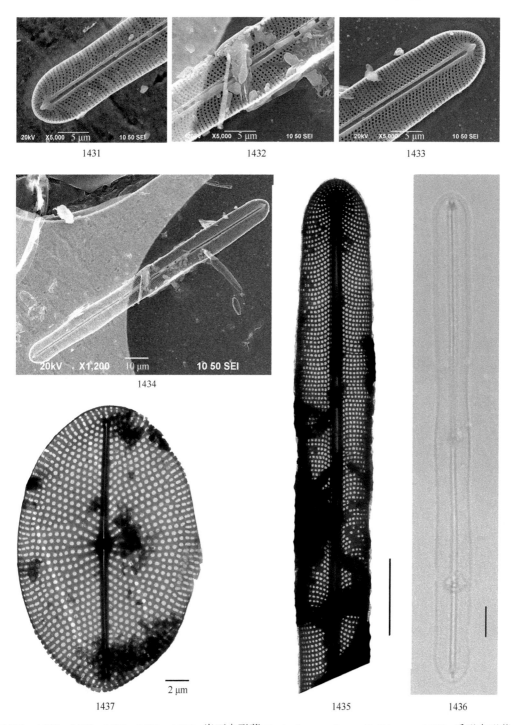

1431，1432，1433，1434，1435，1436. 岩石舟形藻 *Navicula scopulorum* Brébisson；1437. 盾形舟形藻 *Navicula scutiformis* Grunow

图版 CXXXIX

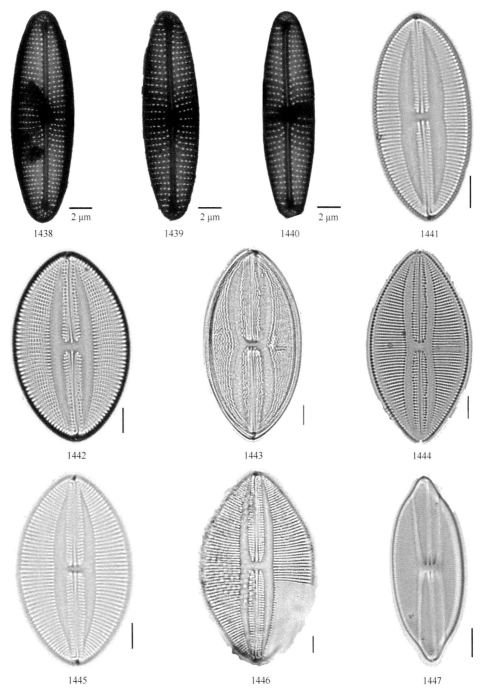

1438, 1439, 1440. 苏灯舟形藻 *Navicula soodensis* Krasske；1441, 1442, 1443, 1444, 1445, 1446. 美丽舟形藻原变种 *Navicula spectabilis* Gregory var. *spectabilis*；1447. 似船状舟形藻 *Navicula subcarinata* (Grunow ex A. Schmidt) Hendey

1448，1449，1450，1451，1452，1453，1454. 似船状舟形藻 *Navicula subcarinata* (Grunow ex A. Schmidt) Hendey；1455，1456. 较小舟形藻 *Navicula subminuscula* Manguin

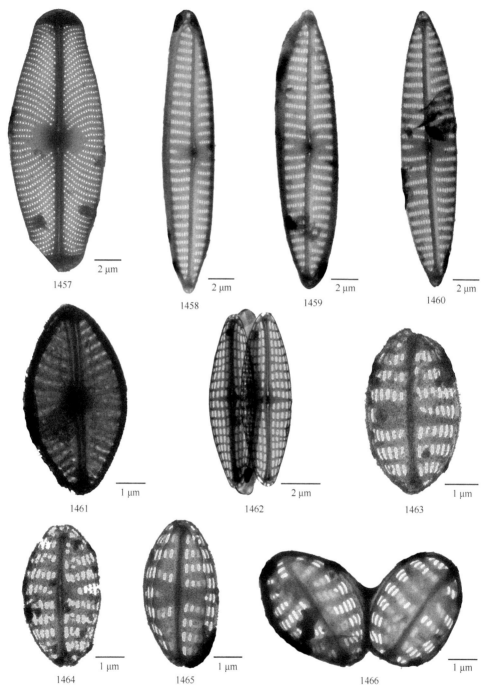

1457. 善氏舟形藻 *Navicula thienemannii* Hustedt；1458，1459，1460. 三点舟形藻 *Navicula tripunctata* (O. F. Müller) Bory；1461. 尤氏舟形藻 *Navicula utermoehli* Hustedt；1462，1463，1464，1465，1466. 不定舟形藻 *Navicula vara* Hustedt

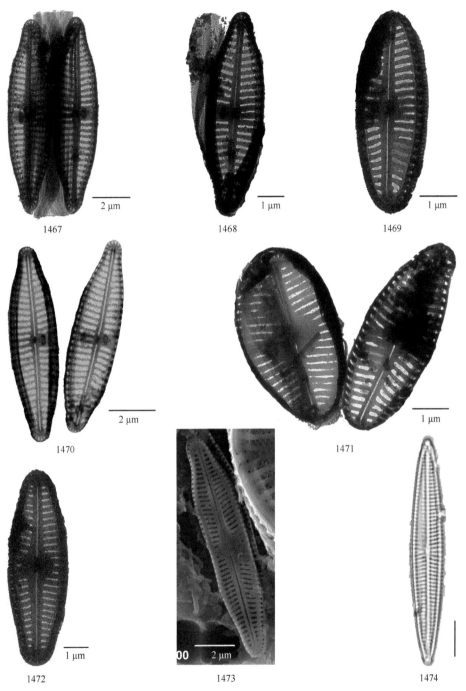

1467，1468，1469，1470，1471，1472，1473. 文托舟形藻 *Navicula ventosa* Hustedt；1474. 带状舟形藻 *Navicula zostereti* Grunow

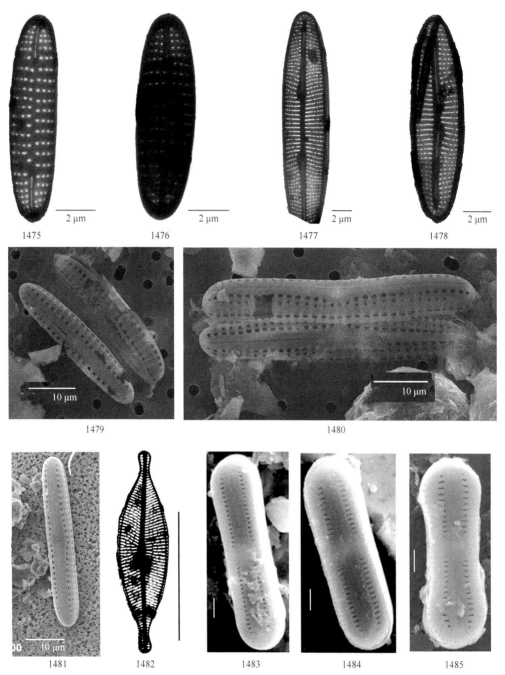

1475 1476 1477 1478

1479 1480

1481 1482 1483 1484 1485

1475，1476. 海岛伯克力藻 *Berkeleya insularis* Takano；1477，1478. 橙红伯克力藻 *Berkeleya rutilans* (Trentepohl) Grunow；1479，1480，1481. 模糊对纹藻 *Biremis ambigua* (Cleve) Mann；1482. 透明短纹藻 *Brachysira vitrea* (Grunow) Ross；1483，1484. 包含等半藻 *Diadesmis contenta* (Grunow) Mann (1 μm)；1485. 极包含等半藻侧凹亚种 *Diadesmis paracontenta* ssp. *magisconcava* Lange-Bertalot et Werum (1 μm)

1486，1487，1488. 塔岛等半藻 *Diadesmis tahitiensis* Lange-Bertalot et Werum (1 μm)；1489，1490，1491. 弗罗林曲解藻 *Fallacia florinae* (Müller) Witkowski (1490：1 μm)；1492，1493. 鳞片曲解藻 *Fallacia scaldensis* Sabbe et Muylaert

图版 CXLV

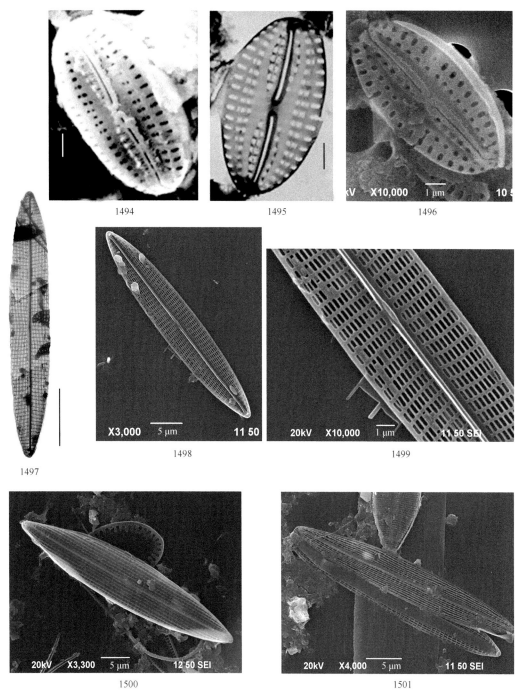

1494，1495. 对称曲解藻 *Fallacia symmetrica* Li et Gao (1 μm)；1496. 柔弱曲解藻 *Fallacia tenera* (Hustedt) Mann；1497，1498，1499，1500，1501. 大亚湾海氏藻 *Haslea dayaus* Li et Gao (1500 示外壳面，其余示内壳面)

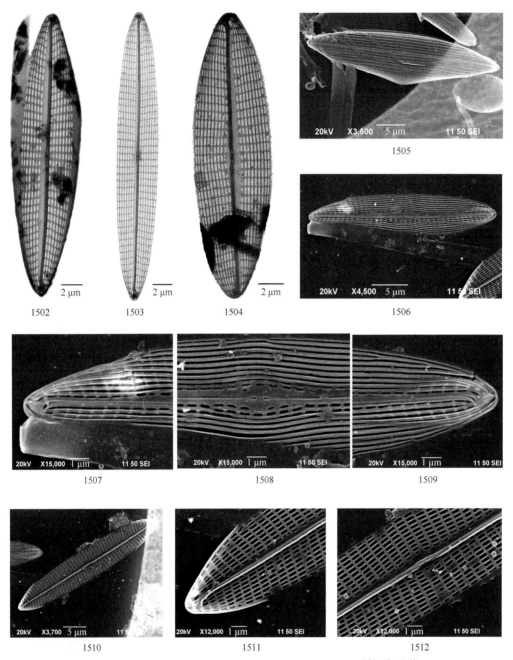

1502，1503，1504，1505，1506，1507，1508，1509，1510，1511，1512. 厦门海氏藻 *Haslea xiamensis* Li et Gao (1505-1509 示外壳面，1510-1512 示内壳面)

图版 CXLVII

1513，1514，1515. 钝泥生藻 *Luticola mutica* (Kützing) Mann (1 μm)；1516，1517. 雪白泥生藻 *Luticola nivalis* (Ehrenberg) Mann (1516：1 μm)；1518，1519，1520，1521，1522. 平坦普氏藻 *Proschkinia complanatoides* (Hustedt ex R. Simonsen) D. G. Mann

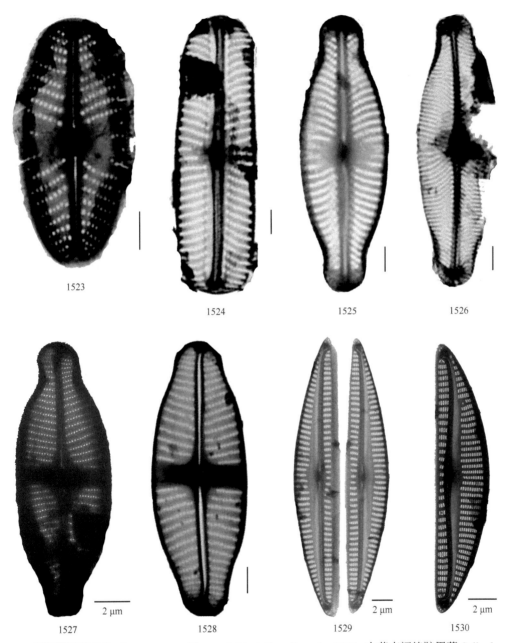

1523. 极微鞍眉藻 *Sellaphora atomus* (Grunow) Li et Gao (1 μm)；1524. 布莱克福德鞍眉藻 *Sellaphora blackfordensis* Mann et Droop (1 μm)；1525. 披针鞍眉藻 *Sellaphora lanceolata* Mann et Droop (1 μm)；1526. 马氏鞍眉藻 *Sellaphora mailardii* (Germain) Li et Gao (1 μm)；1527，1528. 肥胖鞍眉藻 *Sellaphora obesa* Mann et Bayer (1528：1 μm)；1529，1530. 粗壮半舟藻 *Seminavis robusta* Danielidis et Mann

www.sciencep.com

（SCPC-BZBEZC21-0061）

ISBN 978-7-03-081113-4

9 787030 811134 >

定 价：268.00元